一流规划教材

经管类

技术学原理

PRINCIPLES OF TECHNOLOGY

刘志迎　主编

中国科学技术大学出版社

内 容 简 介

人类的每一次文明进步都伴随着技术进步,人类文明的演进史可以说是技术进步史。本书原创性地构建了"技术学"的基本范畴和概念,整合了现有的理论研究成果,试图系统构建一门相对独立的学科。从商业的角度,按照技术形成及作用于社会过程的一般规律,提出了包括技术发明、技术专利、技术标准、技术转化、技术评估、技术扩散和技术服务等主要范畴,构建了技术学的原理性框架。

本书适用于创新创业领域的本科生、研究生以及对技术创新感兴趣的初学者,也可供从事技术成果商业化领域的工作人员参考。

图书在版编目(CIP)数据

技术学原理/刘志迎主编. —合肥 :中国科学技术大学出版社,2021.11
(中国科学技术大学一流规划教材)
ISBN 978-7-312-05052-7

Ⅰ. 技… Ⅱ. 刘… Ⅲ. 技术学—高等学校—教材 Ⅳ. N0

中国版本图书馆 CIP 数据核字(2020)第 269285 号

技术学原理
JISHU XUE YUANLI

出版	中国科学技术大学出版社
	安徽省合肥市金寨路 96 号,230026
	http://press.ustc.edu.cn
	https://zgkxjsdxcbs.tmall.com
印刷	合肥市宏基印刷有限公司
发行	中国科学技术大学出版社
经销	全国新华书店
开本	787 mm×1092 mm 1/16
印张	13.25
字数	282 千
版次	2021 年 11 月第 1 版
印次	2021 年 11 月第 1 次印刷
定价	50.00 元

前　　言

科学和技术是相互联系又互相区别的两个词汇,但是,现在学术界的论文或著作、政府的政策文件或者社会大众媒体(含新媒体)往往用"科技"一词来统称两者,甚至把"科学""技术""创新"三个词统称为"科技创新",混淆了各自的内涵,模糊了三者的边界,容易误导社会大众。

本书原创性地构建了"技术学"的基本范畴和概念,整合了现有的理论研究成果,试图系统构建一门相对独立的学科。既有的关于"技术"的研究多为哲学层面,即"技术哲学",也有不少学者把有关对技术的研究放在"科学学"之中,还有的学者统称为"科学技术哲学"。虽然历史上曾经出现过专门讨论技术的学问(如德国和日本),并且在中国改革开放初期,也有一批学者研究过技术学问题,但是,后来随着时间的推延逐渐消失,至于原因是多方面的,还未有人探讨过这一历史问题。

科学可以扩展人类的知识边界,具有非功利性;技术可以开发出具有可用价值的方案或技巧,具有明确的功用性;创新是技术成果的商业化过程,具有商业价值实现特征。前两者可以统称为"研发"。如普林斯顿大学李凯教授引用3M公司Geoffrey Nicholson博士具有本质性认知的有趣说法:"研发和创新不是一回事。研发是将金钱转换为知识的过程,而创新则是将知识转换为金钱的过程。"本书对技术学的研究,不是从科学开始,而是从技术开始,提出了包括技术发明、技术专利、技术标准、技术转化、技术评估、技术扩散和技术服务等主要范畴,构建了技术学的原理性框架。

本书的编写缘于笔者数十年对创新或技术创新研究中所遇到的困惑,以及每年都要面对新入学研究生所提出的"什么是技术,什么是创新,什么是技术创新,什么是科技创新"等一系列问题的连续追问。从本体论角度看,必须要弄清楚所研究的本体,才能够开展研究。笔者多年来一直在寻找这方面的专门著作或教科书,很遗憾的是至今没有一本原理性书籍来解读技术相关问题。虽然,20世纪80年代中期笔者在上海交通大学读书时,钱学成教授给我们讲授过名称为"技术学"的课程。钱教授于1994年才出版了一本《技术学手册》,那时候国内有一批著名的教授将此作为研究的前沿和热点,但是不知道什么原因,后来没有得到很好的传承和延续。尽管有不少技术哲学的文献和著作,那也是非常抽象的哲学话题,商学专业的学生很不愿意阅读这些晦涩的哲学著作或文献;从另一角度来看,商学院的学生更注重的是如何结合商业实际来探究其中的规律性,由此便萌发了从商学角度对"技术"进行原理性阐释的想法,经过对文献资料的系统学习和整理,奠定了一定的理论基础。

与本书出版直接关联的原因在于2017年笔者以《技术学原理》选题申报了安徽省高等学校教学质量工程项目,获评省级规划教材。在实际的研究和编撰过程中,笔者遇到了很多困难,深感做一点创新性的研究十分不易,特别是在国内外均缺乏研究文献或著作支撑的情况下,完全独创出一个学科体系,并能够自圆其说,既需要胆量,又需要努力。实际上,这个项目已经延期,这也是不得已的事情。值得庆幸的是,现在终于形成了正式的书稿,能够达到出版的要求。之所以敢于出版,不是觉得书稿已经很完美,而是努力构建了"技术学原理"的基本架构和内容,供同行学者来批判,如果能够作为批判的"靶子",也是一件值得去做的事情。如果说当下正提倡讲好"中国故事"和掌控"中国学术话语权",本研究团队尝试性构建了关于技术的原理性架构,也算是做一点探索吧。

本书有以下几类读者:其一是商学院中技术创新与管理专业或者方向的本科生、硕士生和博士生们,为了自己的学习主题和研究主题,可以较为系统性地了解关于技术的基本原理,从而有利于开阔视野和开展研究。其二是所有工科(或许也应该包括理科)的学生,也包括一些教师或研究人员。工科师生应该需要阅读一些关于技术的基本原理,即使是学理工科的,从事专门技术学习或研究开发,如果对技术如何从技术发明、技术专利、技术转化、技术标准、技术扩散、技术评估到技术服务的全过程不够清晰,将来开发出来的技术,也会被束之高阁。在中国被美国"卡脖子"的特殊时期(也许会很长),理工科毕业生既要努力去开发技术,还需要积极地去实现产业化,才能够真正服务于中国的崛起。本书特别适合于在各工科大学开设公共选修课,拓展工科大学生的技术商业化认知和能力。其三是政府、高校、科研院所和企业的科技管理人员或领导们,帮助他们清楚地认知有关技术的一些基本原理,对于引导技术研发和转化,实施技术管理和技术政策制定都有帮助,不仅能够使他们获得一些新的认知,甚至会使他们更好地实施技术管理,制定出更好的技术政策。

但愿该书的尝试性探索和基本内容,能够给读者带来有益的帮助。

刘志迎

2020 年 12 月于中国科学技术大学

目　　录

第一章　绪　　论

人类是伴随着技术进步而不断成长的,技术是人类进步的阶梯,人类因为掌握了技术而获得更好的生存和发展。技术是人类在劳动中获得经验而逐渐感悟或研究总结出来的方法或技巧。人类的每一次技术进步都将自己带入更高的生存境界,也正是持续不断的技术积累,才使得人类独立于其他动物成为更高级的动物。技术的历史是与人类的历史同步的,远远早于科学的出现。虽然,技术是一个非常重要的客观社会存在,并且与人类生产、生活和生态息息相关,但是,至今还没有多少理论性著作来阐释技术。本书试图以技术为研究对象,提出一组基本范畴,构建技术学的基本原理。

人们已经被各种各样的技术所包围,无处不在的技术,既给我们带来诸多好处和便利,但也给我们带来多种困惑和依赖。人类发明了技术,又为技术所困;我们为技术进步而欢呼的同时,又感叹技术使我们丧失了自由自在生活的本来面目。似乎离开了技术,我们几乎寸步难行;又好像技术绑架了我们的思维和行动,让我们失去了自我,成为"技术控"。诸多矛盾和困扰,不得不令我们深思技术这把"双刃剑"。

技术是人类发明的,不是自然界的天然产物。发明技术,是因为我们需要增强自己的生存能力,更好地活在这个世界上。客观地说,人类技术的每一点进步,都提升了我们自己的生存能力,改善了我们的生存状态。人类站在世间万物之巅,根本在于我们有不断的技术进步。于是,人类开始顶礼膜拜技术,开始追求技术进步,用技术水平的高低来衡量社会经济发展水平。有了技术,就意味着有了财富。谁掌握了先进的技术,谁就能够生存得更好,甚至试图控制别人,技术不仅可以成为改造自然、征服自然的手段,获取更多的财富,还可以作为征服人类其他群体的"武器"。

经济学讨论的基本前提是资源稀缺性,然而,人们觉得有了技术,就可以改变这一资源的稀缺性。的确,技术的每一次进步,都在扩张资源的边界,使人们觉得只要有技术的进步,资源的稀缺性就不成问题。因此,经济增长理论逐渐将"技术"纳入了经济学分析,并且,因此有诸多经济学者获得了诺贝尔经济学奖。从远古到现代,人口的持续上升,不仅没有耗尽自然资源,而且还大幅度地改善了我们的生存状态,这应该说是技术进步的贡献。从马尔萨斯①的悲观主义,到罗马俱乐部②的担忧,现在看来,似乎都是过虑了,因为他们忽视了技术进步的因素。

当然,我们不是完全的乐观主义者,也不是技术崇拜者,技术的"双刃性"是肯定存在的。只不过,我们在这里不是讨论技术伦理学,而是就技术谈技术形成发展的规律,试图阐述清楚技术的研发、专利、标准、评估、转化、扩散、服务等纯粹的涉及技术及其形成生产力的过程。本章仅仅说明技术学原理有关的几个基本问题。

第一节 技术概念及发展历程

技术一词已经被社会各界广泛使用,无论是政府、企业还是科技界,无论是自然科学家、工程技术专家,还是经济学家、社会学家,都在各种场合、各种文字或口头表述中习惯性地、不加思考地运用这一词汇,有时候都忘了它本来的含义。在中国还有一种不太严谨的使用习惯,将"科学"和"技术"合并起来使用,简称为"科技",使得社会各界乃至社会大众误以为科学和技术是一回事,甚至有些政府的政策也对此不加区分,使得政策的激励或引导作用难以真正发挥其本来的意图。那么,什么是技术呢? 首先必须回答清楚这个问题。

一、技术的定义

技术(technology)这个词来源于希腊文 tekhnologia,意为经验、技能、技艺和技巧;简明含义为技能、工艺、术语。事实上,我们在日常生活中看不到独立于物品以外的技术。如果要问电脑技术是什么,我们可以罗列出如芯片技术、显示技术、内层技术或软件技术之类的术语。如果我们认为某个人掌握了某种技术,实际上是藏其大脑或行为中的某种技能或技巧,抑或是某人的一种经验。我们看到某种产品很精美,会说这一产品技术含量高,其实也许是该产品的制造工艺很好。给技术下一个定义,的确不是件容易的事情。在古代,人们所说的技术实质上是指劳动者拥有对某一物件进行制作加工的能力,即通常所说的"技术活"。凯文·凯利在其著作《技术元素》一书中有很多关于技术的形象化描述。他说:"对于今天的大部分人来说,'技术'这个词意味着炼铁厂、电话、化学制品、汽车、硅芯片和其他一大堆冰冷的东西。我们几乎都能听见技术厚重的颚音中那金属震荡之音——tek,tek。"③那么,技术是什么呢?

W.F.奥格伯恩(William Fielding Ogburn)说:"技术像一座山峰,从不同的侧面

---

① 托马斯·罗伯特·马尔萨斯(Thomas Robert Malthus,1766—1834),英国人口经济学家。
② 罗马俱乐部(Club of Rome),1968 年成立于罗马的关于未来学研究的国际性民间学术团体。
③ 凯文·凯利.技术元素[M].张行舟,等译.北京:电子工业出版社,2012:1.

观察，它的形象就不同。从一处看到的一小部分面貌，当换一个位置观看时，这种面貌就变得模糊起来，但另外一种印象仍然是清晰的。大家从不同的角度去观察，都有可能抓住它的部分本质内容，总还可以得到一幅较小的图面。"①

贝克曼（J. Bechman）把技术定义为"指导物质生产过程的科学或工艺知识"。

马克思（Karl H. Marx）认为"工艺学（这里指技术）揭示出人对自然的能动关系，人们生活的直接生产过程，以及人的社会生活条件和由此产生的精神观念的直接生产过程"②。

海德格尔（Martin Heidegger）认为"技术不是单纯的工具和手段，而是世上万物的一种解蔽方式，只不过古代技术的解蔽（demasking，全面认识事物）方式不同于现代技术的解蔽方式"③。

雅克·埃吕尔（Jacques Ellul）将技术定义为"在人类活动的各个领域通过理性获得的（在特定发展阶段）有绝对效率的所有方法"④。

温纳（Lang don Winne）认为，技术包括以下三个方面的内容：① 技术的硬件，包括工具、仪器、机器、用具、武器、小器具等；② 技术的软件，包括技巧、方法、工序、程序等；③ 技术的"组织"，技术经常涉及一些（但不是全部）不同的社会组织，如工厂、车间、官僚机构、军队、研究和发展组织，组织意指"所有不同的技术的（理性生产的）社会安排"⑤。

日本学者相川春喜将技术定义为"人类社会的物质生产力的一定发展阶段上的、社会劳动的物质资料的复合体，即劳动资料的体系"⑥。

G. 鲍恩（G. Bowen）认为："技术是社会存在的一个方面，它包括人类社会中通过技术创造（发明）在历史上形成的、不断变化和发展着的物质手段和方法的体系，即人为了达到自己所选定和提出的目标，在自己的一切生活领域中使用着的物质手段和方法的体系。"⑦

日本学者武谷三男提出："技术是一个实践概念。……所谓技术就是人们在实践中（生产性的实践）对客观规律性的有意识的应用。"

安德鲁·费恩伯格（Andrew Feenberg）认为："初级工具化层次解释了技术客体和主体的功能构成；次级工具化层次侧重于解释现实的网络和装置构成中的主、客体的实现问题。"⑧

---

① Loring L M. Two Kinds of Value[M]. London：Routledge，1996.

② 马克思，恩格斯. 德意志意识形态[M]∥马克思，恩格斯. 马克思恩格斯选集：第 1 卷. 北京：人民出版社，1995：67-68.

③ 海德格尔. 技术的追问[M]∥孙周兴. 海德格尔选集. 上海：上海三联书店，1996：935.

④ Ellul J. The Technological Society[M]. New York：Alfred A. knopf，1964：6，22.

⑤ Langdon Winner. Autonomous Technology：Technics-out-of-Control as a Theme in Political Thought[M]. Cambridge：The MIT Press，1977：8.

⑥ 鸟居广. 论马克思关于技术的概念[J]. 世界哲学，1978(1)：22.

⑦ Bowen G. 马克思列宁主义哲学的技术观和技术进步观[J]. 郭官义，译. 世界哲学，1978(1)：7.

⑧ Feenberg A. Questioning Technology[M]. London：Routledge，1999：15.

布瑞恩·阿瑟(W. Brian Arthur)认为技术有三个层次定义：第一层次，技术是实现人的目的的一种手段；第二层次，技术是实践和元器件的集成；第三层次，技术是可以运用在某种文化中的装置和工程实践的集合。[①]

狄德罗主编的《百科全书》第一次对技术下了一个理性的定义："技术就是为了完成某种特定目标而协作动作的方法、手段和规则的完整体系。"

1909年《韦氏词典》定义技术是"工业的科学，关于工业技巧特别是重要制造的科学或系统的知识"。1961年《韦氏词典》定义技术为"被人利用以达到物质文化目标的手段的全部"。

世界知识产权组织颁布的《供发展中国家使用的许可证贸易手册(1977年)》给技术下的定义是："技术(Technology)是制造一种产品的系统知识，所采用的一种工艺或提供的一项服务，不论这种知识是否反映在一项发明、一项外形设计、一项实用新型或者一种植物新品种，或者反映在技术情报或技能中，或者反映在专家为设计、安装、开办或维修一个工厂或为管理一个工商业企业或其活动而提供的服务或协助等方面。"这把世界上所有能带来经济效益的科学知识都定义为技术。

《辞海》的定义是："第一，泛指根据生产实践经验和自然科学原理而发展成的各种工艺操作方法与技能。第二，除操作技能之外，广义地讲，还包括相应的生产工具和其他物质设备，以及生产的工艺过程或作业程序、方法。"

二、技术发展简史

在公元前10万年前，就出现了制作燧石、矛头之类的简单技术，它们的历史几乎和人类的历史一样漫长。在对于人类文明遗址的考古中，都会发现一些主要的工具类型。由此可见，技术发展历史是从简单的工具和能源使用向着复杂的工具和能源使用发展的过程。

人类掌握技术是从对身边常见的天然资源(如石块、树木、动物骨头等)进行简单加工，转化为自己可用的工具开始的。这时候人们掌握的工艺是简单的刻、凿、刮、绕及烤等简单技术，将原材料制作成有用的工具，也就是人类历史上的石器时代。

旧石器时代的主要技术就是"打制法"，打制各种各样的石器。技术方法包括砸砧法、摔击法、锤击法、砸击法、间接打击法等，有技术含量的产品包括尖状器、刮削器、雕刻器、砍砸器、斧型器、刀型器、镞型器等。

新石器时代，人类就超越了对石块的加工技术，开始出现了陶器和精致的石器，使用原始的模制技术和泥片贴塑技术、捏塑成型技术，工艺还比较原始、器类还比较简单，无刻意的装饰。到了新石器时代后期，不仅有精美陶器、玉器，纺织技术也初见端倪。红铜时代是与新石器时代并存的漫长时代，第一次农业技术革命发生在该

---

① 布莱恩·阿瑟. 技术的本质[M]. 曹东溟，等译. 杭州：浙江人民出版社，2014：260.

时期。

青铜时代位于新石器时代后期,有很长的时间是青铜与石器并用的时代,铜的发现和冶炼技术成为那一时代的主要技术,通常采用热煅法或固体还原法冶炼金属;铸造技术也随之得到了发展,产生了铜礼容器、兵器、工具、饰物等铸造技术,另外青铜器时代并没有淘汰掉石器制作技术。因为青铜器技术的发展和在生产中的应用,锄耕式的初始农业开始形成,这就产生了第二次农业技术革命。

铁器时代是在冶炼铜的技术基础上逐渐发展起来的,虽然铁器技术的产生经历了很漫长的时间,但是当冶铁技术被人类掌握后,在很短时间就广泛普及,人类跨入了一个全新的技术时代。农具、手工具、兵器及杂器的制造技术水平也获得了前所未有的发展,以手工具最为广泛,这不仅决定了经济发展水平,也使犁耕式的农业获得了巨大发展,就产生第三次农业技术革命。铁制兵器制造技术能力决定了国家的军事实力乃至是国家存亡的关键。锻造铁器制造技术的广泛发展,大大促进了社会生产力的发展。这一时期也比较漫长,其中伴随着农业生产相关的技术广泛发展。农业技术革命使得人类食物来源有了充分的保障,从而形成了社会的分工。社会分工促使了手工业开始形成,这为后来的工业技术革命奠定了良好的基础。尤其值得一提的是中国的四大发明,正如马克思所言:"火药、指南针、印刷术,这是预告资产阶级社会到来的三大发明。火药把骑士阶层炸得粉碎,指南针打开了世界市场并建立了殖民地,而印刷术则变成新教的工具,总的来说变成科学复兴的手段,变成对精神发展创造必要前提的最强大的杠杆。"①

蒸汽时代始于 18 世纪 60 年代从英国发起的技术革命。飞梭(1733)技术提高了织布的速度,珍妮纺织机(1765)技术诞生引发了技术创新的连锁反应,瓦特蒸汽机(1785)技术发明给这个时代翅膀接上了新动力,汽船(1807)技术改变了海洋的格局,蒸汽机车(1814)和火车(1825)技术替代了马车缩短了空间距离……英国的机器大工业(1840)基本上替代了传统手工工场作业模式,第一次工业革命完成。因此,英国也随之成为"日不落国家"。

电气时代开始于 19 世纪 60 年代,以发电机、电动机技术发明为标志。避雷针(1752)技术发明意味着电的相关技术开始出现,伏打电堆(1800)技术发明成就了世界上第一块电池,电动机(1821)技术雏形出现及第一台电动机(1831)的发明,成功成为现代电机的鼻祖;电灯(1879)技术发明成为标志性事件;后来电车、电影放映机等相继问世,标志着人类社会进入电气时代。德国人卡尔·本茨内燃机(1880)技术发明解决了交通运输问题,同时推动了石油采掘和炼制及化学工业技术的发展,19 世纪晚期汽车(1896)技术发明成就了汽车工业以及为之服务的上下游产业发展,洗衣机(1901)发明成功,飞机(1903)技术发明实现了人类翱翔天空的梦想,塑料(1907)技术衍生出无数新产品,家用电冰箱(1913)发明出来,电视机(1927)技术发明成功并商

---

① 马克思,恩格斯. 马克思恩格斯全集:第 47 卷[M]. 北京:人民出版社,1979:427.

业化(1928)……这就是第二次技术革命或产业革命,因为主要发生在美国,所以,美国逐渐崛起成为世界第一强国。

当代技术革命,各种说法不一,有原子能技术时代、微电子技术时代、生物技术时代等,以 1942 年 12 月 2 日第一座原子反应堆的建成为标志,人们利用原子能的时代从此开始。世界上第一台计算机(1945)投入使用,意味着信息时代的开启。我们无法列举出第三次技术革命所产生的所有技术,就连主要技术也难以列举,从 20 世纪 40 年代末 50 年代初开始的第三次技术革命或产业革命,一直延续现在,很难说这个时代已经终止、新的技术革命已经开始,信息技术、生物技术、空间技术、海洋技术、材料技术、能源技术等正在蓬勃发展,比较突出的是信息技术发展,它抢尽了"风头",互联网、人工智能、物联网、大数据、区块链等技术,都是在当今时代渗透到生产生活方方面面的最为主要的技术,信息时代能够最好地概括我们所处的这个时代。然而,也有学者认为新世纪是属于生物科学技术的世纪,如何看待新世纪的技术革命,学者们还没有达成一致的看法。总之,人类正面临着"世界范围内新一轮科技革命和产业变革带来的机遇和挑战"。

第二节　技术学理论渊源

技术是与人类相伴而产生的,人类每一次前进的步伐都是伴随着对技术活动的认识、思考和创新。自从有文字记录以来,人们一直在记录、修改、总结和丰富对各种技术的认知。但是,对技术进行抽象化的研讨,是在古希腊时代,技术这一英文词汇就出现在这一时期。

一、技术学的形成与发展

古希腊人最早探究"技艺",并认为这是普罗米修斯赐予人类的礼物,掌握"技艺"的人可以摆脱宙斯的惩罚。早期的"技艺"主要是指"语言技艺",苏格拉底和柏拉图将这一概念的内涵延伸到"工匠技艺""政治技艺"。古希腊文中的"技艺"包括"技术""艺术""诡计""方法"。柏拉图所言的"技艺",既可以指人类的手工制作、艺术创造需要凭借的力量,还可以指人类的语言能力、思维理性,甚至感觉能力。[①] 他还对各种技艺进行了分类。亚里士多德认为"技艺"是知识并且是智慧,但它不是感官知识,也不是简单的经验知识,因为这些知识都是对事物外在个别属性的反映,没有揭示出事物的"原因"或"原理",所以也不能构成"智慧";并指出技艺是与人类社会生活生产更直

---

① 赵墨典,包国光.柏拉图论"技艺"的本质和分类[J].科学技术哲学研究,2019(2).

接关联着的,是最为典型的实用性知识。[1] 他认为,制作乃是人证明自己具有技艺能力的活动,而技艺是作为制作活动的潜能存在的,是制作活动在方法上的准备,制作活动的成果即制品则是技艺这种潜能的实现[2];技术是人类实现自身理性能力而运用相关的知识,在现实中使某物生成的制作活动。[3] 但是人们所认识到的"技艺",也就是后来学者赋予"技术"的概念。

《周礼·考工记》是专门研究"技艺"的著作,这是有关"技艺"的思想宝库,只不过是阐述各种手工业技术,并没有抽象出一般的技术理论。但是,在道家学说中,有诸多纯技术理论的探究,如"有机械者必有机事,有机事者必有机心"是否定技术的观点,老子"无为而治"思想是否定技术或技艺的。庄子则不同,他认为"百工有器械之巧则壮"。韩非子认为:"舟车机械之利,用力少,致功大。"这都表明了技术的重要价值。虽然他们的观点不同,既认识到了技术对人类的益处,也认识到了技术的危害性,但无论怎样都要遵循"道",即顺应自然之道。

至于以"技术学"来命名的学问,远远早于科学学的命名,可以追溯到 18 世纪后期,德国经济学家、农学家、工艺学家贝克曼(J. Bechman,1738—1911)出版了一系列著作,如《技术学入门》(1777)、《发明史》(1785)、《对发明史的贡献》(1805)、《技术学大纲》(1806)等。后来,德国学者波佩(J. Popa,1776—1854)的《工艺学的历史》(1807),英国化学工程师、经济学家尤尔(A. Euel,1778—1857)的《工厂哲学》(1835)、《技术辞典》(1843)等,都是较早的关于技术学的理论性著作[4]。

德国学者卡普(E. Kapp,1808—1896)的《技术哲学原理》(1877)出版以后的几十年里,绝大多数研究者不再提技术学,而是以技术史和技术哲学为命题,开展广泛的研究。直到 1934 年日本学者相川春喜(1909—1953)《技术论》的出版,后来又出版了《技术论入门》(1941)一书,技术学理论在日本兴起。日本技术评论家星野芳郎(1922—)的《技术论笔记》、《技术论和历史唯物主义》(1950)、《技术的逻辑》等,日本科学技术史家冈邦雄(1890—1971)的《新技术论》(1955)[5]等,都是针对技术学开展的研究和探讨,但是,很遗憾的是后来的研究也集中到了技术哲学的研究,对技术学的研究文献在日本就不多见了。

中国学界对技术学的研究始于 20 世纪 80 年代,一批学者做了大量的学术研讨,并正式提出"技术学"这一学科名称,认为技术学是从总体上研究技术及技术发展一般规律的学问。"技术学将技术整体作为研究对象,其研究涉及哲学、经济学、科学学、社会学、政策学以及技术科学等多学科领域,是一个综合性极强的学科门类总称"[5]。20 世纪八九十年代,学者们出版了不少以"技术学"命名的学术著作和工具

① 王秀华,陈凡. 亚里士多德技术观考[J]. 科学技术与辩证法,2005(8).
② 亚里士多德. 物理学[M]∥苗力田. 亚里士多德全集:第 2 卷. 北京:中国人民大学出版社,1991.
③ 计海庆. 亚里士多德技术观与两种技术伦理悖论的解析[J]. 自然辩证法研究,2008(4).
④ 王续琨,陈悦. 技术学的兴起及其与技术哲学、技术史的关系[J]. 自然辩证法研究,2002(2).
⑤ 姜振寰,吴明泰,王海山,等. 技术学辞典[M]. 沈阳:辽宁科学技术出版社,1990:60-61.

书,如郭树增主编的《技术学导论》(1987)、陈念文主编的《技术论》(1987)、蒋震寰主编的《技术学词典》(1990)、钱学成主编的《技术学手册》(1994)等,这些都是当时主流研究学者及主流著作。后来,技术学这一学科的研究者多数转移到科学技术哲学、技术经济学和技术经济与管理的研究领域,继续坚持对技术学的研究学者已经很少,特别是在 1992 年《学科分类与代码》对学科分类进行调整以后,一部分学者转向了科技哲学学科,一直以来持续的研究成果非常丰富;另一部分转向技术经济与管理学科,该学科培养了大量的研究人才,活跃在经济和管理学界。2009 年学科调整以后,也受到了一定的影响,现如今多数都转移到了创新管理研究和科技政策研究领域。改革开放以来,以技术学命名的最为活跃的一门学科就是教育技术学,进行了大量的可持续的研究,形成了一大批理论成果和学术著作。

再后来国际上出现了新的学科名称,成立于 1970 年的 4S(Society for Social Studies of Science)学会,资助出版了一本指南即《科学技术学指南》(1995)[①],由此引起国内外对该学科的研究。国内将其翻译为"科学技术学"(Science and Technology Studies,简称为 STS 或 S&TS),也有人将其翻译为"科学技术论",如丁长青的《科学技术学》(2003)、西斯蒙多的《科学技术学导论》(2007)、张功耀的《科学技术学导论》(2010)等都是这一学科的代表性著作。21 世纪第一个十年,国内理论界对此学科的内涵和外延有很多争论,有的学者把所有相关的科学技术研究理论都纳入到这个名称下面[②],也有学者认为此学科仅仅研究科学和技术发展的规律性。但是,近十来年,关于此类的研究和争论已经不多。

二、技术学与相关学科的关系

技术学是不是完全独立发展的一门学问? 与相关学科是否交叉、分化、融合? 对于这些问题,至今也没有完全说清楚。如何来认识它们之间的关系,对于构建技术学这门学问是十分重要的。在现有的很多成果中,不少学者将"科学"与"技术"融为一体统称为"科技"来加以研究,也有不少学者把技术学与技术哲学、技术史学融为一体,还有的将"技术学"与"科学学"放在一起研究并统称为"科学技术学",甚至还有的干脆把技术放在科学学领域里作为科学学的一部分来研究。这样很容易导致认识上的一些模糊,不能够真正把握技术发展的规律性,难以澄清技术学本来的面目,不利于技术学学科的独立发展。下面,本书将对技术学与相关学科的关系一一进行阐述。

第一,科学研究与技术开发的区别与联系。两者的区别在于:① 研究对象不同。科学研究对象是自然物质或现象;技术开发活动的对象在于创造出一种人类可用的工具或方法。② 活动目的不同。科学活动的目的在于发现自然物质或现象的内在

---

① Jasanoff S, Markle G E, Petersen J C, et al. Handbook of Science and Technology Studies[M]. Sage Publication, Inc, 1995.

② 曾国屏. 弘扬自然辩证法传统建设科学技术学学科群[J]. 北京化工大学学报(社会科学版), 2002(9).

规律,揭示未知事物的存在及其属性。科学本来是无功利性的,只是人们探究自然、获得真知的活动,能够扩展人类认识自然的知识边界;技术活动的目的在于获取改造自然或适应自然的手段或方法,创造一种新的物品或制造新物品的方法,有明确的人类目的性,并服务于人类需要的应用性价值。③ 研究方法不同。科学研究方法采取实验方法(实验、构思和证实)不断去证明一种假说,从而获得真知;技术开发活动有更多的方法,包括设计、实验、优选等。④ 成果形式不同。科学研究活动的成果形式是实验报告、论文或著作;技术开发活动的成果形式是技术图纸、配方或工艺参数或者工具或含有技术的有用物品等发明,可以申报专利,也可以不申报。两者的联系在于:技术先于科学而存在,在科学还未出现之前,技术就产生或发展起来了,与人类的形成基本上是同步的。早期技术是不依赖科学的,而是工匠们的经验或智慧认知;现代技术大多数是基于科学发现基础上的技术化开发,每一次重大的科学革命都会引发一系列技术群的产生,技术发明对科学的依赖性越来越强。

第二,技术学和科学学的区别与联系。两者的区别在于:① 研究对象不同。科学是对人类从事科学活动过程的研究,即科学学是研究科学的科学,研究科学和科学活动的发展规律及其社会功能(影响)的综合性新兴学科;技术学探究技术和技术活动的发生、发展规律性及其社会功能的学问,是对人类为了自身的需要创造出过去没有的或自然界没有的事物的活动过程的研究,或者是对发明出比过去更为先进(原理、结构、性能和功效)的东西的活动过程的规律性研究。② 研究目的不同。科学学的研究目的在于揭示人类科学活动规律,从而更好地遵循这一规律来开展科学研究活动,提高科学研究效率,促进人类认知边界的扩展;技术学的研究目的在于揭示人类技术开发活动的规律,遵循技术开发规律性从而更有效地进行技术开发,使人类发明更多有用的新技术。③ 研究内容不同。科学学的研究内容包括科学知识体系、科学能力结构、科学研究的认识规律、科学研究的心理规律、科学研究的社会规律、科学研究的计量规律等[1],探究一个建立在可检验的解释和对客观事物的形式、结构等进行预测的有序知识系统上的内在规律性,以及对社会产生作用的规律性;技术学的研究内容包括技术发明、技术专利、技术转化、技术标准、技术扩散、技术评估、技术服务等,探究技术活动从技术开发到最终产生社会价值全过程的规律性。

两者的联系在于:现在大多数学者都将技术纳入科学学研究范围,甚至将两者完全等同来研究,这是十分不妥当的。也有不少学者试图建立一个新的学科即科学技术学,把两者放在一个学科来研究,虽然这也有一定道理,但不利于人们清晰认识科学和技术两类活动的差异,容易造成将科学与技术混淆。

第三,技术学与技术哲学的区别和联系。区别在于:① 研究对象不同。技术哲学把技术看作人作用于自然界的中介手段,在哲学的层面上研究人对自然界的能动

---

① 刘延勃. 哲学词典[M]. 长春:吉林人民出版社,1983:486.

性、受动性及其辩证关系①;本书认为技术学主要研究技术的属性和特征,技术产生、发展及作用经济社会过程的一般规律性。② 研究内容不同。技术哲学主要研究包括技术本质论、技术自然论、技术社会论、技术文化论、技术价值论、技术发展模式论、技术方法论等哲学问题;本书认为技术学只探究技术开发到最终产生社会价值的全过程相关内容。③ 研究方法不同。技术哲学是应用哲学思辨方法或哲学分析方法;技术学研究方法更加多样化,包括质性研究方法和量化研究方法。④ 研究目的不同。技术哲学研究目的从根本上说是弄清楚技术的本质、人与自然之间的中介性质和技术的社会伦理关系。技术学不考虑这些,仅仅为了搞清楚技术是如何产生、发展和对经济社会发生作用的过程,目的在于更好地推进技术进步,进而为人类服务。

两者的联系在于:哲学更能够看清楚技术的本质,有利于指导技术为人类所用的合理性和价值性;对技术产生、发展及应用的技术学也有利于技术哲学更好地认识其本质及其应用价值。

第三节 技术学研究对象和内容

技术学要成为一门独立的学问,必须有相对独立或特定的研究对象,要构建起属于本学科的基本范畴。虽然前面已经探讨了技术学与相关学科的区别与联系,但还有必要详细探究技术学的研究对象和基本范畴,以便在深入研究中能够把握住研究对象的本质,运用基本范畴来统一陈述这一门学问的基本思想。

一、技术学研究对象

技术学的研究对象与科学学的研究对象有关系,但是,不能够把技术学的研究对象放在科学学中作为其研究对象的一部分来研究。既然技术(technology)是制造一种产品的系统知识、所采用的一种工艺或提供的一项服务,那么,技术学就专注于"技术"这一研究对象。科学是认识自然界(也许还包括人类社会)的活动,属于扩展人类认识自然的知识边界的活动。达尔文也曾给"科学"下过一个定义:"科学就是整理事实,从中发现规律,做出结论。"技术活动是改造自然界的物为人类所用的方法、手段、技巧或技能等。科学学关注的是前者,技术学所关注的是后者。

技术学的研究对象是技术或技术活动的产生、发展规律及其社会功能。技术是发明世界上尚没有的东西,利用或控制自然创造人工自然并协调人与自然的关系,增进人类的物质财富。技术的思维方式是权衡利弊、趋利避害,使低效变为高效。技术

---

① 王续琨、陈悦.技术学的兴起及其与技术哲学、技术史的关系[J].自然辩证法研究,2002,18(2):5.

所追求的是对自然力、自然物以及自然过程的人为控制。科学革命以后的技术活动多数是利用科学原理,有的放矢地推进技术发明为改造自然和开发自然提供手段,为人类提高效率以便增加财富。那么,技术是如何产生的? 技术活动是否有规律性? 技术的属性和特征是什么? 技术的构成要素和结构是怎样的? 技术分类及其体系又是怎样的? 这些问题均需要深入研究。现在有不少学者把"技术"等同于"科学",或者把"技术"与"科学"混合使用统称为"科技",这都必然模糊了技术与科学的边界,过于强调了两者的联系,忽视了技术及其活动的特殊性和相对独立性。

20 世纪 80 年代,很多学者探究过建立技术学这一问题,认为技术学是从总体上研究技术及技术发展一般规律的学问。技术学将"技术整体"作为研究对象,其研究涉及哲学、经济学、科学学、社会学、政策学以及技术科学等多学科领域,是一类综合性极强的学科门类总称。[①] 也有学者认为,技术学主要研究:技术的属性和特征,技术的要素和结构,技术分类及其体系,技术与科学的关系,技术与生产和工程的关系,技术的社会功能,技术发展的动力和社会条件,技术开发和技术创新,技术管理的原则和手段等。长期以来,技术学的研究内容一直被隐藏在科学学研究内容之中,不少教科书、论著或文章,都把"科学"和"技术"混用,有笼统地称其为"科学技术",还有更加简略地称为"科技"。从本质上看,科学和技术是完全不同的,科学学的研究对象与技术学的研究对象也是完全不同的,虽然,两者之间有着很强的内在联系。

一门学科的研究对象,即该学科观察和思考的客体。"科学研究的区分,就是科学对象所具有的特殊的矛盾性。因此,对于某一现象的领域所特有的某一种矛盾的研究,就构成某一门科学的对象"[②]。技术学的研究对象包括技术的特征、技术发展的逻辑和技术知识运动的一般规律,主要研究同人类社会物质生产和精神产品生产活动有着本质联系的综合性技术活动的规律性。技术是怎么产生的,如何从技术产生到直接嵌入产品或服务项目中,再到支撑社会经济发展的全过程,这些都是技术学研究的对象。

如果把技术学统称为一个学科,那就有一个庞大的学科体系。有学者[③]认为,对应于科学学、科学哲学和科学史,就应该有技术学、技术哲学和技术史,并用三个相交圆来加以示意,如图 1.1 所示。早在 20 世纪 80 年代,就有学者[④]从科学、技术和生产的角度看,论述了技术学需要解决的问题,强调科学与技术连称是不合适的,科学只能够发现或揭示或反映,而不能够"创造",技术活动的主体则是发明家、工程师,或以发明家、工程师为核心的集体。技术是人类创造的物化形态或知识形态的技术,需要有独立的学科即技术学来加以研究。中国存在重科学、轻技术,重理论、轻应用,重发明专利、轻产业化,重论文发表、轻面向现实需求的问题。建立技术学也是为了深入

---

① 王英,黄欣荣. 从科学学、技术学到科学技术学[J]. 中国科技论坛,2005(2):5.
② 毛泽东. 毛泽东选集[M]. 北京:人民出版社,1951:274-312.
③ 王续琨、陈悦. 技术学的兴起及其与技术哲学、技术史的关系[J]. 自然辩证法研究,2002,18(2):5.
④ 李伯聪. 试论技术与技术学[J]. 科研管理,1985(2):5.

研究技术及其发展的规律,以便于对实践有指导作用。

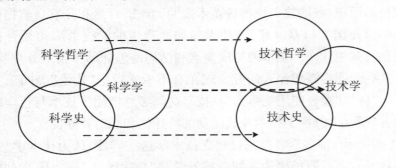

图 1.1　技术学与科学学的对应关系

　　广义的技术学是指技术学学科,包括技术哲学、技术学原理和技术史等,狭义的技术学就是本书的研究对象和研究的主要内容。从研究对象看,不涉及具体的技术,仅仅研究一般的技术。技术是人创造出来的,既具有自然属性,也具有社会属性,因此,研究对象需要从多种具体技术中提炼出技术的一般特性和分类,探究技术从发明创造到对社会经济产生作用的全过程的规律性,以及相关的理论和方法。

二、技术学研究内容

　　一门学科的研究内容是围绕着研究对象,运用基本概念和范畴,对其活动规律的全过程展开的研究。学科的基本范畴取决于该学科的研究对象和学科内涵,为了从多层面、多角度反映、阐述和揭示该学科的研究对象和学科内涵,必须建立学科的基本范畴。范畴是一门学科的最基本的逻辑概念,是该学科用来反映、概括和把握客观世界时所使用的最为普遍的本质概念。任何一门科学理论都是由一系列范畴构成的有其独特叙述内容的逻辑体系,基本范畴或基本逻辑要素构成了该学科的基本范畴体系。哲学家伯林认为:"人的整个思想都被普遍命题占据着。任何思维都涉及分类(classification),而一切分类都关涉到普遍的词项(terms)。"[1]概念是人的理性对事物之中固有的普遍性的把握,范畴是"知性先天地包含于自身的一切本源的纯粹综合概念的一览表"[2],范畴应属于人的实践智慧。技术学范畴的选择与设定要着眼于该学科的研究对象和学科内涵。

　　本书试图构建本学科的基本范畴,形成自己独有的叙述内容的逻辑体系。从技术本身的运动规律中,从人们的技术实践活动中,从人们一直用以表达技术相关特性的所指概念中,提炼总结出技术学原理的一些研究范畴,从而系统化、概括性整理成技术学的基本范畴,为深入研究该门学问构建起范畴体系,以便于能够用统一的研究概念和范畴去深入研究这一门学问。这些基本概念和范畴包括科学与技术、研究与

---

　　①　Berlin I. Concepts and Categories: Philosophical Essays[M]. Princeton: Princeton University Press, 1999: 113.
　　②　康德. 纯粹理性批判[M]. 邓晓芒,译. 北京:人民出版社,2004:72.

开发、发明与专利、标准与评估、转化与服务、推广与扩散等。

本书在系统阐释有关技术学和技术的基本概念、分类和特征基础上,围绕着技术发明、技术专利、技术转化、技术标准、技术扩散、技术评估、技术服务等展开逐一研究,形成对技术活动规律的总体上揭示,向读者归类整理和系统整合既有理论,形成系统化的知识体系,按照技术形成及作用于社会过程的一般规律讲解。全书逻辑架构如图1.2所示。

图1.2 技术学原理研究内容的总体结构图

本书包括以下章节:

第一章为绪论,主要讲解技术的概念及其演化,技术相关学科之间的关系,技术学原理的研究对象和研究内容,研究和学习技术学原理的意义。

第二章为技术的本质与属性,主要从总体上讲解技术的各种特征,以便于对技术有一个全面的特征性认识。

第三章为技术的形态与分类,主要从各个角度和标准对技术进行分类,以便于读者能够认识各种类别技术差异性。

第四章为技术发明,主要讲解技术研发的理论和方法,包括技术研发过程、技术路线、技术发明方法、技术研发模式等相关内容。

第五章为技术专利,主要讲解技术专利的相关理论和方法,包括技术专利制度、技术专利类别、技术专利检索与分析方法等相关内容。

第六章为技术转化,主要讲解从技术到产业化、产品化的相关理论和方法,即技术创新过程,包括技术转化过程、技术产业化、技术商业化和技术型创业等相关内容。

第七章为技术标准,主要讲解技术标准相关理论知识和方法,包括技术标准分类、技术标准制定、行业技术规范等相关理论和方法。

第八章为技术扩散,主要讲解技术转移、扩散或溢出的相关理论和方法,包括技术转让或贸易、技术推广、技术溢出和技术学习等相关内容和方法。

第九章为技术评估,主要讲解有关技术评估的方法和工具,主要讲解技术先进性、经济性、环保性、社会性等方面的评估原则和方法等内容。

第十章为技术服务,主要讲解技术服务的一般理论和方法,包括研发服务、中介服务、检验检测、技术咨询、技术融资、成果孵化等相关内容和方法。

本书由以上 10 章来阐释技术学原理,试图能够全面构建技术学的理论框架和研究内容,整合现有的有关技术理论的研究成果和一些方法或工具,达到能够系统认识技术及其发展规律的总体目标。从研究内容的涵盖范围来看,本书尽可能地包括技术及其发生、发展和对社会发生作用的既有理论和方法,但是,这也是一个不断丰富和完善的过程,在一般原理得到概括和解读的基础上,再不断丰富这一原理的内容,有待读者和学界同仁批评指正后再修改完善和丰富其内容。

第四节　研究和学习的意义

大国崛起,起源于制度创新,持续于技术创新。制度是"一个社会中的博弈规则,或更正式地说是人为设计出来并塑造人类互动的约束物"①。中国改革开放开启了制度创新,激活了各类主体的活力,释放了巨大的发展能量,驱动中国经济快速发展 40 多年。进入新时代以来,党中央和政府高度重视科技发展,实施创新驱动发展战略,把开发科学技术资源作为驱动大国崛起的源动力,吹响了建设科技强国的号角。美国第 33 任总统杜鲁门曾经说过:"没有一个国家可以在当今世界上维持领袖地位,除非它充分开发了它的科学技术资源。"②美国之所以能够很快成为世界强国,并持续近一个世纪,究其原因在于美国成为引领全球技术创新之国。而技术创新不是能够自动生成的,或者说创新需要有利于激发技术创新的制度保障。就美国而言,有三大制度激发和保障了美国的持续技术创新。第一,《美国专利法》,给予了创新者未来利益的预期,正如林肯总统所言:"专利制度是将利益的燃料浇在天才的火焰上。"③第二,《拜杜法案》(后被纳入《美国专利法》),让公共研发技术成果转化率扶摇直上,解决了公共研发技术成果束之高阁的难题。可以说,《拜杜法案》是"为关在笼子里的'老虎'打开了一扇通往'森林'的大门"。第三,纳斯达克市场,让资本和科技双赢,好比是"为资本这个'好色'(追逐利润)之徒搭建了一个寻找技术'美女'(潜在市场价值)的平台"。在当今国际科技竞争如此激烈的情况下,真正把握技术创新的内在规律,并从制度层面给予充分的保障,对于促进创新驱动发展具有重要的理论意义和现实意义。

---

① 道格拉斯・C. 诺斯. 制度、制度变迁与经济绩效[M]. 杭行,译. 上海:格致出版社,2008.

② 1945 年 9 月 6 日,时任美国总统杜鲁门就提出"21 点战后复兴计划",明确指出"没有一个国家可以在当今世界上维持领袖地位,除非它充分开发了它的科学技术资源"。

③ Abraham Lincoln. Lecture:Discoveries, Inventions and Improvements[C] // John G, Hay J. Complete Works of Abraham Lincoln 113 Nicolay,1905.

一、研究技术学有利于充分把握技术特征及其发展规律

现在理论界尤其是国内理论界和政府文件,习惯将科学、技术和创新融为一个词,即"科技创新"。科技创新是复合名词,包括科学发现、技术发明和科技成果商业化的创新行为等在内的全部内涵。既不能将其理解为"科技研发(包括科学研究和技术开发)",也不能将其理解为"科技成果商业化的创新行为"。正如普林斯顿大学李凯教授引用 3M 公司 Geoffrey Nicholson 博士所言:"科研和创新不是一回事。科研是将金钱转换为知识的过程,而创新则是将知识转换为金钱的过程。"把科研当作创新,会忽视科技成果商业化;把创新当作科研,会忽视基础科学研究。没有基础科学研究,永远难以站到科技前沿;没有科技成果商业化的创新,就难以满足国家重大需求,难以驱动经济发展。钱学森指出:"科学革命是人类认识客观世界的飞跃,技术革命是人类改造客观世界技术的飞跃。而科学革命、技术革命又会引起全社会整个物质资料生产体系的变革,即产业革命。"因此,科学发现、技术发明和产业化发展(创新)具有本质差异性、时间序列性、空间并存性的逻辑关系,但不能够简单理解和应用。本书重点研究技术发展及其对社会作用的过程,从而有利于社会各界充分把握技术本质及其发展规律。

现代技术发展的规律性,向前连接着科学,向后连接着社会生产生活。从技术供求关系来看,包括两个相向而行的活动进路,一是基于科学发现端的"供给侧"进路。基础研究(科学家:科学发现)—应用基础研究(科学家或工程师:应用研发)—关键技术研发(工程师:技术发明)—工程化集成与验证(工程师或企业家:产品化设计)—商业化应用(企业家:满足市场需求),如量子通信进路。二是基于市场需求端的"需求侧"进路。市场洞见(企业家:发现需求)—产品或项目策划(企业家:产品规划)—产品开发(工程师:技术攻关)—科学研究支撑(科学家:科学难题破解)—工程化集成与验证(工程师或企业家:产品化设计)—商业化应用(企业家:满足市场需求),如 5G 技术。强化供给侧进路,具有国家长期战略意义;重视需求侧进路,具有现实经济发展意义。两条进路,不可偏废。供给侧薄弱,技术的科学资源就短缺;进路不通畅,难以发挥驱动作用;需求侧薄弱,科学资源难以转化为经济发展;进路不畅,难以获得科技支撑。

研究技术学,深入探究技术特征与分类,研究包括科学与技术、研究与开发、发明与专利、标准与评估、转化与服务、推广与扩散等理论范畴,对于发展这门起步早、曾经有不少研究却又停滞了多年的技术学,具有重要的理论意义。

二、研究技术学有利于遵循技术发展规律促进技术进步

科学研究(scientific research)是科学家通过研究揭示自然规律(也包括社会规

律)的活动过程,用以获得对自然界或社会的科学认知,属于人类扩展认知的研究活动;科学发现揭示未知事物的存在及其属性。科学研究只具有认知性,不具有工具性,各门科学发现的积累,最终形成人类认识世界的知识体系——一个建立在可检验的解释和对客观事物的形式、结构等进行预测的有序知识系统。技术开发(technology development)是人类为了自身的需要创造出过去没有的或自然界没有的事物的活动过程,或者发明出比过去更为先进(原理、结构、性能和功效)的东西的活动过程,其成果即技术发明,包括继承性(改进型)技术发明和创造性(开创性)技术发明,从专利的分类来看,就有发明专利、实用新型和外观设计三个类别。技术发明有明确的人类目的性,并有服务于人类需要的应用性价值。这两类活动,我们经常简称为研发(research & development,即 R&D)。

科学发现为技术奠定了扎实基础,从科学到技术是一个过程,往往还是一个较为漫长的过程。但是,技术发明不必然依赖于科学发现。中国四大发明就没有依赖科学发现,也没有深入探究背后的科学原理,但影响了全世界。科学要解决的是"是"与"不是"的问题,技术要解决的"有用"与"无用"的问题。有了科学发现作为基础,会产生一系列技术群,从而推动人类社会获得重大进步,这就是科学研究的价值。没有科学研究基础的技术发明,只能是基于经验或者以往科学发现或者偶尔机会的技术发明,不可能产生技术群。中国没有产生现代科学就是"李约瑟难题",也是当今中国面临的重大问题。

技术发明(technological invention)是发明人开发出了一种新的技术,这种新的技术可能有市场价值,也可能没有市场价值。发明人拥有发明权,可以申请专利,也可以不申请专利;不申请专利,发明人的发明权就难以受到法律保护。申请了专利的技术发明,不一定都能够转化以实现商业价值。特别是高等院校和科研院所的专利,大多数是基于实验室研发出来的技术,这些技术没有经过"中试"或者工程化验证,不一定就能够实现产业化转化。企业申请的专利,有的只是为了竞争需要而实行保护,可能在生产实践中应用实现了商业价值,有的可能仅仅是为了保护。因此,不能够以专利库中专利的数量多少来衡量科技成果可以转化的技术数量。再加上有些地方政府,花"重金"奖励专利申请,或者把专利申请量作为考核地方政绩的一个指标,从而造成中国专利申请量虚高。

技术要素贡献是现代化经济体系建设的内含之意,是国民经济实现内生增长的内源动力,不是外生变量。长期以来,我们受到 Solow[①] 经济增长理论的影响,把技术看成外生变量;从 Kenneth Arrow[②] 到 Paul Romer[③] 都是把技术进步看成内生变量,

① Solow R A. Contribution to the Theory of Economic Growth[J]. Quarterly Journal of Economics,1956,70 (1):65-94.

② Arrow K J. Economic Welfare and the Allocation of Resources for Invention[M]//Kenneth Arrow. The Rate and Direction of Inventive Activity:Economic and Social Factors. Princeton:Princeton University Press,1962.

③ Romer P M. Endogenous Technological Change[J]. Journal of Political Economy,1990,98:71-102.

也就是说,技术进步是经济体系中内生的要素,且能够形成规模报酬递增效应。技术研发不能够游离于现代化经济体系之外作为支撑,技术进步应该成为现代化经济体系的内生变量,成为各个经济领域和各个市场主体的自觉依赖的驱动力量,继续走依靠劳动力、土地和资本投入的增加的路线来发展经济是没有出路的,要把开发科学技术资源作为实现强国梦想的首要工作,把科技投入作为现代化经济体系建设的重点投入且长期坚持,才能建成现代化经济体系,才能够获得国民经济可持续发展。

因此,研究技术学,把握技术特性及其发展规律,对于加强科技研发,加快技术创新,推动技术进步,促进中国经济核心技术能力,提高技术在经济中的贡献份额,增强国际竞争力,具有重要的现实意义。

三、学习技术学有利于指导技术人员从事技术创新实践

科技研发分为科学研究和技术开发(简称为 R&D),是一个需要投入资金的过程。科学研究带有公共性质,大多数情况下,由政府投入,依靠科学家们通过科学研究活动,揭示自然规律或社会规律,产生出为社会所共享的科学知识。技术开发多数带有竞争性和私人性,也就是说可以通过技术开发,获得技术发明,申请专利,受到法律保护,为私人占有或企业占有,可以凭借技术专利所有权获得回报。当然,利用公共研发投入发明出来的技术,具有公共性。但是,国内外相关法律规定,利用公共研发获得的技术,可以由发明人、发明人所在机构和公共研发投入政府共同拥有技术专利以获得收益。不少国家尤其是中国,为了鼓励技术开发,国家列有专项计划资助微观主体(包括企业)进行技术开发,对从事技术研发的企业设有各种类型的资助或奖励。

科技创新这个词,应该包括三层含义,其一是科学发现,其二是技术发明,其三是技术成果商业化的创新。科学研究不可能叫作"创新",只能够说"科学新发现",这是科学家的职责;技术开发成果只能够说"技术新发明",这是工程师的职责;创新是技术成果商业化,是企业家的职责。创新理论鼻祖熊彼特早就定义过"创新",就是技术成果商业化,并明确指出创新是企业家的功能。企业家失去创新功能,就不再是企业家。企业的利润是企业家创新能力带来的,企业没有利润说明该企业家已经没有创新能力了,也就不再是企业家了。企业家精神最为核心的是创新精神。

简言之,技术创新涉及科学家、工程师和企业家三大主体。科学家的职责是从事科学研究,工程师的职责是技术开发,企业家的职责是创新,各自分工职责不同,当然必须合作,也有少数人同时具有科学家、工程师和企业家素质,但大多数难以同时具备。

技术人员或者是发明家、或者是工程师,不从事科学发现工作,而是针对生产实践或者社会生活需要开展技术创造工作,其主要职能是开发技术,然后将这些技术在社会生产和生活中实现应用。技术学原理的重点内容就是总结既有技术理论和方

法、解释技术发生发展及其作用于社会的内在规律性,学习这一原理,对于指导工程技术人员和企业家从事技术创新活动具有重要的现实意义。

四、学习技术学有利于认识和把握技术及对社会的作用

对于自然科学、工程技术和商学,或者也包括人文社会科学专业的学生,甚至也包括各种专业学位学习的学员、政府官员培训和企业家培训,开设技术学原理课程,对于认识和把握技术及其对社会的作用规律,都是必需的。

自然科学各专业的学生,在其研究过程中,很容易把科学发现作为自己最终的研究成果,难以继续深入将既有的科学发现转为人类社会可以利用的技术,把发表学术论文作为最高的也是最后的追求。当然,有不少学科需要发表高水平的学术论文(即科学实验的报告),对自然界深入认识,扩展人类的知识边界,从而为整个人类做出科学理论贡献,这是有重要的科学意义。如果能够学习技术学的相关理论和方法,能够进一步把科学发现转化为技术发明,进而实现技术转化,推进技术创新,实现商业化,不是为人类社会进步做出了更大的贡献吗?在当今科学、技术和生产融合越来越深的时代背景下,科学与技术、与生产的联系更加紧密,科学家也需要向技术迈进一步,推进技术创新,促进技术进步,进而用于经济社会,使人类获得更大的进步,具有特别重要的现实意义。

工程技术各专业的学生或者学员,本应该对技术的特性和规律有更清晰的把握,不单纯是为技术开发而从事技术开发,必须是对与技术开发相关的技术专利申请、技术标准、技术评估、技术转化、技术推广和技术服务等全流程知识的学习,从而更有利于将来在工程技术领域从事技术开发活动。当然现在也有一种倾向,就是工程技术人员也要向自然科学研究人员一样,发表学术论文,“唯论文”的现象耽误了许多技术开发。技术专利是工程技术人员的工作成果,但不是最后的工作成果,其开发的技术能转化为生产实践的应用,为企业增加经济效益,为社会解决问题,这才是最终的成果。学习技术学,把握技术特征及其作用于社会的基本规律,尤其是在本书中介绍的不少关于技术创新的理论和方法,对相关技术人员从事技术创新活动具有指导意义和重要的现实意义。

商学院大多数学生或学员将来从事商业活动或者金融投资活动,就更需要懂得技术在商业活动或投资活动中的重要意义。商学院多数学生并没有经过像自然科学、工程技术专业学生的训练,对这方面的知识几乎是空白,如何获取有关技术相关的知识或方法呢?通过学习技术学,从总体上认识技术的特征及前期发展规律,对其从事商业活动和金融投资活动具有现实指导意义。特别是随着中国经济发展,创新驱动发展,技术在经济发展中的作用越来越大,选择投资项目、咨询商业活动或者管理一家企业和开展创业活动,都首先要考虑技术要素的作用或贡献。中国已经开辟了科创板市场,从事资本运作,辅导企业上市或实行企业收并购,制定企业战略,管理

企业内部技术研发,都需要对技术特征和发展过程有相当深入的认识和把控能力。因此,学习技术学原理具有现实意义。

对于其他人文社会科学各专业的学生来说,也许将来的工作与技术并无关系,也许会到与技术有关系的工作岗位就业,但不管怎样都会生活在这样一个技术主义主导的时代,我们生活中无处不在使用技术,无时不在与技术打交道,学习和了解一些有关技术的知识或者技术产生发展演化的相关知识,对于我们提高对技术进步的认识,也是有一定促进作用的,也刚好补上文科生的技术课,使他们更加一般化地认识技术特征及其对社会的作用。

至于企业家和政府官员,学习技术学有利于企业家全面把握本企业的技术创新战略及其技术管理,有利于企业家从战略上思考本企业的技术竞争能力的培育,重视技术研发投入,高度重视技术创新,依靠技术获得核心竞争能力,从而推进企业可持续发展。政府官员学习技术学,有利于从宏观上认识技术在社会经济发展中的作用,从而更加重视技术创新对经济发展的推动。学习技术学,可以让政府官员在制定科技政策时,更加具有科学性和针对性,而不是盲目把科学、技术和创新混为一谈地制定政策。技术研发政策、技术创新政策和科学研究政策是有差异性的,学习技术学能够更加明确技术政策的范围和作用机制,有利于政府利用政策激发技术研发和创新实践。

【思考题】

1. 什么是技术?你认为各位学者对技术下的定义有什么区别?你更加赞成哪一种定义?

2. 技术与人类的关系是怎样的?技术对人类发展总是起促进作用吗?

3. 从技术学发展的历史来看,为什么会出现那么长时间的断裂带?是什么原因导致的?

4. 技术学的研究对象应该怎么来界定?请你帮助进一步加以概括,或者寻找到更为权威的界定。

5. 技术学原理研究内容还可以增加哪些内容?或者可以取消或者合并哪些内容?

【阅读文献】

瑟乔·西斯蒙多.科学技术学导论[M].许为民,潘涛,译.长沙:中南大学出版社,2010.

邓树增,等.技术学导论[M].上海:上海科学技术文献出版社,1987.

钱学成,等.技术学手册[M].上海:上海科学技术文献出版社,1994.

第二章　技术的本质与属性

对于技术是什么这一问题,不仅仅是给一个概念下定义,在定义后面潜藏着其本质内涵。从纷繁的具体技术中抽象出技术的本质,不是一件容易的事情,技术哲学家一直在为此付出努力。上一章列举了关于"技术"的各种定义,也试图想过为"技术"下一个属于本书作者的定义,但最后还是没有写这一定义。不是不能写一个定义,而是总觉得思考还不够成熟,最好还是让读者自己去选择那些定义中的一种。本章重点探究或介绍已有的关于技术本质的各种观点,以及关于技术的自然属性和社会属性,还有一直为学者们讨论甚至被很多社会大众诟病的技术的双刃性,最后,介绍技术本质主义和建构主义的基本思想。

第一节　技术的本质

费恩伯格(Andrew Feenberg)以技术是自主的和人控的为横轴,以技术是中性的和价值负载的为纵轴,提出了四种技术观,即决定论、工具论、实体论和批判论(见表2.1),[①]这比较清晰展示了人们对技术的认识。

表 2.1　费恩伯格技术观的四象限划分

操控性 价值性	自主的 (技术自主)	人控的 (技术人控)
中性的 (手段与目的分离)	决定论 (技术决定一切)	工具论 (获得进步工具)
价值负载的 (手段与目的统一)	实体论 (手段与目的相关)	批判论 (手段与目的可批判性选择)

---

① Feenberg A. Questioning Technology[M]. New York:Routledge,1999:9.

一、技术决定论

技术决定论作为技术学中最具影响力的学说之一,最早由凡伯伦(Thorstein Veblen)提出。技术决定论具有两个基本原则,一是自主性,即技术是自主的;二是变革性,即社会变革源于技术变革。技术决定论认为,技术具有自主性,包含了具有特定的结构、要求和结果。其变化将引起自然和社会系统特定的强制性变迁。然而,技术决定论者之间对技术的态度仍有所差异。一些学者认为技术对自然及社会具有负效应,而另一些学者则持相反观点,因而技术决定论涉及两种相反观点,即悲观技术决定论和乐观技术决定论①。

悲观技术决定论对技术的进步持悲观态度,认为人类的发展会受到技术的制约②。这是一种对技术发展及其社会后果持悲观态度的理论思潮,其目的是探索为什么技术对人类构成威胁,以及为什么这种威胁会逐渐加剧。悲观技术决定论的萌芽出现于18世纪,卢梭(Jean-Jacques Rousseau)曾认为技术使人性堕落,这是悲观技术决定论的起源。随着第二次工业革命后大机器生产的出现,芒福德(Lewis Mumford)将技术分为两类:一种是多元的或民主的技术;另一种是单一的或集权的技术。多元的技术指因地制宜的有利于社会协调发展的技术;单一的技术是和"大机器"生产相关的技术。单一技术强调权力、威望、财产、效益,导致人类生存目标的迷失和人性的泯灭。在20世纪下半叶,人类社会还没从世界大战的阴霾中彻底走出,就需要直接面对资源、环境和生态的三重压力。进入21世纪,信息技术一方面给人类的社会生产生活带来了巨大的效益和无限的便利;另一方面,一系列信息安全问题受到了全世界的关注。

乐观技术决定论基于技术事实,提出技术只是一种驱动社会进步的工具,人正是通过和借助技术决定着自己的未来。马克思(Karl Heinrich Marx)主义哲学是乐观技术决定论的代表。学术界普遍接受的观点是,马克思从技术角度对历史进程进行解释,其学说是一种技术维度的历史决定论。技术反映和承载了人对自然的能动关系,体现出人的发展的自由性。对于悲观技术决定论,马克思提出批评。第一,人始于劳动,劳动始于制造工具。劳动的发展隐含着技术的进步,劳动的进化史从劳动和技术的关系上看,本质上就可被视为技术的进化史。人类始终在追求满足最基本的生活需求的道路上,而这种需求的满足只有通过物质生产活动才得以实现,即生活需求需要通过劳动来满足。人在劳动活动中所自然而然形成的各种关系的综合就是对人的总体的描述:现实人是实践中的人,是在活动和劳动中创造历史的人③。人们不断追求满足自己需求的物质资料,这使得技术在人追求自由的过程中具有重大意义。

---

① 王建设.技术决定论:划分及其理论要义[J].科学技术哲学研究,2011,28(4):57-62.
② 李平,肖玲.论技术创新观中的技术决定论倾向及其超越[J].中国科技论坛,2006(2):38-42.
③ 陈文化,李立生.马克思主义技术观不是"技术决定论"[J].科学技术与辩证法,2001(6):34-37.

第二,技术决定着人与自然的和谐统一。早期由于技术水平低下,人只能把身体作为工具使用,因此,人对自然的驾驭能力较低,与动物无异。技术赋予了人类征服自然的条件。但是,技术的实践和进步需要付出代价,许多自然灾难的根源都在于人类对技术的狂热,根本上看,这些灾难就是技术具有的负效应。对此,马克思秉持这样的观点:我们不应该盲目地追求征服自然,也不应该放弃技术,而应该自我控制。只有有计划地控制,才能合理地使用自然美。技术的进步实现了人和自然之间从原始的统一到近代的对立,再到未来的天人合一[①]。第三,技术是生产力进步的源泉,生产力的进步反映了那个时代的技术水平的变化。生产力的进步依赖于社会生产方式的变化,而社会生产方式只受到生产过程中技术和社会条件的影响。因此,生产力的提高,只能通过改变劳动的技术和社会条件来实现。技术是社会发展的不朽动力,技术决定了时代的变迁[②],也使整个社会都无法脱离技术,并对社会各个方面都具有重要影响。各个经济时代都以不同的技术作为各自的象征,任何时代产生的技术都与那个时代的生产手段密不可分。没有技术能脱离特定的生产资料,也没有任何生产资料能脱离特定的技术。技术是人的活动方式或与自然的积极关系。

二、技术实体论

技术实体论强调技术是一种社会存在,是人们改造自然的生产过程和生活方式。埃吕尔(Jacques Ellul)认为,技术是一种社会文化现象,而不仅仅是某些具体的东西。技术虽然与机器有紧密的关系,但它不是机器本身,而是从机器的结构和原理中抽象出来,并可以被应用到其他生产生活领域中的方法。因此,机器只不过是这种方法的一种可能的结果而已。同样,如果其他活动也受到从该机器中抽象出来的方法的影响,那么它们都是该技术的一部分。海德格尔(Martin Heidegger)认为,技术在其本质上实为一种付诸遗忘的存在的真理之存在的历史的天命,是使存在者显露出来的方式。也就是说,技术并非单纯作为工具和手段而存在,而是通过人自由设计的"产品"而参与到自然、世界和现实的构建中,并以自身的丰富性渗透到人类生活的各个层面,甚至人内心深处的潜意识中。

无论是埃吕尔还是海德格尔,技术实体主义者都认为技术是一种相对独立的社会力量,并反映了其自身的特定价值。他们都认为,仅仅关注器具级和机械级的技术是不够的,而需要进一步关注技术的社会内容。他们不仅同意探索技术的自然维度的重要性,认为技术与理性、工具密切相关,而且认识到技术的社会维度的重要性。第一,在技术实体主义看来,技术不仅是一种工具,而且是一种实体和相对独立的文化力量,可以突破传统的和现有的价值体系。埃吕尔的一个关键论点在于国家和技

---

① 葛玉海,曹志平.生产力与座架:马克思与海德格尔在技术决定论上的异同[J].自然辩证法研究,2015,31(4):31-36.

② 王汉林."技术的社会形成论"与"技术决定论"之比较[J].自然辩证法研究,2010,26(6):24-30.

术之间的关系,认为国家应该服务于技术的发展需要,而不是技术的进步依赖于国家的推动。国家的功能、形式和发展方向需要和技术的属性相一致,任何国家能否生存、能否发展、又能取得怎样的发展水平,都取决于该国家是否选择了技术化的道路以及选择了什么样的技术化道路。第二,技术实体主义理论强调技术社会层面的属性。从技术的社会内容上看,技术不仅是一种手段,而且是一种实践活动,一个包含着价值的相对独立的系统和社会力量。技术实体论强调技术及其使用之间的不可分离性,认为技术的设计和使用必须包括对技术使用者进行相应的生产实践和社会组织形式的教学。技术的价值体现在其效用性,也就是说,技术的使用意义大于技术本身的意义。如果技术没有或无法被使用,那么该技术将毫无意义。如海德格尔所言:"现代技术的突出特点在于这样的事实,即它在根本上不再仅仅是'工具',不再仅仅处于为他者'服务'的地位,而是具有鲜明的统治特征。"这也就是说,人类对在使用技术这一事实背后所产生的实际价值,远超使用它的外在目的的价值。第三,技术具有整体性和系统性特征。为了最大限度地提高效率,"技术联合体"需要根据技术联合体的需要改变影响联合体的所有因素。随着技术发展成为一个相互依存的联合体,为了发展一种特定的技术,它需要调动各种资源。例如,新能源汽车技术的发展取决于电池、电子控制和电机技术的同步协调发展。所以面对阻碍最有效计划的障碍,我们必须调整自己以适应最有效的计划,否则,就有被排除在技术系统之外的风险。

技术实体论的基本原则包括:第一,技术是独立存在的。实体的存在只需要自身没有其他事物,技术实体的独立存在受其固有的实体属性支配。实体具有属性,实体的独立存在因其属性而具有意义。当然,没有实体,属性就不可能独立存在。这是形式作为第一个实体和材料作为第二个实体之间的关系。技术有两个基本主题:技术的形式动力学和技术的实质性内容。前者是指技术是一个连续的集体事业,按照自己的运动规律前进;后者涉及各个方面,包括给人类使用带来的各种事物,授予的各种权力,开放或规定的各种新颖目标,以及实现这些目标所需的改变的人类行动模式。技术的形式动力学表明,技术表现出强烈的主体发挥作用现象,即借助人的双手,根据技术实体内容的运动规律而连续变化,从而表明技术作为一个实体是由集体事业的合理性和有用性所形成的独立存在。技术的实体部分是技术本身的运动规律,属性部分是技术人工物及其各种力量。当然,这个属性可以服务于人类的需要或目的。第二,技术是理性的。为了生存,人类对工具的实体属性的占有和使用适用于历史上的所有技术,这意味着我们不仅可以通过应用这些规则来扩展各种新的理性知识,而且还可以通过应用这些知识来生产新产品。虽然现代科学发生了一系列变化,但人们总是把纯粹的科学放在优先于技术的地位。对于技术实体的概念,这一优先地位所产生的一个重要推论是将技术视为纯科学的应用领域,即技术实体发展的逻辑是从纯粹理论研究到应用研究的合理发展程序。第三,技术发展是可预测的。技术实体作为一个独立的存在,必须是一个"自我生成系统"。也就是说,每一种技术都是为了解决一个特定的问题,而对技术的基本单位重新组合。因此,只要我们研究技术领域的重组机制,分析其组成部分,并对复杂的技术系统进行数学建模,就可以预测技术创新的方向,技术的这种可预测性是技术决策的基础。

三、技术工具论

人的生存具有生物学意义上的局限性,技术的出现是人类对自身有限性所做出的反应。技术工具论认为,技术是中性的,在机械术语中,技术被看作工具和产品。技术没有负载价值,而是工程的成就①。技术是人类改造和利用自然的操作系统,是实现人类目标的工具,与目标价值本身的善恶无关。

文艺复兴后,西方政治、经济、文化和科学快速发展,近代技术逐渐形成。社会的快速发展促使人的需求在质和量方面的提高,这使得技术本身变得更加复杂。工业革命后,社会生产实现了由手工向机械化的转变。由技术驱动的生产方式变革改变了既有的组织和经济结构。在该阶段,技术被视为社会变革的最重要的推动力,只有技术的进步才能实现对自然更好地适应和利用。技术工具论自此至20世纪中叶都处于主导地位。当代西方技术工具论的代表人物梅森(Emmanuel Mesthene)认为,技术的发展扩展了人类的行为的选择空间,为人类的实践活动提供了更多的可能性。但是,同样需要注意到的是,技术的进步也使这些可能性变得更加复杂和不可预测。但是技术工具论仅将技术视为人类实现其目的和价值的工具和手段,将技术和技术的最终结果隔绝开。他们认为技术最终产生的实际影响和技术本身无关,只依赖于使用者的目的和态度。也就是说,技术独立于社会背景,是和技术的效用和价值无关的中立之物。尽管技术的影响受到了极大的重视,但无论技术产生了什么样的影响,技术的价值无疑是肯定的。

技术工具论具有两个显著特征:第一,技术是中性的。梅森认为,技术为人类的选择和行动创造了新的可能性,也使得对这些可能性的处理变得不确定。但技术的结果和技术本身毫无关系,其结果完全取决于技术的使用者。当人类面临技术所提供的多种可能性,需要做出过去不需要做的选择,如是否建设核电站、是否使用社交软件等。所做出的任何选择都会产生相应的结果,但结果的好坏和技术本身无关,因为技术只提供了相应行为的可能性,而技术作为工具只有偶然同该行为的结果联系在一起。第二,人是技术价值的拥有者。技术只是满足人类需求的一种工具,价值选择事实上是由人做出的②。在技术和人的价值秩序中,技术工具理论更注重人的优先性。随着技术的发展,人类选择价值的空间也在扩大。根据技术工具理论,价值的选择是由人做出的,技术只是满足人们需求的工具。作为一种理性存在,人们选择价值的优先性在于人们不仅可以理性地选择实现目标的工具,而且可以创造新的工具

① 程志翔.何谓技术工具论:含义与分类[J].科学技术哲学研究,2019,36(4):75-81.
② 赵乐静,郭贵春.我们如何谈论技术的本质[J].科学技术与辩证法,2004,21(2):45-50,93.

来实现新的目标。

四、技术批判论

随着技术的进步,大机器生产代替了手工劳作,减少了人的体力劳动。快速大批量制造的消费品极大地满足了人们的需求,进而促进了社会的幸福和安定。技术批判论认为这种由物质需求满足带来的幸福感是暂时性的,只会束缚人性,让人类抛弃了真正需要的自由。社会的技术异化促成了追求物质享受的社会风气,诱导人们放弃追求自由并只安于现状,所有不同于当前社会认知的思想观念和行为习惯都会招致排斥。此时,技术通过影响和改变意识形态的手段融入并控制社会生产生活方式,进而强化对人们认知方面的把控①。

哈贝马斯(Jürgen Habermas)认为,统治阶级一方面把经济增长作为衡量社会发展的唯一指标,另一方面又把技术进步树立为经济增长的决定性力量,从而使技术成为维持统治的政治工具。科学技术作为第一生产力,不是要把人从奴役中解放出来,而是要给人更多的不自由的理由。在这一时期,技术完全主宰了社会。人们的日常生活和生产在很大程度上受到技术规则的控制并趋于同质化,甚至整个社会都受到技术规则的操纵。现代社会的生活世界已经被科技所殖民。面对这种情况,哈贝马斯认为,科学技术的发展不能放缓,也不能停止;另一方面,最重要的是消除技术对人类的控制和奴役,消除技术的殖民。他强调,消除技术异化仅依靠技术本身的发展从而实现自我完善是不现实的,需要外部的干预,即在技术和社会实践之间构筑民主沟通的桥梁,将技术引入民主对话和讨论中去②,从而提高技术在社会生产生活中利用的合理性,摆脱技术控制人类发展的境地。

芬博格(Andrew Feenberg)认为,要解决好技术问题,就不能盲目地接受技术的统治,也不能回到传统的生活方式。相反,我们应该创建一个新的技术系统来解决这些问题。在这个新系统中,我们不仅要考虑技术,而且要考虑自然环境和人的全面发展。这不仅可以很好地解决技术问题,而且最大限度地避免技术的负面影响。首先,芬博格批判了技术工具论,否定了技术中立论。他从社会建构理论的角度看待技术,认为技术是社会建设的产物并具有一定的社会价值。他提出技术可以改变,我们只需要重新设计技术,为技术民主提供一种替代形式,以克服现代工业主义造成的人与自然之间的破坏性关系。同时,芬博格提出了工具化理论,包括初级工具化和次级工具化两个方面。初级工具化理论是指,当人类想要制造工具来改造世界时,第一步是向人类揭示世界和世界上事物的某些功能或效用。在初级工具化理论的基础上,次级工具化理论进一步引入自然因素和社会因素,使技术能够被人类设计,并通过民主

---

① 朱春艳,陈凡. 费恩伯格技术本质观评析[J]. 自然辩证法研究,2003(9):49-53.
② 刘光斌. 技术合理性的社会批判:从马尔库塞、哈贝马斯到芬伯格[J]. 东北大学学报(社会科学版),2012,14(2):107-112.

设计变得更加合理。因此,技术的次要工具化过程也是技术与社会现实相结合的过程,理论与实践、哲学思维与社会建构、人的因素与物质因素在这里形成了辩证的统一。最后,芬博格提出了技术本身在微观层面的民主化和技术机构在宏观层面的民主化。他认为,不仅政治家和技术专家应该参与技术设计,与技术密切相关的所有社会角色,还包括技术工人、技术使用者和技术进步造成的单方面影响的受益者或受害者,都应参与技术设计和技术开发的过程。换言之,技术变革的民主化意味着给予缺乏财政、文化或政治资本的人进入设计过程的权利。

五、装置范式论

库恩(Thomas Sammual Kuhn)将范式界定为被广泛认识并接受的理论体系,这是范式理论的核心要素。具体来说,范式是一种对本体论、认识论和方法论的基本承诺,这种原理、定式和方法被科学界普遍所采纳,并形成一种共同信念[①]。

伯格曼(Albert Borgmann)突破性地将库恩"范式"应用到对技术的认识中,形成"装置范式"的技术本质观。装置范式论从具体的人工物出发,实现对技术研究从"先验"到"范式"的转变。伯格曼不仅仅是对技术只是形而上的分析,而是深化和细化了对技术的研究,分析了技术本身的特点。伯格曼运用这种本质直觉的方法原则,面向技术人工物对技术现象进行研究。装置范式论揭示了技术的特性,即一方面技术可以用最有效率的快速方式达到实用的效果;另一方面,技术手段变得越来越隐蔽,并潜在地影响着我们的生活。技术源于人的生存和发展的需要,这种需要激励人们去改造现实世界。技术在发展的同时,藏匿了自然和文化,将现实世界扭曲为商品世界。积极的方面在于人的需求得到了极大的满足,但另一方面是剥夺了人的自由。我们期待技术能卸除负担并给我们带来美好的生活,但真正意义上好的技术应该使我们享受物和实践带来的自由。技术的应用使我们获得应对自然的能力,同时也赋予了人类改造自然的权利,导致环境不断恶化的后果。因此,装置范式论认为,人们体会到的不是技术带来的便利,而是巨大的压力。

装置范式论的主要特征包括以下几点:第一,装置范式论是建立在对现实生活中典型的技术人工物分析的基础上,因此伯格曼认为关于技术的理论不应该是极其复杂的,相反,从一些明显的事例中就能观察到技术的普遍发展模式。第二,技术和社会密不可分,技术人工物是社会性和自然性的结合体。将这两方面联系起来分析技术,为准确把握技术的本质提供了可能。第三,伯格曼从技术人工物入手对技术进行具体本真的认识,在对技术内部结构分析的基础上,阐述其与社会的关联性认识,综合社会因素进行分析来体现出其实践性[②]。

---

① 陈凡,傅畅梅."装置范式论"研究纲领的内在逻辑演进[J].自然辩证法研究,2007(6):44-47,56.
② 刘欢欢.伯格曼技术本质观:装置范式论[D].西安:长安大学,2013.

六、组合进化论

根据组合进化理论,组合与递归是技术存在与发展的本质特征。所有技术都由组件组成,新技术实际上是现有技术的结合。单一技术构成技术模块,技术模块构成新模块,最终形成具有层次结构的复杂技术。根据组合进化理论,所有复杂的技术都是由简单的技术组成的,看似新的技术实际上继承了现有技术的要素和特点。换言之,组合进化把组合和递归作为技术存在和技术发展的本质特征。阿瑟(Brian Arthur)借鉴遗传学和生物进化理论,提出技术进化的过程依赖于现有的技术结构,因而往往遵循一条几乎是强制性的路径,表现为发明的路径或逻辑。当然,这并不意味着新技术的形成是预先确定的。发明来自发现新现象、出现新需求、主体的突发奇想以及机会把握[①]。

组合进化论的主要观点包括:第一,技术起源于现象。阿瑟认为,不同种类的技术之间尽管千差万别,但无论是简单的还是复杂的技术,它们都来源于某一种或某几种现象。现象是形成技术的前提和基础,为了实现针对某个目标的技术,往往需要同时基于多种现象。而现象在能够被应用于技术之前,必须先要被捕获、认识和掌握,由于天然形式的现象往往难以直接利用,因此现象可能只在很有限的条件下起作用。而要有效应用现象,需要大量基础技术作为支撑,并且需要识别有效的方式才能使技术有效实现既定的目标。第二,技术是对现象有目的的利用。现象是技术必不可少的源泉,由于天然现象通常具有自我隐蔽性,往往不容易被捕获和开发,因此需要掌握一定的方法来捕获、揭示现象。现象在被揭示并成为原理后,还需要将原理进一步转化为物理组件才能完成技术的建构,因此,从这个意义上讲,技术追根溯源就是对现象的捕获、开发和利用。第三,技术具有层次结构。技术是现象的组合,这表明技术可以根据组合复杂性分为不同层级。高层级技术由低层级技术构成,低层级技术由更低层级技术构成,并最终形成一个技术整体,技术所具有的这种组合结构就是阿瑟所指的"递归性结构"。

第二节 技术的自然和社会属性

自然和社会属性是所有技术固有的、不可分割的两种属性,它体现了人类实践活动合规律性和合目的性的辩证统一。首先,技术的开发和使用都依赖于一定的自然条件并需要遵循自然规律;另一方面,各种技术并非自然界自发地演化形成,而是由

---

① 赵阵.探寻技术的本质与进化逻辑:布莱恩·阿瑟技术思想研究[J].自然辩证法研究,2015,31(10):46-50.

人的主观意识驱动,并且技术受到各种社会条件的制约和影响。

一、技术的自然属性

技术的起源、发展和实现都无法脱离自然环境而独立存在,同时技术的全过程也持续受到技术的影响[①]。

第一,技术的开发和发展以自然为基础。物质是所有属性的载体或发生器,技术不能创造物质,技术自然属性取决于特定的物质。技术始终处于一定的自然环境中,同时,技术的起源、发展和实现都需要一定的自然资源作为投入。因此,技术作为一种物质实践手段,只能以物质为载体的形式来表达。归根结底,所有的技术事物都是由自然事物构成的,直接包含着自然事物本身的本质。此外,当今技术的发展应该考虑节约资源,这也表明技术的发展依靠自然资源。

第二,任何技术都会产生一定的自然后果。无论是对机器、设备、工具和材料等技术生成要素的技术主体的选择,还是对所选要素的行动方式和方案的设计,以及在它们根据设计进行实际互动后根据预设目的调整其"结果",从根本上说,都是对自然的一种"干扰"和"破坏"。技术的自然属性的产生是在对自然的"干扰"和"破坏"过程中实现的。只要技术改变了自然,就必然导致对自然的破坏[②]。也就是说,技术是环境问题的根源,技术的负面影响是未来需要解决的问题。

第三,任何技术遵循着一定自然规律,自然规律也可以揭示技术的自然属性。自然规律控制物质过程的具体形式是复杂多样的。技术创造可以理解为探索使自然规律的作用满足主体需要的具体物质形式。事实上,这一过程本质上是对客观自然规律的探索和利用,它决定了技术产生和发展的可能性,为技术的发展和创新提供了理论支持。任何违反自然规律的技术发明都注定要失败。技术的自然属性要求技术工作者遵循自然规律,只有在这个前提下,他们才能充分发挥自己的创造力,才能在技术活动中取得成功。

二、技术的社会属性

技术的社会属性是指任何技术的创造及其应用过程不仅要受到社会各方面条件的制约和影响,还要符合社会历史文化发展的客观规律[③]。具体说来,技术的社会属性表现在以下三方面:

第一,技术本身不具备任何目的性,技术的目的是由处在一定社会背景中的人赋予的。技术是人类为了达到发展的目的,而对自然实施的改造与利用。也就是说,技

---

① 管晓刚.关于技术本质的哲学释读[J].自然辩证法研究,2001(12):18-22.
② 邹成效."技术-环境悖论"与技术自然属性[J].科学技术与辩证法,2006(1):82-84,111.
③ 管晓刚.关于技术本质的哲学释读[J].自然辩证法研究,2001(12):18-22.

术的目的是生活于特定社会情景中的人所赋予它的,因而技术的目的具有社会性,反映了当前社会的需要和目标。

第二,技术作为一种人工的自然对象,其社会属性主要表现在技术的设计、发明、改进和应用上。技术的实现过程本质上是以人为核心的,是人性的外在表现之一。技术被人类赋予目的和价值,是一种特殊的自我表达手段,因此具有一系列人类的价值观念。当人类利用技术进行社会实践时,如何使用技术、应用于什么方面,受到各种社会条件的限制。经济、政治和军事需要,教育、文化甚至生活方式等都将直接或间接影响技术的研究、开发和应用。这些因素对技术的影响是全方位的,涉及技术的各个属性,如方向、形式、速度等。

第三,新技术的出现可能带来社会的巨大进步,同时也有可能造成毁灭性的灾难[①]。新技术的综合效应可能无法准确估计,一方面是因为受当前认知能力和社会背景的制约,另一方面,可能是因为技术的部分效应需要长时间、反复多次实施才有可能显现。

三、技术自然属性和社会属性的辩证关系

自然规律产生了技术的自然属性,它是技术的基础和前提;社会规律产生了技术的社会属性,它影响了技术发展的进程。从自然属性的角度研究技术,要求人们在自然规律的指导下,在资源与生态环境协调的基础上发展技术;从社会属性的角度,需要考虑各种社会、经济、文化等因素的影响,以及政治文化因素对技术的综合影响。并且,技术的自然属性与社会属性并非泾渭分明、各自独立,而是相互渗透、相互影响的。

第一,技术的社会属性无法单独存在。技术最基本的属性便是自然属性,技术的社会属性依赖于自然属性,自然属性是社会属性的基础和前提,那么技术的社会属性自然而然受到自然属性的影响,自然属性的缺失也必然导致技术的社会属性的消隐。只是停留在空想中而不能在物质实践中得以实现的东西,这样的"技术"要考察其社会属性只能是空谈。除此之外,自然规律是社会规律的前提和基础,因为社会的产生和发展就是建立在自然属性基础之上,必须先有自然才能有社会。因此,违背自然规律必然意味着违背社会规律。技术工作者在开发新技术之前,首先需要考虑的就是技术是否符合自然规律以及对自然可能具有的影响,其次才是技术对社会的效应。因为,只有符合自然规律、合理利用自然资源,其他性质才会有坚实的基础。

第二,技术的社会属性是自然属性的变化向导和实现条件。尽管技术的活动对象主要是自然环境,但是技术活动的本质是基于自然规律来实现对自然的适应和改造。人是技术开发和使用的主体,同时又是各种社会关系的集合,所以技术在通过人

---

① 杨嘉明. 从技术的社会属性看技术的异化[J].鄂州大学学报,2017,24(2):9-10,44.

的实践活动得以实现的时候，就必然会被赋予一种社会属性。正如没有自然属性因素就无法构成技术一样，没有社会属性因素也不能构成一项技术。因为人们所创造的任何一项技术都是有目的的，都是基于当前社会背景下研发出来的。缺少了社会属性，人们就失去了创造技术的激励和基础，自然属性因素便不能实现其组合和改变从而形成技术。技术在产生之时起就必然包含了社会目的性，来满足一定的社会需求。技术的产生、发展和应用的全过程都要受到经济、政治、文化等社会因素的直接影响，因此，技术的自然属性只有在人们的社会实践中才能得以显现，它只有通过与社会属性相结合才能实现其自身。因此，自然属性虽是技术的基础，但若不与社会属性相结合也是无法实现的。

第三，自然属性与社会属性相互联系成为所有技术的基础属性。技术的自然属性与社会属性并非完全分离，技术的形成和发展需要遵循和不断协调自然和社会两方面属性，它们互相作用，共同促成技术的实现。

没有自然属性作为基础，技术就没有生产的基础。"顺应自然"是一种强有力的规范和约束，任何人都不能违背。没有社会属性作为必要的动机和条件，技术就没有合适的理由和方法来实现。技术发展过程中不存在任何绝对自然的逻辑必然性。技术开发和应用过程中的每一步都涉及一系列符合自然规律，与社会经济、政治、文化相适应的社会选择。不难得出，技术的自然属性和社会属性对技术而言都是不可或缺的前提。人类在开展技术实践活动时，既要遵守自然规律，又要遵守社会规律，不能忽视技术的自然后果，又要考虑技术的社会后果。可以说，技术的自然属性决定了技术的可能性，技术的社会属性决定了技术的适用性。只有全面审视这两个方面，技术活动才能取得成功。

第三节　技术社会价值双刃性

技术具有双刃性，这和其他人类行为并无二致。尽管如此，技术的双刃性仍然吸引了广泛的关注。那么技术的双刃性包含哪些方面？我们又该如何认识技术的双刃性？

一、技术的积极性

技术推动了社会的发展，人类的历史的各主要阶段可以说是由技术划分的。技术在社会发展中的作用举足轻重，技术的进步必然导致社会各方面的同步变革。技术总是深刻而迅速地影响社会的一切，包括社会结构以及人类生产生活各个领域。

第一，技术提高了生产能力。技术的目的在于更好地满足人们的生活需求，因此技术进步所产生的首要变化就是生产工具效率的提升,进而提高了社会生产力。第一次工业革命后,蒸汽机的发明带动了一系列机械化生产工具的出现,生产力得到了飞跃性的提高,为社会生产的机械化提供了保障。第二次工业革命照亮了人类社会,第三次工业革命使信息技术成为人类社会生活中最密不可分的要素之一。同时,技术的进步丰富了人类可使用的物质的选择,原本认知之外的物质构成了生产生活的重要工具。劳动对象已经从原始的天然矿物发展到一些新的合成材料,如合金、塑料、合成纤维等,创造了更多自然界中不存在的东西。能源技术的发展为人类的生产生活提供了更多便利,人们可以更大程度上利用自然资源。

第二,技术改变了经济结构。生产要素禀赋和生产要素的结合方式导致了区域不同的经济结构和发展阶段。技术的进步改变了区域的资源禀赋和生产活动所需的要素种类,导致了经济结构的调整。工业化、城镇化背后的驱动力,归根结底就是技术的变革。

第三,技术提升了认知能力。技术的进步拓展了人类认知的范围,为探索太空、深海以及微观世界提供了可能,提升了人类的认知能力。认知能力被认为是人完成各类社会生产活动最重要的心理条件,认知能力的提升有助于更进一步地提升生产能力,并反作用于技术水平。

第四,技术促进了人类发展。技术的进步提高了要素利用效率和开发新的可持续的替代生产要素,从而缓解了生产要素供给和需求之间的矛盾。同时,技术进步对思想认识的发展具有推动作用,能转化为精神力量指导人们践行可持续的生产生活理念[①]。此外,技术的进步为认识、模拟、分析和预测环境变化以及评估社会活动对环境的影响提供了可能,有助于社会的可持续发展。最后,针对现代社会大规模生产和消费所产生的大量废弃物,仅仅依靠自然降解是远远不够的,技术的进步提高了治理污染和修复环境的能力。

二、技术的消极性

技术是人推动社会发展的关键力量这一点是毋庸置疑的。但是,现实经验告诉我们,技术对人类同样具有负面影响。爱因斯坦提出,技术作为工具来说是强有力的,但是究竟技术能给人类社会带来福祉抑或是威胁取决于人类自己,这对技术来说是无能为力的。

第一,技术在改造自然的同时也对自然造成破坏。人类活动的本质目的在于满足生存需求,而生存需求满足的物质基础是自然环境。人类的各种活动都有赖于从自然界获取各种自然资源。技术提高了人类从自然界获取资源的能力,使人类由受自然界影响进入主动影响自然的阶段。科技的进步提高了人类控制自然的能力。但

---

① 江峻任.技术对可持续发展的价值贡献[J].科技情报开发与经济,2005(2):158-161.

是,随着科学技术的发展,人类活动对周围环境产生了深刻而广泛的影响,破坏了自然资源和生态平衡,资源短缺、过度开发、环境污染、全球变暖、物种灭绝等生态问题日益突出,人与自然的矛盾日益加剧,人类的生存受到严重威胁。环境问题已经从区域性问题扩展到全球性问题,不仅影响到当前人们的生活、生产和生存,甚至可能危及子孙后代的生存。

第二,技术激化了社会矛盾。众所周知,技术的进步促进了社会生产力水平的进步,进而实现了社会的工业化发展。但是逐利的天性导致技术优势方倾向于构筑技术壁垒,残酷剥削和压榨其他劳动者,对外转移低端和污染部门。经济掠夺加大了贫富差距和南北问题。同时,技术差异引起了军事征服,给全人类都带来了苦难。另一方面,技术的进步也给法律的权威带来了挑战,因为法律总是一定技术水平下的产物,而现代技术的迅猛发展,人类思维方式的改变也随之加快,传统法律的内容由于年代久远,难以适应现代技术水平。在全球视角下,各国的法律法规都是基于本国现实背景、以维护本国利益为目标而制定的,各国之间缺乏统一、标准的法律法规,这对处理国际间因技术问题导致的争端造成了困难。

第三,技术削弱了文化的多元性。技术进步带来的社会发展是全方位的,但又是不均衡的。处于更高发展水平的发达国家通常通过信息技术将本国的价值观念和意识形态输入其他国家,从而从意识文化层面进行殖民扩张。多元社会文化逐渐转变为以西方文化为主流的单一社会文化。人们在这样的文化环境中成长和生活,不仅不会促进文化交流和繁荣,而且会间接稀释和过滤其他国家的传统文化。在发达国家长期的文化殖民下,发展中国家长期对本国传统文化疏远,进而成为发达国家的文化殖民地。各种文化之间的差异逐渐消失,主流文化逐渐全球化,非主流文化逐渐消除化。在全球化浪潮中,发展中国家的文化注定要遭受毁灭性的打击。

第四,技术带来了伦理问题。就基因技术而言,新技术在有效解决重大疾病威胁的同时,也不可避免地产生了严重的伦理问题。通过基因技术控制先天疾病代表了医学、生物学方面的突破。但另一方面,基因不仅是个体的生物特征,也是人类繁衍的生命密码。被编辑的基因不仅改变了个体,也会遗传至下一代,带来不可预见的威胁。随着人工智能技术的发展,越来越多的人类活动交由人工智能代替,导致越来越多隐私暴露在人工智能之下,如何保护隐私是一大挑战。同时,人工智能依赖于算法,但看似安全的算法却引发多起人工智能伤人事件,避免人工智能反噬是一个重要问题。

三、技术双刃性的原因及应对措施

技术是人类为了摆脱自然束缚而开发的工具。历史证明,技术对人类的生存和发展至关重要。技术作为一种工具,不能规定其自身的前进方向,只能依赖于特定的方式发展。那么一个重要的问题就是,为什么技术具有双刃性呢?

第一，在社会层面，政治因素是影响技术价值取向的主要因素①。无论是在国家还是国际层面，技术都被打上了政治烙印。政治化的技术是统治阶级巩固统治地位的关键手段之一，统治者要求技术必须符合其政治目的，从而导致了政治技术化的局面。这使得许多技术失去了存在的可能性，并且赋予了不合理的技术更多的合理性。但是，从技术和统治者之间的关系上说，技术被统治者作为统治工具的同时，技术实际上也左右了统治者，从而成为统治者的统治者。另外，技术的突飞猛进使人类突破了原有的认识界限。随着技术发展和知识经济崛起，高新技术已成为经济发展的主要动力。技术推动了生产力的进步，技术的水平决定了生产力的水平，脱离了技术的生产力将不会发展。经济的发展本质上就是生产力的发展，也就是说经济的发展受技术的驱动。经济的发展水平越高，经济对技术的依赖性就越大。技术驱动经济，经济依赖技术，从而技术和经济之间产生紧密的纽带。技术和经济之间的依存关系，为技术的某些负面影响阻碍经济进步提供了可能性。

第二，在认识层面，人们对技术的认识往往比较偏颇，技术的积极作用比较容易被识别，而技术的消极作用因技术本身或自然环境的特点，可能需要多次积累或经过较长一段时间才能显现。同时，消极作用可能并非仅由单一技术系统引起，而是由多个技术系统交互、协同导致的结果，这给消极作用的实现路径及其结果的识别制造了很大困难，必须通过对复杂自然现象的细致分析才能对技术的效果进行综合把握。最后，有的人认为自然具有自我调节和修复的能力而对其无限攫取和破坏，然而事实并非如此。一旦对自然施加的压力超过其所能承受的极限，包括人类系统在内的所有地球生态系统将面临巨大挑战。

第三，在心理层面，基于技术的工业化生产大幅提高了生产效率，但标准化、严格化的生产原则泯灭了人性的自由，引导人们盲目追求物质上的满足。在逐利过程中，个体往往强调短期利益，而忽视了技术可能存在的长期危害。

第四，在技术层面，技术本身可能是不完善的，技术由不完善发展为完善是一个漫长的过程。新兴技术可能因其自身缺陷而对自然和社会具有负效应。

由于技术活动及其影响之间并非简单的线性关系并受到多方因素的影响，因此需要采取措施应对技术可能具有的负效应。

首先，技术工作者必须具备全球视野，将全人类的利益作为其技术工作的出发点和最终目标，保证技术的正向效用。这是每个技术工作者最基本的道德标准，也是他们从事科学研究最根本的出发点和落脚点。技术工作者在利用科研成果造福人类的同时，也会获得一定的社会荣誉和福祉，这是社会对其劳动的认可和奖励。然而，科技工作者不应将科研成果作为换取个人名利的工具，也不应忽视甚至掩盖科技成果可能具有的负面影响。要增强社会责任感和技术伦理意识，正确认识人与人和人与

①　冯石岗，谷晓飞.科学技术双刃性的理性思考[J].现代交际，2011(7)：65-67.

自然之间的关系,积极承担社会责任,践行社会道德,减少技术异化和滥用①。与此同时,应该谨慎对待新的科技成果,科学技术水平越高,各种因素就越复杂,那么在短时间内识别技术的潜在不良反应就越困难。这就要求我们在应用新的科技成果时要慎重。我们不能只立足于技术的积极作用,而应该进行全面、细致、长期的调查论证,尽量减少或避免它的负面影响。如果我们没有充分掌握其规律,特别是认识其消极影响,那么就可能会产生悲剧性的后果。此外,要充分发挥政府的监督管理职能,适当的行政干预是科学技术正确发挥作用的必要手段。政府对科学研究的干预,通过对某些科学研究成果应用行政手段,可以使潜在的科学研究成果得到有力的支持,使其早日为社会服务、造福全人类;而对于具有潜在负面影响的研究可以严格禁止,以免造成混乱或威胁,维护社会的长远利益。最后,要进一步树立群众的科技意识,提高拒绝不正当技术使用的自觉性,促进技术的正确利用。

第四节　本质主义与构建主义

技术哲学的核心问题是技术、人、自然和社会之间的关系问题,进一步归结起来就是技术的独立性和构建性之间关系的问题。技术独立性是指技术拥有自身的发展规律,不受外界环境的影响,持这种观点的学说被称为技术本质主义。技术构建性是指技术的发展受外部环境的影响,持这种观点的学说被称为技术构建主义。

一、技术的本质主义

技术的本质主义实质上是从本质主义的角度看待技术本质。本质主义秉持这样的观念:万物皆有其本质,本质是稳定的,是一种非历史本质。芬博格认为,正是在此基础上,技术本质主义者从历史上的具体技术中抽象出技术的本质。例如,海德格尔认为现代技术的本质是一个独立的"座架",超出了人类的控制范围。在芬博格看来,虽然技术的本质主义为我们提供了对技术本质的独特看法,但它也面临着以下困难。首先,技术的本质主义基于技术行为的某些特征对前现代技术和现代技术进行区分,这是不令人信服的。其次,技术的本质主义表现出宿命论的特征。由于技术的本质被认为是"外在的",技术是自主的,我们无法控制它。

本质主义认为万物均有其固定本质,事物的发展由其本质决定。根据以上定义,无论是技术的本质主义还是技术的工具论都认为技术具有本质,故它们都是技术的本质主义。

---

① 李静娟. 科技的双刃性效应探讨[J]. 理论探索,2005(1):31-32.

二、技术的构建主义

构建主义强调技术主体在技术的价值取向中的作用,并认为外部环境对技术的开发使用有重要影响。

海德格尔从人和技术之间的关系中推出技术的本质——人类本性的展现。既然技术在本质上并非独立自主的,那么就并非工具性的而是构建性的。由于技术是由人开发并使用的,那么技术就同时具有解放和束缚两种形式,其中解放指人追求满足和自由的性质,束缚则是指技术可能成为解放道路上的障碍①。基于此,海德格尔提出技术异化理论,即人本身及其事物都面临一种日益增长的危险,就是要变成单纯的材料以及对象化的功能。人类不断发展新技术,表明技术是超越性的,这也表明人类本性所具有的超越性。

芬博格认为技术活动并非同质的,不同的技术活动之间的手段、价值和内涵是不同的。同时,芬博格认为认识技术的本质应该要将哲学和社会性结合起来,构建系统化的技术本质概念②。

技术的建构主义的逻辑基础从反对简单而不变的技术本质观开始。技术的建构主义认为,技术本质主义容易走向技术的描述性观点,即对特定社会情境的概括和抽象,这只是容易导致技术本质主义的"普遍主义"取向。在技术的建构主义看来,技术不仅应该是不同形式的固定生产核心,而且应该成为一种语境化的实践方式。相应地,技术的合理性不再是技术本质主义观点中可以推导出来的逻辑合理性,而应该在实践中加以检验,成为实践的合理性。技术的本质在其社会实践性构建主义看来,在于技术的社会实践性。同时,技术建构主义认为,这种社会实践性是无法脱离情景而单独存在的。"情境"是指技术在特定实践中所面临的趋向于实现其目的的特定情境,通常分为三个主要部分,即微观层面的技术生态位、中观层面的技术领域和宏观层面的社会技术地景。生态位是指不连续创新,是系统创新的基础。技术领域是指具有共同认知范式的工程师塑造的技术路径。在这个路径上,是各种利益集团与许多行动者之间的联盟和实践活动。技术领域的主要功能是使现有的技术路径稳定。社会技术地景是指包含了一系列趋势的社会环境。在三个层面上,社会技术地景的变化和发展相对缓慢。可以发现,虽然技术系统总体上趋于一个方向发展,但在具体发展中,技术系统在许多方面是多层次的、非同步的。

建构主义认为,技术实践的目的是勾勒出一种"人的力量和物质力量的各种运作,反对在实践背后寻求一种不变的本体论"③。因此,本质主义者看来,实践的具体

① 董峻.技术之思:海德格尔技术观释义[J].自然辩证法研究,2000(12):19-24.
② 刘光斌.技术合理性的社会批判:从马尔库塞、哈贝马斯到芬伯格[J].东北大学学报(社会科学版),2012,14(2):107-112.
③ 皮克林.实践的冲撞[M].南京:南京大学出版社,2004.

结果也应该从"预设"转变为"瞬时出现"。具体来说，它是"实践中发生的一种纯粹的事故"，"抵抗和适应的力量是无法预测的，而且是可以持续实现的"。正是由于这种偶然性，技术在技术的本质主义者的实践中打破了社会的单向决定作用，成为与社会相互塑造和共同进化的复杂结果。由于实践中各种利益的交织和互动，实践的具体过程总是充满不确定性和偶然性，这种偶然性过程没有终点，不可预测，任何碰撞的结果都只是暂时的。所以技术的每一次实践都变成了一个黑匣子。制作黑匣子和打开黑匣子的复杂循环是技术的不断成型和进步的过程。由此可以看出，通过对技术实践过程和结果的分析，技术的建构主义再次证明社会在技术的形成中起着重要的作用，动摇了技术的本质主义的逻辑支撑，将技术研究引入了新的哲学视角。

技术构建主义具有三个主要特点[1]：第一，不稳定性。技术因其社会背景和使用者差异，在价值取向上有所不同。技术越是被广泛使用，其目的越是具有差异，因此技术从开发到利用都处于不稳定的状态。第二，对称性。在对技术分析的过程中，相同的概念框架适用于不同的原因和结果。第三，不确定性。技术的起源、改进和实现的全过程始终同时受到自然因素和社会因素的影响，而各种影响及其交互的作用效果是难以明确的。

三、本质主义和构建主义的融合

从 20 世纪 70 年代末到 80 年代初，随着技术本质主义的修正，许多学者开始探索"是什么塑造了对社会有重要影响的技术，以及是什么促进了技术的发展和变化"。内在的逻辑是技术产生的助推器，但社会对技术的塑造和影响也是推动技术发展的动力。因此，有必要用一些社会建构主义理论来修正和补充技术本质主义，用技术的本质主义来完善一些过于偏颇的社会建构主义观点，从而从技术哲学的角度实现技术的本质主义与技术的建构主义的融合。

比克（Bijker）提出雪球理论，指以最初的少量影响因素为起点，通过相关社会影响群体的设定，逐渐扩展到众多相关影响因素的理论，在这个过程中，所涉及的社会群体呈现出一种滚雪球般的状态。雪球理论不仅在社会层面上对技术本质主义相关理论进行了合理的补充，而且也掩盖了建构主义的一些缺陷。此外，早期的技术建构主义中也透露着强烈的人类中心主义。虽然早期技术的建构主义的出发点是试图把人和社会中的所有因素作为技术建构过程中同等重要的因素，但其结果是进一步强化了技术建构过程中的人类中心主义。首先，技术社会的早期建构试图关注超越纯粹信仰的事物，排斥纯粹信仰中的形而上学。但事实上，一件事是否超乎想象，是由人的主观理性来判断的。其次，尽管根据库恩的范式原理，技术建构主义也认为技术

---

① 葛玉海，易显飞.论"技术本质主义"的两种主要形式[J].燕山大学学报（哲学社会科学版），2017,18（2）:18-23.

是一个由不同的小框架组成的复合体,但众所周知,范式中最重要的变化是某个群体所共有的价值观和信念的变化。这是研究群体遵循的价值观和行为模式的变化。因此,技术建构主义在确定自己的技术范式时,无论如何划分不同的技术框架,强调技术生成过程中各种异质要素的平等主体性,都必须事先确定集体行为规范和概念基础。这是人类思维中唯一理性的元素,范式共同体就是它的产物。因此,技术的建构主义试图回避人独特的主体地位,将人与社会中其他非理性因素分割成同一影响因素,抹杀和取消自然在技术中的重要作用。把社会作为技术发展唯一助推器的行为进一步凸显了技术建构主义中的人类中心主义。

"实验室"理论揭示了技术的本质主义和技术的建构主义对实验室的认识差异。技术的本质主义认为,"实验室"是一种空间概念,它与技术本质没有实际的内在联系,而只是技术发生和按照自身逻辑实现技术本身的空间载体。而技术的建构主义认为"实验室"的概念与技术概念的复杂性是一致的,技术的复杂性主要体现在对正在构建的技术过程的不完全把握和不可预测性。相应地,"实验室"也不仅仅是一个空间概念,它是一个承载各种力量的概念。技术的本质主义强调实验室的表征作用,认为它只是一个技术揭示其本质和逻辑内涵的地方,而不注重实验室本身在技术中的作用和影响。而技术的建构主义恰恰相反,过于关注实验室在技术发展中的影响,认为实验室的作用不是表征技术,而是在实践技术。实验室的条件决定了技术实现的可能性,即使针对于相同的技术,在不同实验室条件下,技术的成功与否、技术产生的实际结果也可能存在差异。因此,技术的本质主义强调技术本身内在逻辑在技术发生中的中心地位,拒绝或忽视实验室对技术发生的作用和影响,认为实验室是与技术本质无关的存在。技术的建构主义强调实验室对技术发生的决定性作用和影响。我们既不能将实验室视为表征技术的场所,也不能认为技术只能在实验室实现,而是既要看到技术本身的内在逻辑在技术生成中的主导作用,也要看到其他社会因素对技术实现和发展的影响。

因此,无论是技术的本质主义还是技术的建构主义,都不能充分揭示和解释技术形成的根源及其发展的历史轨迹。要全面地理解技术,就必须把技术的本质主义和技术的建构主义结合起来,形成一个相互补充、相互修正的理论体系。

【思考题】

1. 关于技术的本质,目前有哪几种主流的学说?每种学说的特点和主要内容是什么?你更赞成哪一种学说?

2. 为什么说技术既具有自然属性又具有社会属性?技术的自然属性和社会属性之间的关系是怎样的?

3. 技术始终会促进人类社会的进步吗?如果答案是否定的,那么为什么技术会具有负面影响?我们又该如何认识和应对这种负面影响?

4. 关于技术的本质,哪些学说属于本质主义?哪些学说属于构建主义?本质主义和构建主义之间的关系是怎样的？

【阅读文献】

哈贝马斯.作为"意识形态"的技术和科学[M].李黎,郭官义,译.上海:学林出版社,1999.

邓周平.科学技术哲学新论[M].北京:商务印书馆,2010.

布莱恩·阿瑟.技术的本质:技术是什么,它是如何进化的[M].曹东溟,王健,译.杭州:浙江人民出版社,2014.

安德鲁·芬伯格.在理性与经验之间:论技术与现代性[M].高海清,译.北京:金城出版社,2015.

刘大椿,刘孝廷,万小龙.科学技术哲学[M].北京:高等教育出版社,2019.

郭洪水.技术哲学的范式演进:从马克思到海德格尔[M].北京:中国社会科学出版社,2020.

第三章 技术的形态与分类

　　技术是人类利用自然和改造自然的工具和手段。技术是知识经济时代下引领现代生产力进步的第一要素,任何经济领域的存在和发展都无法脱离技术而实现。进一步提高技术水平,发挥技术对经济发展的带动作用是目前社会各界关注的焦点。但是,学术界对技术的存在形态的认识尚不甚明晰,也缺乏对技术的明确分类,因此更无从谈起如何理解和提高技术水平的问题。可见,技术具体以哪些形态存在,技术主要分为哪些类型,这些问题亟须进一步澄清。本章从技术的存在形态、技术知识的分类、技术的一般分类和技术的特殊分类四个部分,对技术的形态和分类进行系统介绍和阐述,旨在进一步厘清技术的形态和分类问题,从而加深对技术的认识和理解,同时有助于为不同类型技术制定差异化的发展战略。

第一节 技术的存在形态

一、技术要素

　　从微观的角度看,技术要素是技术本质的表现形态。技术的表现形态是多种多样的,主要可以概括为经验形态、实体形态和知识形态[①]。

1. 经验形态的技术要素

　　经验形态的技术要素是指经验、技术一类的主观性的技术要素,经验和技能是最基本的形式。具体来说,经验是人们通过长期的社会生产实践而获得的体验,是通过持续的实践活动而积累的产物,生产方式的差异直接导致异质性的经验。经验揭示了人们在劳动实践方面的主体活动能力,具体体现为技巧、诀窍和其他实用性知识。在现实生活中,经验可以被概括为直接与客观事物接触而形成的感性认识的总和。在哲学上,经验通常被界定为人们在直接同客观事物接触过程中,由感觉器官捕获

---

① 陈凡,张明国.解析技术:技术社会文化的互动[M].福州:福建人民出版社,2002.

的,关于客观事物本身和客观事物同外部事物相联系的各种现象的认识。根据辩证唯物主义学说,经验是通过长期社会实践所形成的,是客观事物在人们头脑中的主观映像,此外认识也来源于经验。但经验和科学理论之间仍然存在比较大的距离,而通过对经验进行逻辑论证和分析就可以将经验上升到理论层面。技术之所以以经验形式存在是因为经验能被借鉴。根据经验类化理论(generalization theory),人们会对已有经验进行概括而形成完整的思想体系。当人们处于新的情境时,能够利用已有的经验迅速地应对需要重新分析和调整的新问题。换言之,人们能在不同活动中总结出相似的基本原理,即主体所获得经验的类化[①]。

技能通常是指活动方式或动作方式。在哲学上,通过结合认知和活动两方面,技能被定义为个体以已有经验为基础而通过一系列练习形成的动作或智力活动方式。根据不同活动方式特征的差异,技能可以被进一步分为两类。初级技能是个体能够基于已有经验而完成某项任务的技能;技巧性技能更强调完成任务的速度和质量,是指个体通过持续练习而达到"自动"和"习惯"完成某项任务的技能。此外,根据技能的目的不同,各类技能可被分为运动技能和智力技能。个体在从事各种活动时,通常两种技能都是不可或缺的,但高重复性的体力劳动通常对运动技能的要求更高,而对于脑力劳动而言,智力技能更加重要。技能水平决定了人们开展各类社会活动的效率,技能的形成和提高包括三个主要阶段:认知定向阶段,即形成对事物正确的经验和认识;初步形成阶段,即开始掌握动作并将精力由认知转向运用;协调完善阶段,即形成准确高效的协调运动系统。

事实上,经验和技能的产生和发展受到各种社会条件的限制,因此不同历史阶段的经验和技能也有所差异[②]。在早期阶段,人们的经验和技能主要是关于手工的劳动生产方法;随着工业革命的爆发,人们的经验和技能转变为生产机器的操作;近代以来,人们开始掌握关于信息技术的经验和技能。这三类经验和技能的发展和更替象征着人类改造和利用自然的能力和方式的进步。

2. 实体形态的技术要素

实体形态的技术要素是指以生产工具为主要标志的客观性技术要素。生产工具是最基础、最重要的劳动资料。生产工具是由劳动主体发明和改进的,是在社会生产活动中劳动主体用于加工处理劳动客体的机械生产资料。生产工具的出现和发展是社会变革的前提和结果,也是人类解放双手的必然选择。从原始时期的石器、弓箭,到现代的自动化设备,都同是生产工具,将劳动者主体的劳动传递给劳动客体。理解生产工具在劳动主体和劳动客体之间的关系,是理解马克思主义唯物主义哲学的关键。马克思认为,唯物主义历史观从人与自然的关系出发,忽视了历史现实。由于人与自然的关系被否定了,唯物主义历史观将历史理解为一种与现实分离的独立存在。

① Judd C H. The Relation of Special Training and General Intelligence[J]. Educational Review,1908,36:28-42.
② 李宏伟. 技术的价值观[J]. 自然辩证法通讯,2005(5):13-17,110.

而马克思重新引入了由唯心史观否定的人与自然的关系,并在此基础上解释了历史事实。在这个过程中,人类与自然关系的核心载体是生产工具。马克思总是从历史现实的角度来解释物质实践的概念,这包含了两层含义:首先,将市民社会作为历史的基础;其次,基于市民社会论述各种意识形态产生和发展的原因。其中,作为历史基础的"市民社会"是最重要的,理解这一概念必须以社会物质生产为立足点探讨现实生产过程。而生产工具在社会物质生产活动中至关重要[①]。生产活动就是脱离社会形式的一般劳动活动。人对自然的关系"被具化为人凭借劳动资料作用于劳动对象"。同时,劳动三要素的作用大小并非一致,只有劳动资料才能真正体现"人对自然的关系"。

此外,生产工具在各类劳动资料中处于关键地位、起决定性作用,马克思称之为"机械劳动材料",可以显示出社会生产时代的决定性特征。制造和使用生产工具是区分人类和其他动物的标志,是人类劳动活动的一种独特行为。生产工具在各类生产资料中处于主导地位、起关键性作用,因此社会生产能力的进步在很大程度上是通过生产工具的革新来体现的。从这个角度来看,生产工具是技术在任何历史时期的综合显示。

客观性生产要素,如生产工具,被称为"活技术",而技术活动中的技术成果和技术对象被称为"死技术"。为了持续提高社会生产能力和有机地改造自然,应该不断在"死技术"中融入"活技术"。

事实上,与经验和技能的产生和发展相类似,实体形态的技术要素的产生和发展也会受到各种社会条件的限制,经济、政治、军事、教育、文化甚至生活方式等都会直接或间接影响实体形态的技术要素,因此不同历史阶段的实体形态的技术要素也有所差异,不同时期的实体技术反映了不同时期人们改造自然和利用自然能力的差异。早期的生产工具依赖于劳动者提供动力并进行操作;随着技术的发展,形成了复杂的生产工具体系,劳动者只需要进行操作;信息技术的进步实现了现代机械设备的自我控制,进一步解放了劳动者。正是生产工具的复杂化和精良化推动了社会生产力的变革。

3. 知识形态的技术要素

知识形态的技术要素是指以科学技术为基础的技术知识,是现代技术构成中的主导要素。狭义上,技术就是利用科学的产物。然而,事实上早在科学产生之间,人们就开始利用技术,因此技术远不仅是科学的应用。社会的发展推动人们对技术认识的发展。尤其是在原始社会,人类直接从自然界获得物质资源,此时人与自然之间呈现出直接的消费关系。鉴于人们对自然的改造和利用水平相对较低,因此自然环境完全决定了人们能否生存和发展以及实现生存和发展的水平,此时的技能、准则对人来说是至关重要的。

---

① 陈永正.马克思的生产工具思想及其当代启示[J].南京政治学院学报,2015,31(5):47-53,140.

工业革命的爆发将人类社会推向了机器技术时代。技术水平的提高,提高了人们的生产和实践能力。物质工具已经取代了技能和规范,成为人类改造和利用自然的手段。科学领域的高度分化和科学前沿的高度融合是现代社会科学的重要特征,技术的综合性和复杂性特征也日益突出。知识和智力因素在技术中的比重增加,技术的承载方式也日趋知识化,因此对技术的理解逐渐进入知识范畴。综上而言,经验技术被认为是描述产品生产过程和技术人工物操作方法的认识,技术知识则是关于产品生产过程和技术人工物的运行机制和规律的阐释,人类认识自然、利用自然和改造自然水平提高的过程就是通过经验技术过渡到技术知识的过程。

认识论将知识作为认识的结果。休谟(D. Hume)将知识划分为两类:一是"观念的关系",如几何等通过想象就可以理解;而另一类"实际的东西",如技术等需要亲身体验才能获得。20世纪,人们逐渐意识到技术知识并非只是对客观事物的转述,而是对客观事物的再加工后的结果。舍梅涅夫(Г. И. Щеменев)将技术知识界定为关于如何以自然界中的事物为基础制造技术客体以及如何使技术客体发挥作用的方法的知识。同时,构建和应用技术知识的活动之间是有差异的,应对其作进一步区分。张斌指出,技术是人们为了满足自身需要所形成的关于改造和利用自然的方法,因此技术知识就是关于如何改造和利用自然,使之更能满足人们需要的知识。[①] 尽管不同学者的界定有所差异,但一般来说,技术知识本质体现在以下三个方面:第一,技术知识来源于一般知识,并且通常是以多门科学知识为基础;第二,技术知识以满足人类需要为目的对物质客体进行改造;第三,技术知识同时关注技术过程和结果两方面,并持续致力于寻找更有效的改造和利用自然的途径。

技术知识具有以下特点:

第一,明言性和难言性。随着技术的飞速发展,技术知识理论化的水平也在逐步提高。但是,事实上并非所有技术知识均具有理论化的可能,同样,也并非所有技术知识都具有明言性。明言性即可结构化,明言性的知识有专利、理论等,可以以文字和图像的形式表达出来供人们交流。难言性知识由体验和经验知识组成,如信念、认知、情感、文化、经验等。难言性知识通常由个体所处的情景来定义,只能通过行动来表达,而很难用语言来阐述。高技巧性和情境性的活动将给个人以全面经验为特征的技术知识,这种知识往往未经过严格论证也无法明确陈述。难言性知识只在特定情境中获得,需要承载个体进一步判断其适用环境和有效性后进行实践。难言性知识一般包括技巧、诀窍等实际经验。

第二,理论价值和实践价值。技术知识不仅是客观事物的反映,更是人类在认识客观事物的属性和规律的同时,运用创造性思维对属性和规律的解释。技术知识是社会行动能力的表征。技术知识将影响人们潜在的行为,而人是社会的基本组成单位和社会活动的基本承担者,因此技术知识对社会发展具有重要影响。新的技术知

---

① 张斌. 技术知识论[J]. 哲学动态,1995(8):34.

识能提高人的社会活动能力,进而促进社会进步,而陈旧的技术知识将削弱人的社会活动能力,进而阻碍社会进步。因此,新的技术知识会推动旧的技术知识的淘汰。技术知识是为了改造和控制客观世界而构建的技巧、规则、制度,因此具有明显的实践价值。但是,技术知识本身无法创造任何价值,技术知识只有同个体的技能相结合才能通过提高个体认识自然和改造自然的能力的提升而产生价值,因此技术知识因人的活动而成为一种重要的生产要素。

第三,潜在价值和现实价值。技术是技术知识的应用,但技术知识背后隐藏着众多可能的利用方式。由于众多可能性目前仍没有实现,因此技术知识包含极大的潜在价值。同时,由于技术的实现并非完全与技术设计的目的相契合,部分技术最终的利用可能与其预期相背离,这也说明了技术知识背后蕴藏着极大的潜在价值。任何技术在实际利用之前,都无法完全内在地规定其价值。与此同时,技术知识还具有现实价值,其现实价值就是通过技术的应用来实现的。

明言性的技术知识的传播分为四个阶段:第一,供体的编码。供体充分理解技术知识的内涵和受体的特征,选择合适的编码方式,同时保证技术知识的准确传递和受体的有效理解。经过编码,供体处的技术知识转变为一定的信号并由一定形式的载体承载。第二,共同语境的构建。共同语境使技术知识传播成为可能,当供受双方处于相同语境时才能顺利传播技术知识信号。如果供受双方意识形态、社会风俗等存在较大差异,技术知识的传递可能会存在困难。第三,技术知识的转换。在传播过程中,技术知识可能会经历一系列转换。供体将隐性的技术知识显性化后传递给受体,受体接受技术知识后在实践中再将其隐性化。而对于无法显性化的技术知识,供体通过与受体面对面交流等形式传播。这种情况下,技术知识就是由隐性到隐性传递。第四,受体的吸收。在接受技术知识后,需要对技术知识加以理解和吸收,并根据实际需要进行再次加工。只有在实际活动中对技术知识适当地调整才能充分发挥其作用[①]。

二、技能形态

1. 意识是技术最原始的存在形式

人类的一切行为及行为所产生的感受和经验都储存在大脑里形成人对事物的意识,知识因此而产生。技术以知识为基础,借由大脑对有用知识进行记忆、学习、搜索,并在现有技术基础上对知识进行组合和更新,从而更好地改造和利用自然。因此,意识可以说是技术最原始的存在形式。意识包括个人记忆和集体记忆两类。

技术在意识形式中主要通过个人记忆来表现。技术的基本存储单元就是个人记忆,任何技术的产生和扩散都离不开社会个体的努力。一方面,技术的发明主要是由

---

① 张建华.企业知识管理中的组织知识传播方式与技术[J].情报杂志,2007(8):20-22.

个体完成的,某一个个体在掌握了所有相关的知识后,基于个人记忆进行知识的组合和革新,从而形成新的知识和技术。另一方面,新技术发明后,技术也通常是由个体使用的,新技术的使用实现了其扩散。由此可见,任何技术从原理的提出、技术的实现和技术物品的采用都是社会个体共同努力的结果;也可以得出,个人记忆是技术的出发点和归宿,个人记忆的更新推动了技术的变革。与此同时,技术的传递依赖社会中的个体,任何技术的传播都需要人作为媒介。掌握技术的个人以自身记忆为基础,向受众转移知识和技术,从而形成一个完整的网络结构,拥有技术的个体是这个技术网络中的行动者。以人为媒介的技术转移手段灵活高效,师徒制就是最常见例子。技术的产生、更新和流动等过程都与个人记忆不可分割,技术在很大程度上是借由个人记忆显现的。

集体记忆也是技术的存在形式之一,因为技术主体并非只是单一的个体,还有可能是人类整体。区别于个人记忆,集体记忆的主体是某一特定群体,是该群体成员之间共同的记忆。具有相似或相同经历的个体往往对某些事情具有一致的认知和判断,从而在整体上表现为一致的认同感,尽管个体的具体情感仍存在一定差异。人与人之间的沟通和交流就是基于对各类信息所具有的共同理解,即具有共同语境。当个体之间缺乏共同的语境时,就难以有效地沟通和交流,而这个共同语境就是由集体记忆构建的。在技术实践中,某一群体中的所有个体通常因具有相同的技术经历而具备了相同的知识基础、思维方式和风俗习惯,从而形成了共同的语境。这极大地削弱了技术的难言性,为群体成员之间沟通和交流提供了可能[1]。技术的难言性往往随着技术复杂程度的提升而加剧,因此对于越复杂的技术,集体记忆就越是必不可少的[2]。集体记忆是群体内成员所共有的认识和判断,这种认识和判断不仅是对技术和知识的认识和判断,更是对群体氛围的认识和判断。群体氛围是技术传播的催化剂,有利于群体成员设置共同的目标和行为准则并协调成员的职责划分,使技术在群体内快速、准确传播,并保证群体的协调运转。因此,集体记忆对技术而言至关重要,具有集体记忆的个体能在集体中获得更大价值。

2. 经验技巧是技术的另一种存在形式

古代的技术、近代的大部分技术和现在的部分技术都是人对自然现象的直观认识,而对现象背后的原因缺少理论破解和逻辑论证,因而是经验性的[3]。这一类技术并非基于系统的、严密的理论体系,而是由难言的技巧、诀窍等经验构成,因此这一类难言性的技术也被称为过程性技术。以技巧、诀窍为代表的过程性技术无法经过编码向他人传递,只能通过持续的实践而习得。同时,过程性技术是个性化、差异化的,技术的特点因技术主体和所从事的技术活动而有所差异。过程性技术无法只借由理

---

① 刘秀生,齐中英. 基于技术知识特性的技术创新管理研究[J]. 预测,2006(2):26-30.
② 吴彤,胡晨. 论技术复杂性[J]. 科学学研究,2003(2):126-130.
③ 王增鹏,洪伟. 科学社会学视野下的默会知识转移:科林斯默会知识转移理论解析[J]. 科学学研究,2014,32(5):641-649.

论知识的学习而掌握,因此具有默会性和经验依赖性。这些特点说明了过程性技术对"技术过程"的依赖。

过程性技术是技术发明和生产技术这两种技术形态的重要组成,只是实现技术功能的场景发生了转变。早在系统的科学理论出现之前,人们就开始凭借经验技巧从事技术实践,这些技术人工物究竟是否符合科学原理并非问题的核心,更值得注意的是经验技巧在缺乏科学理论的景况下对人类的生产生活同样产生了巨大的影响。随着科学理论的系统化,过程性技术的功能仍然没有被丰富的理论知识所完全替代,只是其功能实现的场景发生了变化。在技术扩散过程中,技术供体通过网络将经验技巧传递给网络中的其他参与者。

三、物化形态

物化的技术即以实体形式存在的技术,物化的技术通常称为技术硬件。在社会生产活动中,机器和工具对于人类双手的解放起着越来越大的贡献。为了减少使用者的学习成本和提高机器及工具的适用性,生产活动所必需的技术被大量凝结和物化在机器和工具上,物化形式成为近代技术的主要存在形式之一。

(1)图纸是通过文字和图形标明技术人工物的结构、尺寸、位置、形状及其他技术参数的技术文件。图纸是技术人工物设计结果的呈现形式,也是技术人工物制造及改良的依据。因此,图纸是技术的重要物化形态之一。

(2)样品是从一批技术人工物中抽取出来的,代表一整批技术人工物属性的用于展示和检测的少量实物。此外,在技术人工物大批量生产之前,技术人员会预先设计和制造样品,并将样品作为技术交易双方交付的标准。样品作为技术人工物的品质代表,代表了同一批技术人工物的普遍品质,包括物理功能、结构组成、外观设计、化学成分等方面。

(3)机器是由各种零部件组成的,用于代替人的劳动的装置。一般来说,机器包括动力系统、传动系统、执行系统和控制系统。机器是人的实物组合,各系统均处于有规律的运动中,在社会生产实践中进行有用的机械运动从而解放人的双手。机器是资本主义工业革命的产物和象征,机器也在持续推动新机器和新技术的出现[1]。传统的手工工场机器制造不能适应社会生产力发展的需要,而生产复杂高效的机器需要机器制造能力的持续提升。因此,技术进步是提高机器生产能力水平的唯一路径。也就是说,机器的生产水平揭示了当前社会的技术发展水平。

(4)配方是指为了获得某种新技术人工物而将所需要的原料按一定比例和顺序组合的方法。配方是技术人工物制造方法的技术知识的存在形式之一,因此配方也是这一种技术的物化形态。

---

① 吴国盛.芒福德的技术哲学[J].北京大学学报(哲学社会科学版),2007(6):30-35.

四、符号形态

为了在时间和空间上增强技术的延续性，人类开始使用符号保留和传承技术。符号是目前技术传播最为广泛的存在形式，技术的符号形式包括可感符号和电磁符号。

1. 可感符号

可感符号即可被感知的符号，主要包括听觉符号和视觉符号。听觉符号和视觉符号几乎完全承担了传递信息的责任，技术信息的传递也主要是以视觉符号和听觉符号为载体的。技术能够通过语言迅速传播，如教学、演讲、技术指导等。语言即听觉符号的优势在于信息传递的迅速灵活，可以针对技术和受体的特征选择合适的沟通交流方式。同时，在传递信息的同时可以获得来自受体的及时反馈，并根据反馈调整技术信息传递内容和方式，从而迅速解决问题。但是，听觉符号易受外部因素制约，进而影响技术的传播。

而相比之下，视觉符号如图像、文字等则在时间和空间上扩展了技术信息的延续性，因此视觉符号逐渐成为了人类社会中最常见的技术符号形态。一般来说，视觉符号主要有说明书、设计图、计划书等，通过描述技术特征和操作流程来传递技术知识。视觉符号分为专业性符号和一般性符号，专业性符号的理解依赖于一定的专业知识基础，如行业术语、特定标记等，是需要技术供受双方处于相同的语境下才能起作用的符号[1]。而一般性符号则是一种普适性的符号标记，具有易理解的特点，任何社会技术背景的个体都能无差异地理解其背后的含义。

2. 电磁符号

电磁符号即以电子资料形式存在，是不可直接感知的符号。随着信息技术的飞速发展，电磁符号已成为技术信息的最重要的存在形式。电磁符号的编码、传输和学习取决于一定的物质和技术条件：计算机、存储器、互联网等。电磁符号作为一种新的技术载体形式，在紧凑便捷的实物中存储了大量的技术知识。同时，几乎所有的技术知识都可以通过电子方式形成电磁符号，其中最具代表性的是比特符号。比特符号可以承载几乎所有的技术知识，包括技术概念、流程设计、操作方法、设计图纸等。同时，这种符号需要通过计算机和其他媒体解码才能被感知，也就是说，技术是在"黑匣子"中传输给接收者的。

---

① 霍克斯. 结构主义和符号学[M]. 李天海，译. 上海：上海译文出版社，1987.

第二节 技术知识的分类

技术知识从技术认识论的视角被界定为研发、制造和使用技术人工物的知识所形成的体系。已有学者通常基于科学哲学视角,参照科学知识的研究思路和方法研究技术知识。随着技术认识论的提出,技术知识的内涵、特征和内在逻辑才逐渐明晰。随着科学哲学向技术认识论的经验转变,形成了许多关于技术知识的分类方法,这些方法通常以技术人工物的特征为出发点。而技术的进步产生了更多结构和更为复杂的技术人工物,相应地,技术知识的来源也更加复杂,因此需要对技术知识的分类进行进一步探讨。

一、文森蒂对技术知识的分类

文森蒂(W. Vincenti)关注了飞机工程师进行技术活动所需要的知识,并基于五个航空产业案例,将技术知识分为基本设计概念、标准和规格、理论工具、定量数据、实践考虑和设计工具六类[①]。这六类技术知识相互依存、层层推进贯穿于技术实践活动的全过程。基本设计概念也称常规设计概念,具体涉及运作原理和常规型构两维度。当以上两维度中某一维度发生变化,常规技术设计就会转变为非常规技术设计,常规技术设计实践也会转变为非常规技术设计实践。常规技术设计和非常规技术设计是技术设计的不同层级,常规技术设计的难度和成本通常低于非常规技术设计,同时非常规技术设计以常规技术设计为基础。文森蒂研究的就是常规技术设计这一低水平的技术设计活动。飞机工程师需要制作技术人工物并为之制定具体标准和说明。同时,飞机工程师需要基于限定性的理论知识,通过实践活动实现由设计标准到量化标准的拓展。另外,理论工具的应用也依赖于各种辅助资料,如描述性数据和规定性数据。最后,文森蒂还强调了隐性知识对技术实践活动的重要性。

遗憾的是,文森蒂对技术知识的分类主要是由个人总结的,而缺乏统一、有效的引导原理。因此,文森蒂的技术知识分类方法主观性较强,无法与行动理论相联系,仅适用于航空产业。同时,文森蒂可能遗漏了其他技术类型。第一,运作原理和常规型构组成了常规设计,而在常规技术设计向非常规技术设计转变的过程中,不同的具体技术设计需要不同类型的技术知识,其中一些技术知识可能不包含在原有的技术知识分类中。第二,文森蒂忽视了生产和运作的过程,只以技术的知识化为基础关注

---

① Vincenti W G. What Engineers Know and How They Know it: Analytical Studies from Aeronautical History [M]. Baltimore: Johns Hopkins University Press, 1990.

了工程设计知识。但工程认识论认为,生产和运作同样必不可少。

二、德维斯对技术知识的分类

德维斯(DeVries)研究了晶体管与集成电路硅膜片的局部氧化工艺技术的案例,将技术知识分为物理性质知识、功能性质知识、手段-目的知识和行动知识四类[①]。在晶体管与集成电路硅膜片的局部氧化工艺技术的案例中,对膜的功能认识需要基于膜的功能性质知识;杂质在高温下无法污染氮化硅则是氮化硅的物理性质知识;为了实现既定目标如何采取行动需要手段-目的知识;为了取得某种成效而采取相应措施的知识是行动知识。这四类技术知识的应用范围可以进一步广化:物理性质知识是描述技术人工物所具有的实际性质的知识,功能性质知识是阐述技术人工物的功能的知识,手段-目的知识是关于为了使技术人工物具备预先设想的功能而采取行动时所需要遵循的标准和准则的知识,行动知识是指为了使技术人工物具备预先设想的功能所需采取什么样的行动的知识。技术知识的目的在于制造和改进技术人工物,也就是在制造和改进技术人工物的过程中整合技术知识。技术行为是有目的的行为,因此认知和意向始终同时贯穿各类技术知识。德维斯强调技术知识是以系统的形式存在的,技术知识涉及技术人工物从设计、制造、改良等全过程,如何对复杂而联系密切的技术知识进行分类是技术知识论面临的首要问题。

德维斯的技术知识分类方法的优势体现在其技术术语中具有哲学连接。此外,对于技术知识的分类,德维斯和文森蒂在分类方法上具有一定相似性。行动知识同理论工具和设计工具具有相似的内容,即关于为了实现某些目标所需要采取什么行动的知识。

三、罗波尔对技术知识的分类

罗波尔(G. Ropohl)关注技术主体,从技术主体从事技术实践活动需要具备的技术知识入手,基于技术系统理论,将技术知识分为技术规律、功能规则、结构规则、技术诀窍和社会-技术理解五类[②]。大部分技术规律是由技术活动中的实践经验概括得出的,即使是少部分基于科学理论的技术规律也需要通过技术实践检验和调整。技术实践活动的客体是技术人工物,功能和结构是技术人工物天然具备的属性,功能规则和结构规则就是关于技术人工物的功能和结构属性的技术知识。在技术实践活动中,如何填补技术人工物结构和功能之间的鸿沟是技术人工物实现预想目标的前提。

① Meijers A,Vries M. Technological Knowledge[C]. Vincent F,Hendricks A. Company to The Philosophy of Technology. Oxford:Blackwell Publishing Ltd,2009.

② Ropohl,G. Knowledge Types in Technology[J]. International Journal of Technology and Design Education,1997,24(7):65-72.

但是技术人工物结构和功能之间的鸿沟并不能自发地填补,也无法仅凭技术规律跨越,而是依赖于技术诀窍。只有通过技术诀窍有机地将技术规律、功能规则和结构规则三者联结在一起,才能实现技术人工物由结构向功能的跨越。技术诀窍具有默会性,无法以语言或文字表述和传递,只能通过反复的技术实践获得。社会-技术理解是关于技术人工物、自然环境和社会环境的整体系统的知识。

文森蒂和罗波尔对知识的分类方式大部分是一致的。技术知识的默会性是文森蒂和罗波尔的共识,罗波尔和德维斯之间也有一定的共同点,前者的功能规则和后者的功能知识相对应。同时,罗波尔和德维斯都是基于系统哲学和技术人工物的二重性质理论,从技术哲学视角对技术知识进行分类。德维斯认为设计和制造技术人工物的过程都含着技术知识,罗波尔也认为技术知识中包含着关于如何设计和制造技术人工物的知识。

第三节 技术的一般分类

一、按技术领域分类

按照传统的技术领域,将技术分为以下九个领域:

(1)信息技术:指研制计算机硬件、软件、外部设备、通信网络设备的活动,以及利用计算机硬件、软件及数字传递网对信息进行文字、图形、特征识别、信息采集、信息处理和传递的活动。

(2)生物技术:包括基因工程、细胞工程、酶工程和发酵工程,指为了生物技术本身的发展,就有关原理、技术、特种工艺、测试、仪器而进行的活动,以及利用生物技术为农、林、牧、渔、医药卫生、化学、食品、轻工等部门提供生物技术新产品而开展的活动。无特定目标或虽有特定目标但不是为促进生物技术发展而开展的有关生命科学的研究不包括在此分类内。

(3)新材料:指新近发展或正在研制的具有优异性能或特定功能的材料,如新型无机非金属材料、新型有机合成材料、新型金属和合金材料。包括为发展新材料就有关原理、技术、新产品、特种工艺、测试而进行的活动。

(4)能源技术:包括能源问题一般理论,地区性能源综合开发与利用,石油、天然气、煤炭、可再生能源的开发与利用,新能源(太阳能、生物能、核能、海洋能等)的研制开发与利用,节能新技术、能源转换和储存新技术等活动。

(5)激光技术:激光器和激光调制技术的研制,及为了激光在工业、农业、医学、国防等领域内的应用而进行的活动。

(6)自动化技术:指在控制系统、自动化技术应用、自动化元件、仪表与装置、人工智能自动化、机器人等领域中的活动。

（7）航天技术：有关运载火箭及人造卫星本体的研究及有关为了跟踪、通信而使用的地面设备的研究而进行的活动。不包括天文学及气象观察。

（8）海洋技术：包括有关维护海洋权益和公益服务技术研究、海洋生物资源的开发利用及产业化、海洋油气勘探开发技术、海洋环境要素监测技术等活动。

（9）其他技术领域：属于技术领域，但不能归入上述八类领域的其他技术活动。

二、按照产权所有分类

根据技术产权的归属不同，可以把技术分为公共技术和私有技术[①]。

1. 公共技术

公共技术是指其产权归属整个社会公众，任何人不能主张所有权（专有权）的技术，又称普通技术，或公有技术，公有既非"国有"，也非"共有"。公共技术不受工业产权法的保护，了解或者掌握它需要一定的代价，但可自行了解或掌握。

公共技术主要有以下四类：

（1）在公开出版物上公开的技术。是否具有新颖性是目前判断某项技术是否为公共技术的唯一标准，若某项技术在一定条件下丧失新颖性，则认为该技术成为公共技术。《专利法》将某项技术是否公开作为衡量该技术是否具有新颖性的唯一准则，当技术在如图书、报刊等公开出版物上公开，技术便丧失新颖性进而成为公有技术。

（2）除了书籍、报纸、杂志等公开出版物外，在其他有形物上公开的技术也会因丧失新颖性而成为公共技术。技术的发展丰富了技术的载体形式，除了图书、报刊等公开出版物外，技术也可以通过音像制品呈现。

（3）即使技术未被通过实体载体公开，如果技术在现实中已经得到利用，那么仍然认为该技术丧失新颖性而成为公共技术。

（4）除了实体载体外，以对话、广播等非实体形式公开的技术也会因丧失新颖性而成为公共技术。

公共技术主要有以下四个特点：

（1）公共技术不受工业产权法的保护，也不属于专有技术的范围。

（2）可以通过公开渠道学习而掌握公共技术。

（3）一般来说，将公共技术和专利技术或专有技术相结合能使其创造更大价值。

（4）因其产权归属于社会，因此公共技术不涉及技术转让和使用的问题。

2. 私有技术

私有技术是指产权归属于私人（包括自然人、法人和非法人团体）的技术，通常以

---

① Empoli D D, Pejovich S. The Economics of Property Rights-Towards a Theory of Comparative Systems[J]. Journal of Public Finance and Public Choice, 1991, 9(3).

专利形式进行保护,一般人或单位都不能进行使用、修改与传播。在对专利体系的影响的分析中和企业的技术竞争研究中,关注的通常是专有性的私有技术①。前沿技术之所以能够成为前沿,通常都是少数人通过个人努力、天赋和特别机遇而掌握的技术,其性质就是保密的。

私有技术主要有以下四个特点:

(1)私有技术受到工业产权法的保护。

(2)无法通过公开渠道学习私有技术。

(3)私有技术通常具有较高的营利性,能为技术的所有权人创造价值。

(4)私有技术产权归属于私人,包括自然人、法人和非法人团体,因此私有技术涉及技术转让和使用权的问题。

三、按照法律状态分类

从法律角度看,技术可以分为两类,一类是有工业产权的技术,如专利等;另一类是无工业产权的技术,如专有技术等。

1．有工业产权的技术

工业产权虽然是一种具有财产内容的权利,但其与财产所有权却有很大的区别。工业产权主要有以下几个特点:

(1)工业产权的客体是人脑力劳动的无形成果,不具备物质形态也不占有物理空间。正是工业产权客体的非实体性导致其易被侵占,以及侵占后难以被甄别和认定损失。因此,控制和保护工业产权客体的难度较大。随着世界各国对工业产权认识的提高,相关法律法规体系逐步得到完善。

(2)工业产权的获得需要遵循一定法律程序,符合法律规定的无形成果才能予以批准。申请工业产权的无形成果只有经过审查和登记注册,才能获得法律保护,

(3)工业产权具有唯一性,同一工业产权客体最多只能申请和被授予一项工业产权。

(4)工业产权的使用需要经过所有权人授权,未经工业产权所有权人授权的使用行为均是对工业产权的侵犯。工业产权所有人或经所有权人授权的技术使用者在行使其权利时不受任何人干预或影响。

(5)为了保护技术创造者的积极性,法律授予工业产权人在一定时期内独占技术及技术所带来的收益的权利。但是,工业产权限制了技术的扩散和改良,阻碍了新技术的开发。因此,法律同时规定工业产权到期后,技术自动成为社会公有技术,任何人和组织都可以无成本自由使用。法律关于工业产权期限的规定有助于技术的传

---

① Nelson R R. The Role of Knowledge in R&D Efficiency[J]. The Quarterly Journal of Economics,1982,97(3):453-470.

播,加快了社会的技术积累和生产力发展。

(6) 各国家或地区的法律规范存在差异,因此人脑力劳动的精神成果能否取得工业产权取决于当地的法律。同时,工业产权只在授予所有权人产权的国家或地区受到保护,而在其他国家或地区则不受保护。同样,工业产权在某国家或地区失效也并不意味着在其他国家或地区失效。

2. 无工业产权的技术

无工业产权的技术比较有代表性的是专有技术。专有技术目前在国际上还没有统一的定义。一般来讲,专业技术是指生产、管理、财务等领域的所有符合法律法规的秘密知识、经验和技能,包括工艺流程、公式、配方、技术规范、管理和销售技巧与经验等。专业技术又被称为秘密技术或者技术诀窍。专有技术整体或者部分内容是秘密的,从事其他领域工作的人一般难以掌握,且具有较高商业价值。专有技术具有以下几个特点:

(1) 专有技术具有新颖性,技术核心只有所有者和相关具有保密义务的人或组织了解,其他个人和组织只能通过购买等合法手段或窃取等非法手段获取。

(2) 专有技术具有市场价值。

(3) 专有技术的存在依赖于技术的新颖性,因此技术主体应当采取适当的措施保护技术新颖性。

(4) 专有技术的内容可以随时更改。

(5) 专有技术的保护没有时间限制。

(6) 专有技术的保护不受地域限制,专有技术的保密本身就是针对外界,因此可以采取措施在全球范围内保护技术。

四、按照发展程度分类

从整体上看,技术的生命周期包括四个主要阶段:起步、成长、成熟和衰退(图 3.1),不同阶段具有不同的特征[①]。

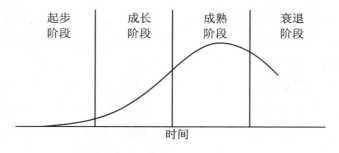

图 3.1 技术生命周期示意图

---

① 侯元元. 三维专利技术生命周期模型构建与实证研究[J]. 情报杂志,2013,32(3):51-54,6.

（1）在技术起步阶段，技术由完成开发推向市场。在这一阶段，专利数量比较少且多为基础性的专利。技术通常只由少数个体或组织掌握，研发人员对技术的经验和基础也比较少，因此研发风险较高，专利数量可能不增反降。当前阶段的技术主要基于先前比较抽象的理论成果，可能会面临一系列基础技术难题。同时，市场反馈不够明朗，技术人工物成本和价格较高，短期内一般消费者难以接受，企业不确定技术是否能取得市场成功[1]，因此企业难以制定研发、市场、生产战略。此时的技术叫作新技术。

（2）在技术成长阶段，随着基础难题解决后，企业的技术变得更加成熟。研究人员的研究经验更加扎实，因此企业的技术研发活动更容易取得成功。企业研发投入和专利数量随之而提高，技术也不仅仅掌握在少数个体和组织手中，但是仍然存在较大技术壁垒。同时，新技术在市场上获得一定认可，越来越多企业开始尝试进入该市场并进行相关技术的研发，技术涉及的领域逐渐扩大。早期进入市场的企业此时处于领先地位，并能够获得超额利润。此时的技术叫作成长中的技术。

（3）在技术成熟阶段，研发人员完全掌握该项技术，技术壁垒几乎完全不存在。技术高度商品化，技术人工物已经得到社会的普遍认可。此时，市场竞争变得更加激励，即使是原本的领先企业也难以维持原有超额利润，边际收益和边际成本趋于一致，并且行业外的企业也不再进入该行业。此时企业研发的边际净收益仍大于零，因此企业开展研发活动的积极性仍然比较高，但专利数量的增长有所减缓。此时的技术叫作主流技术。

（4）在技术衰退阶段，技术的先进优势逐渐消耗殆尽，该技术进入发展瓶颈，专利数量不再增加，技术人工物不再能有效满足市场需求。只有少数消费者会继续选择该技术人工物，企业市场绩效持续下滑。不仅没有新企业进入该市场，原本技术领先的企业也离开市场而转向其他技术的研发，只有原本处于落后地位的企业仍停留在该市场中[2]，并尝试通过专注于少数细分市场减缓技术淘汰的速度。此时的技术叫作常规技术。

五、按照技术标准分类

技术标准是针对技术人工物的研究、设计、制造、检测和改良等技术事项所制定的标准。技术标准是技术领域标准化的产物，任何主体的技术活动都应遵循相应的技术标准。同时，技术标准并非一成不变，应根据不同时期的技术发展状况进行调整和完善。技术标准的制定基础是技术活动的实践经验，通过大量技术实践总结出关于普遍性的技术问题的最佳方法和行为准则，对技术发展的方向和进程具有重要意

① 罗建强，戴冬烨，李丫丫.基于技术生命周期的服务创新轨道演化路径[J].科学学研究，2020,38(4):759-768.
② 何彦东，范伟，於锦，等.基于专利生命周期的技术创新信息研究[J].情报杂志，2017,36(7):73-77.

义和广泛影响。

按照适用范围大小,技术标准分为国家标准、行业标准、地方标准和企业标准四类。相应地,技术也分为四类。

(1)符合国家标准的技术。国家标准由国务院标准化行政主管部门(现为国家市场监督管理总局)制定(编制计划、组织起草、统一审批、编号、发布),在全国范围内适用,并且其他各级标准不得与国家标准相抵触。因此,符合国家标准的技术就是达到国家制定的技术要求的技术。

(2)符合行业标准的技术。行业标准由国务院有关行政主管部门制定。如建工行业标准(代号 JG)由中华人民共和国住房和城乡建设部制定,建材行业标准(代号 JC),由中华人民共和国国家发展和改革委员会制定。行业标准在全国某个行业范围内适用。因此,符合行业标准的技术就是达到该行业通行技术要求的技术。

(3)符合地方标准的技术。地方标准由省、自治区、直辖市标准化行政主管部门制定,在地方辖区范围内适用。因此,符合地方标准的技术就是达到该地区技术要求的技术。

(4)符合企业标准的技术。没有国家标准、行业标准和地方标准的产品,企业应当制定相应的企业标准并报当地政府标准化行政主管部门备案。企业标准在该企业内部使用。因此,符合企业标准的技术就是达到该企业技术要求的技术。

六、按照技术专利分类

取得专利的技术被称为专利技术。专利是由政府主管部门根据发明人的申请,在该发明、创造、设计或者革新符合法律规定的条件,并且如果公布该发明的要点无人提出异议的情况下,授予发明人关于此项发明的一种专用权。这种专有权就是专利,属于工业产权的范畴。专利的所有人可以是个人,也可以是单位。在法律规定的有效期内,专利的所有者能够自由使用该发明,制造并销售产品,或者出售、转让该专利。我国在 1984 年人大会议上通过了《专利法》,并在 1985 年 4 月 1 日开始实行。

一项发明(创造、设计或者革新)要取得专利,必须符合以下三个条件:

(1)新颖性。新颖性指的是申请的发明(创造、设计或者革新)必须是从未公开发表、公开使用或者以其他形式使公众知晓的。新颖性体现在"新"这个字上。

(2)先进性。先进性又可以被称为创造性,指申请的技术不能是已有技术的复制,要有革新、改进,并且使得原有的技术水平得到提高。

(3)实用性。实用性表明申请的技术不能仅仅是纯理论性的,要在实践生产中发挥作用。

目前国际通用的发明和实用新型专利文献分类和检索工具是《国际专利分类表》,即 IPC 分类,是根据 1971 年签订的《国际专利分类斯特拉斯堡协定》编制的。国际专利分类包含的内容非常全面,几乎包含了关于人类发明创造的所有内容。它一

共分为 8 册,每一册成为一个部,分别用字母 A、B、C、D、E、F、G、H 表示,具体为:

A 部:生活需要;

B 部:作业,运输;

C 部:化学,冶金;

D 部:纺织,造纸;

E 部:固定建筑物;

F 部:机械工程,照明,加热,爆破;

G 部:物理;

H 部:电学。

国际专利分类表采用的是等级式结构,顺序为:部、分部、大类、小类、主组、小组。一个完整的专利分类号由代表部、大类、小类、主组或者小组的符号组合而成。国际专利分类表统一、规范了各国的专利分类方法,使得各国对于专利的分类管理、使用和查找更为方便,也使得专利的统计分析工作更为方便,利于分析或者评价一个技术领域的发展情况。

目前外观设计普遍采用洛迦诺分类,共 32 类:分类 1 食品,分类 2 服装和服饰物件,分类 3 旅行用具、箱盒、阳伞和个人物品(不属别类的),分类 4 刷具,分类 5 纺织物件、人造和天然材料之片材类,分类 6 家具,分类 7 家用物品(不属别类的),分类 8 工具和五金器材,分类 9 用于运输或处理货物的包装和容器,分类 10 钟、手表和其他计测仪器,分类 11 装饰物件,分类 12 运输或升降的工具,分类 13 电力生产、分配或变压的设备,分类 14 录制、通讯或信息起复的设备,分类 15 机具(不属别类的),分类 16 照相、电影和光学装置,分类 17 乐器,分类 18 印刷和办公室机器,分类 19 文具和办公设备、美术用品和教学材料,分类 20 销售和广告设备、标志,分类 21 游戏、玩具、帐篷和运动货品,分类 22 武器、火药用品以及狩猎、钓鱼和灭虫的用具,分类 23 液体分配设备、卫生、供热、通风和空调设备、固体燃料,分类 24 医疗和实验室设备,分类 25 建筑物单位和建筑元素,分类 26 照明装置,分类 27 烟草和烟具,分类 28 药品和化妆用品、梳洗用品和装置,分类 29 防火救援、预防事故和救生的装置和设备,分类 30 护理动物的用品,分类 31 食品或饮料制作的机器和器具(不属别类的),分类 32 杂项。

第四节　技术的特殊分类

一、核心技术与外围技术

核心技术是指企业或国家经过长期的技术研发活动所积累形成的一系列先进、

复杂的技术和能力的集合体,因此核心技术并非单一的离散技术,而是一个完整的技术体系。核心技术通常具有较高的市场和社会价值,能够决定一个行业或国家的发展前景和道路。因此,掌握核心技术是企业甚至国家竞争力的重要基础和保障[①]。核心技术的最终产物是以产品的形式存在的,因此核心技术在不同时期、不同领域是不同的,不同核心技术的价值大小也有所差异。关于大数据和人工智能领域的核心技术能为企业和国家创造巨大价值,有助于企业和国家在全球价值链中位势的提高,甚至能左右该产业和其他国家的发展[②]。而其他夕阳产业的核心技术能为企业和国家创造的贡献则相对较小。

核心技术有以下几个特点:

(1)延展性。核心技术是技术主体通过长时间的技术实践而积累的一系列先进复杂的、高市场经济价值的技术和能力的集合体,而非离散的单一技术。

(2)独特性。处于同一市场中的企业的技术存在相似性,表现为相似的技术规范、相似的生产工艺和相似的技术设备,这种通用的、相似的技术为行业内所有企业共有。而核心技术则为企业独占,每项核心技术都有自身的特点,难以被其他企业模仿,并能为核心技术的拥有者带来较大市场收益。掌握核心技术的企业通常采取申请专利、技术保密等措施保护核心技术,从而维持自身的市场竞争地位。此外,核心技术是企业不断对产业、市场和用户的调查以及长期的研发活动的结果。由于缺乏相关技术基础,一般来说其他行业的企业难以通过窃取和模仿企业的核心技术来建立自身核心技术。

(3)关键性。企业的核心技术是影响其产品质量、性能、成本等方面的关键,是该行业的领先技术。核心技术能使企业有能力设计和生产更具优势的产品,从而更好满足用户需求并获得更大市场份额。核心技术对产品的关键零部件的设计、制造和改良起直接作用,涉及新产品开发、原材料替代、产品性能提升等方面。企业的核心技术能力是企业开展后续研发活动的基础能力。

(4)刚性。核心技术的形成依赖于技术主体长时间的积累,这一过程中需要时间和资源的持续投入。高沉没成本使得核心技术更易于"锁定",当市场、技术等外部环境变化时,企业的核心技术往往会限制企业对其原有技术体系的方向和速度的调整。

(5)商用生态依赖性。产业链上下游的合作创新是核心技术市场化的前提,只有全产业链持续面向商用进行持续的合作实践才能推动技术的市场化。核心技术具有高复杂性和新颖性的特点,核心技术的技术人工物能否取得市场成功需要在商业实践中不断检验,通过持续试错积累经验进而提高产品性能。同时,核心技术的价值

---

① 徐娟. 技术多元化、核心技术能力与企业绩效:来自新能源汽车行业上市公司的面板数据[J]. 经济管理,2016,38(12):74-88.

② 杨武,杨大飞. 基于专利数据的产业核心技术识别研究:以5G移动通信产业为例[J]. 情报杂志,2019,38(3):39-45,52.

需要通过大规模的商业化来体现,缺乏市场可行性的试验品无法为企业和社会创造价值。

外围的概念是相对于核心而言的,因此外围技术的概念也是依赖于核心技术的概念的。根据"中心-外围理论",一个经济体系可以被分为中心和外围两个部分。中心就是生产结构同质性和多样化的部分,外围就是生产结构异质性和专业化的部分。这两个部分互为前提和基础,同时又相互影响和作用,共同构成动态、完整的经济体系。在技术领域,核心技术就是"中心-外围理论"中的中心,与之相对,处于"外围"地位的技术就是外围技术。外围技术是企业或国家出于战略竞争的目的,防止竞争对手开发相同或相似的技术,而围着自身核心技术所开发的改进发明的创造性技术[①]。因此,外围技术是企业或国家为了维护自身竞争优势而采取的技术手段。

二、原创技术与改进技术

原创技术是一系列颠覆核心理念、核心概念与模块的不连续技术,原创技术能大幅提高产业的投入-产出比值[②],产生全新产品概念和部件连接方式,从而颠覆现有产品和服务,更好满足现有和潜在顾客的需求[③]。原创技术是建立在不同的工程和科学原理之上,短期内可能不符合主流市场需要,因而给企业短期经济业绩带来巨大压力;随着顾客对新技术重视程度的提高,产品随后将成功进入市场,并带动行业重新洗牌。

原创技术具有以下四个基本特征[④]:

(1)原创技术是研发活动的产物。研发活动是基于既有知识、以知识积累为目的的创造性活动。研发活动分为基础研究、应用研究和试验发展三类。基础研究是为了厘清现象背后的原理而开展的理论性或实验性工作。应用研究是提出关于既有研究成果的新应用的创新性工作。试验发展是指将新的技术应用于现有的产品和工艺,进而改进现有产品和工艺的创新性工作。

(2)原创技术需要经过实践验证。技术发明是一个相对概念,是指相对于现有技术人工物而言,在原材料、功能、结构、工艺等方面的新方法或新构思。基础研究、应用研究和试验发展三者均可能产生技术发明。原创技术和技术发明均具有新颖性。另一方面,原创技术是经过实践验证的技术发明,而一些技术发明因在技术、成本、市场效益、社会效益等方面并不成熟,仍处于构思层面。因此,技术发明和原创技

① Stiglitz J E. Intellectual Property Rights, the Pool of Knowledge, and Innovation[R]. National Bureau of Economic Research, 2014.

② Anderson P, Tushman M L. Technological Discontinuities and Dominant Designs: A Cyclical Model of Technological Change[J]. Administrative Science Quarterly, 1990, 35(4): 604-633.

③ Song M, Benedetto C A D. Supplier's Involvement and Success of Radical New Product Development in New Ventures[J]. Journal of Operations Management, 2008, 26(1): 1-22.

④ 石林芬, 胡翠平. 原创技术的基本特征与研发要素[J]. 管理学报, 2004(2): 224-227, 128.

术之间仍然有较大距离。

（3）原创技术受到法律保护。以单一技术为基础的原创技术可通过申请专利获得法律保护；虽然以复杂技术群为基础的原创技术无法对全部技术申请专利，但是可以对部分核心技术申请专利，或者在申请专利的同时申请其他知识产权。

（4）原创技术有助于形成技术垄断优势。在企业层面，当某一企业掌握产业中起决定性作用的原创技术时，企业将具有极大的垄断优势，这使得企业具备分配该行业利润的能力。在国家层面，当某一国家掌握不可替代的核心技术时，该国家将实现跨越式发展和全球价值链位势提升。若其他国家无法获得该核心技术，其发展将受到具备该技术的国家的制约。因此，原创技术有助于企业或国家获得垄断优势，拥有越多原创技术的主体在竞争中将具有更大的发展潜力和话语权。

与原创性技术的概念相对应，改进性技术的概念也随之出现。改进性技术是指那些在目前已有的技术条件下，对特定的技术进行模仿从而形成新的技术，或者吸收特定的技术从而创新出新的技术。基于此，改进性技术可以分为模仿式技术和吸收式技术。

（1）模仿式技术。模仿是某一个体或群体率先采取某种行动或做出某种决策后，其他个体或群体跟随这一个体或群体也采取相同行动或做出相同决策的行为方式。熊彼特认为，简单、纯粹的模仿不是创新。但是模仿式创新并非照搬先前的技术，而是学习先前个体或群体在相同或相似技术活动中的思维方式、行动准则和经验教训，并在先前个体或群体的基础上进一步改善技术实践活动，使技术实践活动更符合人、社会和自然三方面的要求。因此，对前人的学习和改善是模仿式创新最大的特点。

模仿式技术是对新技术学习之后的产物而非新技术开发的结果，是进入技术领先者市场的手段。模仿式技术在时间上是滞后的，但模仿式技术有效降低了研发风险和成本，节约了企业有限的资源。对后发企业而言，模仿式技术为企业提供了赶超领先企业的机会，在一定条件下后发企业能通过模仿式技术扭转不利局面。但是，模仿式技术并非是对领先技术的照搬照抄，它只是基于领先技术并通过渐进式的技术创新活动对领先技术的进一步完善。模仿式技术是技术扩散的结果之一，模仿式技术加快了技术的传播并促进了新技术的开发。

模仿式技术是欠发达国家技术进步的必然选择。由于欠发达国家研发资源相对不足、技术基础相对薄弱，这些国家直接进入自主技术研发阶段是不现实的。因此，欠发达国家通常首先通过模仿式技术加快经济增长、吸取发达国家技术经验、巩固现有技术基础和缩小与发达国家的技术差距。历史经验证实，模仿式技术是后发国家技术赶超的最佳选择。但是，模仿式技术只是欠发达国家技术发展过程中的阶段性产物，而所有国家都始终将自主创新作为技术发展的最高目标。基于此，欠发达国家在技术模仿的过程中，应该不断培养本土技术人才、形成本土技术优势和提高本土技术创新能力，实现由模仿向原创的转变。

但模仿式技术也存在着一些不足。最突出的就是其被动性,由于模仿式创新在时间上是滞后的,在技术上是模仿学习的,所以只能跟随技术领先者的步伐和被动地适应技术的发展,难以决定技术前进的方向和速度。

(2)吸收式技术。吸收式技术是指在一定的技术基础上,通过吸收外部先进技术而形成的技术①。吸收式技术需要将外部技术和自身的特点有机结合,形成适合自身条件的创新体系,进而推动技术的跃迁。吸收式技术主要是指国家层面的技术落后国家对技术领先国家的技术的吸收。

吸收式技术主要具有三个特点:第一,吸收式技术依赖技术落后国家和技术先进国家之间的技术交流合作。吸收式技术的前提是技术主体之间的技术交流,当技术主体之间缺乏沟通和联系,也就是说没有可用于"吸收"的技术来源的时候,那么吸收式技术就如同无源之水。同时,吸收式技术的技术交流重点应有所选择,技术落后国家应避免将技术交流的重点放在影响本国社会经济和国家安全的重大、关键领域,防止国家命运前途被其他国家掌控。第二,技术落后国家应当具有较丰富的技术创新经验、较高的自主创新能力、较扎实的技术基础、较高的社会经济水平和较完备的技术创新体系,否则技术落后国家不但无法有效吸收技术领先国家的技术,反而会加重本国的研发成本压力。第三,吸收式技术是对现有技术的改良和突破。吸收式技术并非连续性的技术进步,而是基于现有技术而进行的跳跃,属于高层次的技术活动,往往出现在前沿技术领域。吸收式技术需要技术落后国家根据技术领先国家的技术经验,改变本国产业结构、技术基础、资源配置方式等②。

【思考题】

1. 技术通常以哪些形态存在?

2. 技术知识有哪些分类方式? 不同分类方式之间有何区别和联系?

3. 技术的一般分类方式有哪些?

4. 技术的特殊分类方式有哪些?

5. 核心技术和外围技术之间的关系是怎样的? 应该如何发展核心技术和外围技术?

6. 原创技术和改进技术之间的关系是怎样的? 应该如何发展原创技术和改进技术?

【阅读文献】

陈凡,张明国.解析技术:技术社会文化的互动[M].福州:福建人民出版社,2002.

---

① 黄孟洲,侯伦广.自然辩证法概论[M].成都:四川大学出版社,2005.

② 肖利平,谢丹阳.国外技术引进与本土创新增长:互补还是替代:基于异质吸收能力的视角[J].中国工业经济,2016(9):75-92.

霍克斯.结构主义和符号学[M].李天海,译.上海:上海译文出版社,1987.

桑得拉·哈丁.科学的文化多元性[M].夏侯炳,译.南昌:江西教育出版社,2002.

布莱恩·阿瑟.技术的本质:技术是什么,它是如何进化的[M].曹东溟,王健,译.杭州:浙江人民出版社,2014.

第四章　技术发明

　　技术是人类在社会生产和生活中发明的，技术发明伴随人类生活和生产活动全过程。人类有了技术发明，才有了物质生产和社会生活的成长史。人类历史上几次意义重大的工业革命都发端于发明创造。技术的变革和进步，生产力和人们生活水平的提高，整个社会的进步发展都离不开技术发明。本章聚焦解读技术发明的基本内涵、理论基础、过程和方法等，这是技术学原理的第一个核心概念，也是技术活动全部过程的起点。

第一节　技术发明的内涵

一、技术发明的概念

　　西方学界对于技术发明的定义没有形成统一定论。较早明确提出技术发明含义的是 19 世纪英国工程师、技术史学家亨利·德克斯（Henry Dircks），他在 1867 年撰写的《技术哲学》①一书中指出，发明作为一个术语，不仅指一些新颖的制造业机器设备的更改。发明从更广泛的意义上指创造新事物，不仅创造适用于科学研究、教育和演示的科学装置，还创造那些为商业目的而建造的满足人们需求的发动机、工具及材料等。在 20 世纪，奥地利经济学家熊彼特（Joseph Alos Schumpete）在阐述其创新理论书中指出，技术发明主要指的是一种新概念、新设想，至多是试验品的产生，它没有被投入生产或投放到市场上去，或者说没有实现商业化。美国经济学家布莱恩·亚瑟（W. Brian Arthur）在文章《发明的机构》②中给技术发明下的定义是："发明是一个连接某种目的或需求和能够被采用用以满足该种目的或需求的行动的过程。"

---

① Dircks H. The Philosophy of Invention[M]//Inventors and Inventions. London：E & FN. Spon，1867：8.
② Arthur W B. The Structure of Invention[J]. Research Policy，2007(1)：83.

在我国,对于技术发明的定义,学界同样众说纷纭。在《创造发明学导引》[①]一书中,李建军认为"技术发明,是指从事前人和他人从未进行过的技术或工艺活动,即'创制新的事物;首创新的制作方法'。作为创造活动的一种形式,技术发明必须具有新颖性的特点。除此之外,技术发明还具有价值性和可行性等特点。和一般的创造过程不同,技术发明强调其最后结果,在获得发明结果之前的每一步骤都不能称为发明"。

彭克宏在其主编的《社会科学大词典》[②]中对技术发明的解释为"创造新的事物或者新的方法,适用于一切创造性活动。发明的对象可以是新设备、新方法、新物质,对已知设备、方法、物质开拓出新的用途也属于发明。发明是指为了实现某种目的而人为地、创造性地找到符合自然规律的技术应用方法,不同于科学研究等活动中对于新的现象和一般自然规律的发现"。

《中华人民共和国专利法》指出,"技术发明是对产品、方法或者其改进所提出的新的技术方案"。

《国家技术发明奖奖励条例》中,对技术发明的定义为"利用自然规律首创并成功地用于改造客观世界的技术新成果"。它一般是与生产有关的新技术,如在国民经济某一技术领域中提供了新的、先进的、效益好的新技术。

综上可知,虽然国内外对于技术发明的定义无法达成一致,但对技术发明所具备的两个基本条件达成共识:第一,必须是独创的,首创的;第二,必须对社会发展有益,可以解决实际中的问题。

基于对国内外文献梳理总结,本书对技术发明的定义为:在特定时期内产生的满足社会需要,利用自然规律首创并成功改造客观世界的新工艺、新技术方案、新产品、新材料等,并且产生的新的技术成果能给社会带来新的效益和新的价值。

二、技术发明与科学发现的区别

在实际中人们常常将科学发现与技术发明混为一谈,二者联系虽然紧密但又有着本质区别。科学发现和技术发明都体现着人类的聪明才智和发达的思维,都需要系统知识体系和最后形成知识体系。科学发现过程中形成的理论成为技术发明的理论基础,技术发明形成的实验设备和技术为科学发现提供研究条件。在现代技术越来越多需要科学成果作为支撑的今天,两者之间的联系更为紧密。不过两者之间在以下三个方面有着不同。

一是原创性。虽然技术发明和科学发现都具有原创性,但是技术发明比科学发现更具有原创性。科学发现是指科学家使用智慧和基于问题的指导,有效地将科学

---

① 李建军. 创造发明学导引[M]. 北京:中国人民大学出版社,2002.
② 彭克宏. 社会科学大词典[M]. 北京:中国国际广播出版社,1989.

元素或实验操作进行整合,发现、观察和揭示自然界固有的未知科学并在科学知识体系中表达出来的科学事实和科学理论的活动,是人类认识自然和事物的过程。技术发明是技术工作者或者发明家凭借自身才智,以知识为基础,依靠技术和需求拉动,对技术元素和物理操作进行整合以创建客观上没有的人造对象和具有某些结构、功能和方法的技术解决方案,是对自然世界和人类生活进行改造的过程,强调从无到有创造性地构建出事物。这是二者的本质区别。

二是目的性。科学发现可能是科学家在从事自己科学研究课题时发现的,或是由兴趣或者研究专业驱动,其本身并没有特别突出的社会目的。不同于科学发现,技术发明具有非常强烈的目的性。上面对技术发明的定义指出,技术发明是为了实现某个目的而进行的,这表明技术发明受人的意志和目的的控制。英国的鲁伯特·霍尔和诺尔曼·史密斯关于发明有着较为精辟的论述,"一项发明需要一个目的,发明者必须知道他所希望达到的目标究竟是什么","发明包含着某种深思熟虑的结果,它企图利用某些特殊的现象以达到一个预定的目标,他依赖于用各种目标一致的手段和方法而进行的有意识的较量"①。技术发明的目的性总是与国家社会的发展需求和人类实际生活密切联系的,因此,其目的性比科学发现更强。

三是社会性。科学发现和技术发明的主体都是人,两者作为人类的社会实践,都具有社会性,但技术发明的社会性更直接和牢固。首先,这种强大的社会性体现在技术发明是在社会需求下应运而生的,发明的目的是实现人类社会的创造性活动;其次,技术发明受社会因素的制约,无论是技术发明的形成、实施过程,还是应用推广过程,一步也离不开经济、政治、文化、社会心理等各种社会因素直接或间接的影响,它与社会的紧密联系程度比以独立于人类之外的以自然系统为研究对象的科学发现要强;再者,技术发明具有很强的社会价值,它直接作用于社会,并需要得到社会广泛认可和运用;最后,技术发明具有社会性还体现在发明成果的社会时效性。科学发现没有时间限制,但是技术发明成果有时效性,一旦社会因素发生改变,技术发明将会面临被淘汰的风险。总之,具有较强的社会性是技术发明的一项重要特征。

综上可知,本质上,科学发现的目的是探索未知的事物,寻找客观存在的、对人类而言未知和前所未有的事物。这一发现是从实践中产生思想,使思想与客观现实相符,使主体顺应客体,并使客体在现实和思想中重新出现。技术发明的实质是将自然科学的成果转化为直接的生产力,并使人类受益。它是主观地变革和改造自然物体,将想象力变为现实,并使世界和人类的愿望及需求相一致的过程。

三、技术发明与技术创新的区别

清楚地区分了技术创新与技术发明,被认为是熊彼特的一大贡献。熊彼特认为,

---

① 邹珊刚. 技术与技术哲学[M]. 北京:知识出版社,1987.

只要发明还没有得到实际上的应用,那么其在经济上就没有起作用,就不能称其为创新。在发明尚未转变为新装置、新产品和新工艺之前,其都只是一个新概念、新设想,没有任何经济价值。他还认为:"作为企业家职能而要付诸实际的创新,也不一定必然是任何一种发明。"因此,可以说发明是创新的必要不充分条件。技术创新始于技术发明,技术发明仅仅是技术创新过程中的一个步骤。技术创新和技术发明虽有一定的联系,但仍有本质的区别。

第一,技术创新是一个经济学范畴的概念,其必须能带来收益。若根据新的思想生产出的新产品没有应用价值,不能带来收益,这可以说是技术发明,但不是严格意义上的技术创新。

第二,技术发明是一个绝对的概念,而技术创新则是相对的概念。例如,发明创造在申请专利时,必须要考虑这个技术发明创造是否被前人做过,若有其他人做过,就不能再申请专利,它在"首创"和"第一"问题上是绝对的。而技术创新是一个相对的概念,它不严格要求"首创"或者"第一",不必先考虑在部门或者系统内过去有没有人做过,它关注在一个相对的范围,新产品、新设置和新工艺做的程度如何,相比之前做了哪些改进,如果这些改进能带来收益,这就是技术创新。

第三,技术发明有消极与积极之分,而技术创新必须是促进社会发展的积极创造。例如,万维网的发明是积极创造,网络病毒的产生则是消极创造;针对特定疾病药品的发明属于积极创造,毒品的提炼则属于消极创造。但是,创新则不同,没有人会将伪科学或假冒伪劣技术称为技术创新。

第四,技术发明强调是第一次的首创,也可以是全盘否定后的全新创造;技术创新则更强调是永无止境的更新,它一般并不是对原有事物的全盘否定,而通常是在辩证的否定中螺旋上升。

第二节　技术发明的理论基础

发明是一项复杂、连续又系统的过程。对发明这项活动的认识也犹如现实世界中发明过程一样,是难以看清本质的。理论学家对发明的本质进行了长时间的研究和争论,到最后发现揭开技术发明的本质需要上升到哲学层面去思考。先哲们最大限度地去解开技术发明的奥秘,建立起哲学体系,而这些不同技术哲学思想的争论点可以聚焦总结在一个问题上,即新事物是如何产生的。

一、德绍尔的技术发明思想

技术发明对整个人类发展和社会进步具有举足轻重的作用。人类对于技术发明的探索也从未停止过。技术发明究竟是什么？发明如何产生？长期以来，这些问题为人类探讨有关技术发明话题的焦点。在技术哲学发展史上，出现众多技术哲学家，对技术发明的本质进行了哲学层面的阐述。德绍尔(Friedrich Dessauer)为其中典型代表。1956年，他出版了《围绕技术展开的争论》[1]一书，在其中他详细阐述了自己对技术发明的哲学思考。他的技术发明思想立足于康德的哲学范式和柏拉图的理念，通过对"技术力量的先验前提"进行康德式的阐述、对技术发明的"理念"本质进行柏拉图式的诠释，将技术活动提升到形而上学的本体地位[2]。

1. 技术发明的含义

德绍尔认为要弄清楚技术发明是如何产生的，首先要知道技术发明是什么。德绍尔对技术发明的定义取自苏格拉底的"techne"，并赞同苏格拉底对现代技术发明的四个基本要素的阐述：① 以质料和工具为基础；② 有特定的"型"[3]；③ 以知识为前提，要对事物本性的研究，即"要进行科学研究，而不仅仅满足于经验"；④ 具有目的性，能够满足特定用途或者带来利益。同时，运用柏拉图的理念论和亚里士多德的"四因说"，他阐述了自己技术哲学话语体系中技术发明的定义，即"通过目的性导向以及自然物的加工而实现的理念的存在"，即以自然物为基础(质料因)、以目的为导向(目的因)、以理念为模板(形式因)以及人手的加工(动力因)。德绍尔强调，他所指的技术是整体概念上的技术实体，具有三个基本特性：① 它以自然规律为基础，遵循自然法则；② 它是主体人动手加工的结果；③ 它满足人的特定需求，以人的目的为导向。

2. 技术发明的先验理念

德绍尔引入和发展柏拉图的理念，认为现代技术发明是"在精神中获取理念世界中已存在的解决方案，进而借助人工手段使其得以实现"。"解决方案"在德绍尔看来，相对于经验世界真实存在的发明物体，是本身存在于上帝手中的、由上帝创造的技术可能性形式或者结构。这个"解决方案"和柏拉图的理念相似，既是现代发明之物的本体存在，也是其存在的最根本依据，在人类未进行现代技术发明之前，它已经客观存在于上帝的理念世界，只是它尚无法对人类社会起作用，需要人类进行发明活动把它带入现实世界中。此外，在现代发明活动中，柏拉图式的技术理念可以被发明者思维精神捕获，发明者以此为模板，才能创造出现实世界中的技术之物。由此可见，德绍尔支持"理念"的先验性，承认它是技术发明的先验前提。但他认为"理念"不是由人的精神或者心灵产生的，而是事先就存在于上帝的精神世界中。人类进行技术发明只是上帝借由人类之手对创新活动的继续，人类只是上帝创造活动的参与者。人类的技术发明，也就变成了寻找上帝精神世界中"预先存在的解决方案"并将其具体物化的过程。

---

①④ Dessauer F. Streit um die Technik[M]. Frankfurt：VerlagJosef Knecht，1956.

② 曾丹凤. Dessauer 技术思想的结构性逻辑与争论[J]. 自然辩证法通讯，2016，38(1)：61-65.

③ 柏拉图. 柏拉图全集：第 2 卷[M]. 王晓朝，译. 北京：人民出版社，2003.

3. 技术发明的中介

既然技术发明是预先存在于理念世界的"解决方案",那么人是如何触及先验存在的技术本体的呢? 德绍尔认为,一定存在着某种介质,使得人"获知"了理念世界的技术并将其带入经验世界。这个介质就是人的精神,而为了阐述清楚人获知技术并重现技术的过程,德绍尔引入康德的"物自体"理论进行描述。

康德的先验哲学指出,人类认识能力具有有限性,人们只能认识自己的认识形式所表现出来的东西,在自己认识形式之外的东西,人类不能够认识。属于主体先天认识能认识的对象,即通过主体先天认识形式所认识的对象称为"现象",这些对象的总体汇合成了现象界,也是"我们所认识到的自然或我们认识所构成的自然"[①];把因主体先天认识局限而无法认识的客观存在的物体,称为"物自体",物自体的总和构成了"物自体"。在康德先验哲学规定的人的思维的因果关系范畴中,人可以依靠自身的认识形式,认识现象界,即"主体在一定时间空间下认识"现象;相比之下,物自体是超验的客观存在,它不依赖于主体的认识形式,主体不能够认识它,即"对象不被主体所知,也不能够被主体所知"[②]。

德绍尔通过将技术发明与自然物体进行比较,探索了技术发明的本质。他强调发明者在发明之前的技术构思,始于理念活动,然后是理念的具体实现。自然的自然对象与已发现的技术理念的结合,也形成了现实的技术产品。"技术想法"或"想法"从何而来? 德绍尔试图借鉴康德的"先验哲学",即人具有先验因果范畴,可以解决现象世界的问题,而事物本身是不可知的。在康德看来,现象世界的先验范畴已经能够解决科学研究的问题。德绍尔认为,他要解决的问题不仅是现象世界的问题,而且是人自身的实践、行动、选择和判断。此时,仅靠先验理论来解释问题是不可能的。在康德的先验论体系中,因果关系范畴只在现象界才会产生作用,人类主体在这个范围内才会认识事物,科学知识才能产生,离开了特定的中介,科学知识永远不能与"物自体"产生联系。因此,德绍尔对康德的理论进行了突破,认为发明的本质是通过特定介质通向物自体的。发明的过程是先从原始的潜在形式中选择,再现潜在的技术本源,然后再以人类的精神参与创新和发明。在一定程度上,在技术发明过程中,人类的精神会作为中介,与技术客体的"物自体"产生联系,技术客体的物自体能够被人所触摸,而与"理念"发生联系。在德绍尔的"物自体"思想中,还有一个重要的概念在对技术发明理解中有着重要作用,即"感知"。他也是从自然物和技术发明对比中来说明自然物与技术发明被感知的不同。自然物,例如开花的树是自然界作用的结果,本质上没有人类活动的参与,而发明的本质与此不同,"理念"物化的过程中包含着人类的发明活动,当这两者都存在与经验世界中时,发明物和自然物一样,可以被感知。但这种"感知"与对自然物的"感知"不同,它是一种重见,以第三者身份被重新发现。

---

① 韩水法. 康德物自身学说研究[M]. 北京:商务印书馆,2007.

② 康德. 康德著作全集:第 3 卷[M]. 李秋零,译. 北京:中国人民大学出版社,2003.

所谓第三者是相对于自然物和柏拉图式"理念"而言的技术产品,它存在于"发明者发明和机器制造之前",在人们构思时被人的精神触及,在发明者制造现象时发挥功能,它"具有特殊的形而上学的地位"[①],"具有通向'第四王国'的道路。它必须经由人之手,被创造成物,与人重见"。由此,在技术发明过程中,"理念"被人的精神所捕获,经由人参与加工实现物质化,"物自体"被人的精神所接触,经由人加工被人认识,二者存在某种必然的联系。基于这样的想法,德绍尔扩展并使康德哲学向前迈进一步,阐明了与"物自体"产生必然联系的"中介"。

4. 第四王国思想

德绍尔技术发明思想的最大贡献在于在康德的三大先验王国之后创建了一个"第四王国",即由"全部预先存在的解决方案"或者技术"理念"的总和构成的"第四王国"。康德的哲学体系并不讨论本体论,也就是说本体论问题不在他的批判哲学范围内,他从认识论角度否定物自体的可认识性,认为人"无法用自己的认识形式来展现事物本身存在的性质",而柏拉图从理念论角度认为"理念"即是事物的本质,它可以被模仿和分有,如此,从本体论角度承认物自体是可被认识的。德绍尔第四王国吸收了康德的"物自体"概念,但对"物自体"的内涵阐述上,认同柏拉图的"理念"论,可以说,他的第四王国推动了康德批判唯心主义的先验哲学向柏拉图式"理念"的转变。

德绍尔第四王国的主要思想提出并阐述了技术发明的三个基本要素。德绍尔认为,主体要进行技术发明,首先要考虑的是人的目的。所谓人的创造目的,就是人在从事技术活动之前所设定的目标的实现。人类技术活动是有明确目标的活动。但这一目的与人类的社会或个人需求是不同的。在古代社会也需要现代意义的医学,但现代医学发展经历了几千年。这表明,仅靠需求是不足以产生技术的。这种需求只有在具体和明确的技术术语后才能得到满足。因此,对于人类而言,技术问题的表达或技术问题的适应,是一个涉及人类主观目的的领域。

关于人的自由范围又涉及技术发明的第二个关键要素,即自然规律。人们不能发明一种违反自然定律的技术客体。例如,我们永远不可能违背能量转化与守恒定律来制造出永不耗能的永动机来,飞机的发明使人们能达到在天上飞行的目的,但飞机飞行还是遵循万有引力定律的。因此,它没有给人类留下自由活动的余地。然而,人们又可以设法克服自然定律加给人的限制。例如,人们可以运用流体力学原理制造飞机,从而克服重力定律加给人类的限制,人们可以在有关的自然定律限制之内想办法达到自己的目的。也就是说,技术的发明使人们打破了自然规律的限制,但是技术本身在自然规律下起作用。人类其他技术发明活动也是一样,在自然规律限制内,创造技术客体实现自身的目的。

在人类技术发明过程中,伴随着技术问题的解决,人类目的也在此过程中得到实现。飞机在制造厂里面被人工物质化,作为一种产品被现实制造出来。此发明过程

① 王飞. 德韶尔的技术王国思想[M]. 北京:人民出版社,2007.

是由人的精神主导的,德绍尔将其称为"内在解决",发明者运用自己的智慧,积极主动地"内在解决",体现了发明者自身的构想在发明过程中的重要作用,即技术发明的第三个要素。

根据德绍尔的说法,这种主动的"内部解决方案"生成的技术产品不取决发明者本身。它倾向于预先存在理想标准解决方案(最优解决方案)。德绍尔不知道技术专家是否能找到这个最优解决方案,但发明的过程和技术的历史表明,技术专家有无限的机会获得这个预先存在的最优解决方案。以电灯发明为例。在发明者成功发明电灯之前,他会设计各种方案进行测试并最终获得成功,即他的技术想法最终得以实现,只有当他无限接近预先储存的电灯的最优解时,发明才能顺利进行。灯泡的历史表明,在最终确定最佳解决方案之前,需要尝试许多不同的解决方案。德绍尔认为,这些理想方案是先天存在于人的头脑中的,正如"理念"存在于上帝的头脑中一样,是一种具有先验特征的客观现实。技术发明是人类的一种转化力量,它把存在于超验王国的技术"观念"带入经验世界,使技术发明从可能性转化为现实。

基于上述阐述,可以发现"人类需求和自然领域的秩序领域有一个共同的地方",即"技术领域"的可能性[1],但这两者同时存在也不必然导致技术发明的生成。人类需求和自然规律共同作用,还存在一个先验前提,即是否存在一个技术的可能性,才会导致技术发明的实现。因此,对于技术发明者来说,进行技术构思,发现"理念"和"寻找技术可能性",即寻找已经存在于第四王国的技术"理念",是特别重要的。在德绍尔看来,技术活动源自内在的、自然物的现象界背后的理念,并且通过人的精神与经验活动一起实现其目的。第四王国的技术思想可以概括为:人类以自然规律为基础,以目的为导向,从事具体的技术发明活动。在发明中,发明者在构思中发现技术"理念",遇见"物自体",并通过人手的加工实现"理念",与此同时,"物本身"完成了自身的功能,产生了新的性质,即"新技术对象的产生",实现了技术发明的目的。[2]

二、厄舍尔的技术发明思想

厄舍尔(Abbott P. Usher)在 1929 年出版了其一生中最重要的著作《机械发明史》[3]。在这本书中,他基于对历史上重大发明物的研究,总结出了发明的一般原理。他的技术发明思想涉及对当时盛行的发明先验论和机械过程论的质疑,第一次引入格式塔心理学理论来解释发明过程中的顿悟,并原创性地提出了发明累计综合理论。他的技术发明思想打开了技术发明过程的黑箱,让技术发明不再是人们眼中的神秘活动,对于人们理解认识技术发明的本质和过程具有重要意义。

---

① 王飞. 德韶尔的技术王国思想[M]. 北京:人民出版社,2007.

② Dessauer F. Streit um die Technik[M]. Frankfurt:VerlagJosef Knecht,1956.

③ Usher A P. A History of Mechanical Inventions[M]. Cambridge:Harvard University Press,1954.

1. 对发明的先验论和机械过程理论的批判

厄舍尔在审视以往技术发明理论时,批判了发明的先验理论和机械加工理论。先验理论认为,发明被认为是天才们偶然迸发灵感火花的结果,这些天才们通过直觉不断地直接获得真理的知识,成为发明的伟人。厄舍尔否定了发明是天才独有的能力,从而批判了先验理论。厄舍尔坚持认为,发明和创新不是不寻常头脑的神秘产物,而是普通思维过程持续活动的结果,创造性天才仅仅是普通思维活动的延伸。当然,不同水平的发明需要不同水平的思维。在更高的层次上,心灵上升到想象的境界,转而追求间接的目标。

一方面,他没有完全排除历史上伟人的作用和发明家具有独特能力的说法。他发现经济史往往与阶级、运动和功利主义企业联系在一起,在这些企业中,个人的作用被最小化,他想在经济史中为个人英雄找到一席之地。在技术发明的后期历史中,厄舍尔确实关注了个人的突出作用,例如著名发明家列奥纳多或者詹姆斯·瓦特等。他承认历史上伟人的重要性,另一方面,厄舍尔反对技术进步的极端伟人理论。他认为,虽然历史不能完全排除伟人理论的解释,因为许多创新确实是由少数人做出的,但这些解释在本质上不是历史性的。在更极端的情境下,如果伟人数量减少到足够小,这对那些真正著名的历史人物是相当不公平的。对伟人的分析,包含着神秘主义的元素,最终必然与严格的历史观相抵触,因为创造被视为最神秘、最无法解释的事物。根据厄舍尔的理论,列奥纳多作为一个艺术家可能是独一无二的,但在科学和发明领域却不是,在科学和发明领域,任何个人,无论多么特别,都只是浩瀚的科学和技术洪流中的一小部分[1]。

厄舍尔也反对机械过程论的绝对性和机械性。机械过程理论代表人物是奥格本和吉尔菲兰,他们认为发明是由众多小细节不断积累、组合、修正和完善的过程,不是横空出世的创造[2]。但他们认为发明累积和组合过程是机械的,只要发明具备的要素都满足,新发明的产生就是水到渠成的事情[3]。相比于先验论,厄舍尔认为机械论的观点更具有说服力,他赞同机械论中发明的累积模式。他说,"我们只需要知道,重大成就的数量和重要性是由大量小成就的积累而来的"。发明的累积特性表明,发明不再依赖少数天才人物偶然迸发的灵感,也不是一个特殊而神秘的现象,发明的累计本质表明技术进步是"普通精神过程的持续活动,创新现象并不比最普通的精神活动过程更神秘"。

尽管厄舍尔强调了奥格本和吉尔菲兰的经验结果的重要性,但他反对过程理论的机械性质,即发明组合的累积结果是绝对的,所有潜力的充分开发只是一个时间问

① Usher A P. A History of Mechanical Inventions[M]. Cambridge:Harvard University Press,1954.
② Gilfillan S C. The Sociology of Invention:an Essay in the Social Causes of Technic Invention and Some of Its Social Results:Especially as Demonstration in the History of the Ship[M]. Chicago:Follett publishing Company,1935.
③ Ogburn W F,Thomas D A. Are Inventions Inevitable? A Note on Social Evolution Source [J]. Political Science Quarterly,1922,37(1):83-98.

题。社会学研究者也拒绝经验主义,他们支持发明的典型过程理论。在这个理论中,大量的小发明经过很长一段时间的积累,形成一个新的组合。只是在奥格本和吉尔菲兰的理论中,当条件合适时,发明就会无法避免的产生。厄舍尔认为奥格本和吉尔菲兰关于发明必要性的观点是存在漏洞的。如果按照他们的说法,发明关键节点一旦被突破,与此相承接的下一阶段就会到来,直到所有的发明问题得到妥善解决。但值得注意的是,这种发明机械决定论忽视了发明过程内部非连续性的特点。

2. 厄舍尔发明累计综合理论

厄舍尔认为发明创造由一系列连续的过程构成。他在解读发明产生过程引入格式塔理论来阐述革新是如何产生的。这里面涉及发明过程的一个重要概念——顿悟,用格式塔心理学理论中顿悟来解释发明的产生问题,也是厄舍尔对发明理论最重要的贡献。格式塔理论强调感性组织、问题解决过程和创造性思维,它强调对整体的认识。格式塔理论中的顿悟是结合当前的整体情况,对问题的突然解决,是知觉从模糊无组织状态到有意义、有组织状态的重新组织过程。

厄舍尔认为顿悟和普通技术活动相比较有其独特之处。技术活动包含所有后天学习的过程,形式可以是自主独立学习,也可以是向他人学习。但顿悟不是通过后天学习的行为,它来源于之前的经验和知识,并将这些知识和经验重新组合形成新的事物。顿悟活动产生于对当前不满意的知识或行为模式的感知,这经常发生在技术活动中。

通过将格式塔心理学进而将顿悟应用于思想和社会过程,厄舍尔提出一个阐述发明过程的框架,在这个框架中,发明是简单个体累积综合得到的,顿悟活动需要存在于发明的每一步。他提出了著名的个人发明的四个阶段。

(1)感知的问题——对不完美的、不满意的、不充分的需求模式的认识。

(2)构建一个平台——通过特殊的构建和思考,将解决问题所需的元素聚集在一起。在一个事件或思想中发生的结构产生了一个有效而令人满意的结果,这是为个体提供解决方案的所有关键数据。这是一个反复试错的过程。

(3)洞察活动——找到问题的主要解决方案。厄舍尔强调,顿悟所需要的要素是不确定的,这种不确定性也使得预测解决方案的时间或选择微妙的解决方案成为不可能。顿悟不是最终的结果。

(4)批判性修改——对解决方案进行批判性研究,充分理解解决方案,使解决方案更加完美,从而使机械更加优雅高效。这一阶段可能会召唤新的顿悟。

在这四个阶段中,每一个阶段都会有元素不断地被整合加入。一般来说,个别发明的情况通常包括所有离散的步骤,但有许多个别发明没有面向主要发明的搭台阶段;另外,新的顿悟是关键,实质性的关键修改需要使发明实用。在发明创造的过程中,发明家的顿悟往往起着重要的作用。厄舍尔用格式塔理论解释顿悟。格式塔分析把伟人看作一个特殊的拥有着顿悟能力的群体,而创造的过程涉及其他顿悟活动的许多结果的综合。厄舍尔认为,间接方式能够满足人类更高层次的发明需求,这些间接方式只能依靠更好的个人感知和更丰富的想象力。这些人有一种特殊的能力来识别未被满足的需求,并且有更强的能力来重新组织现有的元素,因此他们能够解决他们面临的问题。从整体上看,创新的社会过程包括不同重要性程度、不同程度的感知和思维水平的顿悟活动。顿悟活动并非如先验论者所假定的那样是罕见的反常现象,也不是对假设需求的相对简单的无抵抗的反应。

第三节 技术发明的过程和方法

一、技术发明的过程

技术发明是一个复杂的系统过程,很难用一个固定的模式去描述。但这也并不能说明发明的过程不能被认识或发明规律是无法捕捉的。相反,所有的技术发明确实遵循着一些共有的程序和模式。有观点认为技术发明作为一种技术活动,具有技术活动所共有的程序和步骤,一般分为四个阶段:课题规划、方案构思、方案设计、试制或研制。

1. 第一阶段:课题规划

这一阶段的首要任务是找到并确定研究的项目主题,确立研究目标。这需要在实际调研与查阅技术文献的基础上,界定出社会需求,并将社会需要的技术与经历技术预测的所有技术可能性联系起来,并用技术领域的专业语言表达出来,使之成为可实行可操作的研究课题。课题确定后还要对其可能的后果、价值做出技术评估。

这个阶段分为三个环节:

(1) 需求与技术目标的确定。确立技术课题的方法可以有以下几种:第一种,以已有新技术为对象,先模仿再设防突破。第二种,另辟蹊径,从原有新技术的空白处探寻新课题。第三种,从现有问题着手,想方设法解决它们。第四种,试图对现有事物增加新功能和新用途。第五,发挥想象力。

(2) 进行技术预测。技术预测是根据已有的技术基础和当前的发展状态,去推测某项技术未来发展的趋势和可能突破的方向。通过技术预测,可以发现和确定技术实现的可能性,从而将需求与技术的目的结合起来,最终完成技术课题的立项。技术预测的方法有类比式预测法、归纳式预测法和演绎式预测法等。

(3) 技术评估。确立一项技术课题的研究,还需要对可能产生的技术与生态环境、经济、社会和人的价值的相关影响进行评估。

2. 第二阶段:方案构思

构思出解决问题的方案,是技术发明主体在观念中构建对象性客体的过程。人需要通过自己的想象力将很多要素进行组合形成新的组合。他们会首先在思维中假设什么功能是需要被组合进来,什么样的装置可能最终具有实用性。有时候发明人在思维想象中"驱动"自己的发明运行,构建发明的框架,有时候需要在实验室建立起模型,试验然后修改,在不断调整中逐步完成他们的设想。此过程设计可以从两个方面进行操作:一个是生产性操作,它结合多种要素产生新产品;另一个是说明性操作,它将新组合集成到新技术或现有概念中①。所谓的说明性操作实际上是构建发明人思维模型的过程。为了解决问题,选择满足功能条件的元件并将其集成到现有技术中。在此阶段产生的结果是一个大概的想法。为了最终将其转化为实用的发明,发明人不得不使用不同的方法来不断地描述和重提其粗略的想法,才能最终使之转化成为切实可行的发明。

3. 第三阶段:方案设计

发明人要把创造性构思得到的设想和优化方案在现实中通过机械部件呈现出来,这是物理部件的组合配置过程,即机械表达的过程。发明主体的设想和现实中的机械部件不是一一对应的关系,而是一对多的关系。因为一个功能或者原理可以通过不同的机械结构表达出来,所以最终使用哪个组件取决于发明人的技能②。发明人需要不断从已有的技术中选择部件,组合起来形成具有特定功能的技术模块,然后将技术模块整合到新的或者已有的技术系统中去。因此,此阶段主要任务是将创造性构思得到的设想和优化方案具体化,并进一步找到并确定所创建的人工系统的结构形式,以便人们可以根据提出的特定设计方案重复创建这些对象。

4. 第四阶段:试制或者研制

主要是根据设计提供的详细图纸和设计文件进行产品研制,制造出样品,然后进行技术实验。技术实验可以为技术构思、过程设计和样品试制提供事实依据,验证其科学性和可行性,发现设计中的不足,有利于工艺和产品的改进。

二、技术发明的方法

不同领域的技术性质、特征和机会不同,所需要的产生路径也各不相同。因此,关于技术创造的方法多种多样,下面介绍几种较为广泛应用的发明方法。

1. TRIZ 发明方法

(1) TRIZ 理论概述。TRIZ 是"发明问题解决理论"的俄文缩略词的英译,由苏联的阿利赫舒列尔博士(G. S. Altshuller)创立。从 1964 年开始,他带领一批研究人员和学生在分析研究世界各国 250 万件专利的基础上,从抽样的 20 万件专利中选出4 万件作为解决发明问题的代表,寻找突破性解决方案的共同特性。阿利赫舒列尔

① Ulrich Witt. Propositions about Novelty [J]. Journal of Economic Behavior and Organization,2009,70(1/2):311-320.

② 吴红. 技术发明的组合模式探析:兼论大飞机 C919 属于中国创新[J]. 武汉科技大学学报(社会科学版),2018,20(4):456-460.

对大量的发明专利研究发现,尽管它们所属技术领域不同,处理的问题千差万别,但是隐含的系统冲突数量是有限的。专利的创新方法实际上都落入 40 个通用的创新法则之中,并且这些专利的解决方法涉及一些矛盾的因素。他将发现的 39 个矛盾特征作为参数引入矛盾矩阵分析具体问题,提出一套进行发明即产品创新的方法——TRIZ。TRIZ 认为,在考虑问题时,不仅必须考虑当前系统的过去和将来,而且还必须兼顾当前系统的子系统以及其超系统的过去和将来,并从 9 个层面考虑问题以找到解决方案。但是,系统中子系统的不平衡发展会导致系统冲突。系统冲突是TRIZ 理论体系里面的一个核心概念,它指的是隐藏在问题背后的内在矛盾。如果要改善系统属性的特定部分,将不可避免地导致其他一些属性恶化,就像平衡翘板一样,一方倾斜向上,另一方必然下坠。在产品的结构设计中,结构的重量和强度构成冲突。减轻结构的重量将不可避免地弱化结构的强度。同样,增强结构的强度则需要相应地给结构增重。面对冲突问题,通常采取折中的解决办法,但是 TRIZ 强调使用创造性思维来完全消除冲突。

TRIZ 总结了企业产品发展和演进的客观规律,并提出了一系列分析和解决问题的具体程序和方法,指导人们创造性地解决实际科研和生产中遇到的技术问题。经过半个世纪学者和实践家的推动,TRIZ 已经构建成一整套的理论方法体系,指导着实践中新产品开发和提供问题的解决方案。该理论的产生基于以下三个重要原则:① 问题及其解决方案重复出现在不同的工业部门和不同的科学领域;② 技术演进模型重现于不同的行业和不同的科学领域;③ 发明通常会在不相关领域中产生影响。这些原理表明,大多数创新或发明并不是全新的,而是该领域中现有原理或结构的新应用,或重新运用在另一个领域中。

尽管 TRIZ 中可以使用许多不同的工具,但是所有用于解决问题的方法都用于解决产品设计、工程设计和组织方面的问题。可以看出,在 TRIZ 文献中,40 条创新原则,39 条矛盾特征和矛盾矩阵都是常见的知识框架。随后,TRIZ 的研究工具和技术得到了进一步的扩展,其应用范围也大大超出了纯技术领域,并已开始贯穿产品生产和广义创新领域的全过程。因此,不管是简单的产品还是复杂的技术体系,其核心技术的发展都遵循客观规律的发展和演变,即具有客观的发展规律和模型,并不断解决各种技术问题或矛盾。而矛盾是这一演变的原动力。

TRIZ 理论的基本理论和基本思想可以概括如下:产品或技术体系的演化是有规律的;在生产实践中遇到的工程矛盾会反复出现;彻底解决工程矛盾的创新原理很容易获知;其他领域的科学原理可以解决该领域的技术问题;TRIZ 理论的核心是消除矛盾和技术体系演进的原理,基于知识的逻辑方法来消除矛盾,并使用系统的问题解决过程来解决特殊问题或矛盾。

(2) 现代 TRIZ 理论的发明问题解决程序。一般而言,使用TRIZ 理论解决问题的过程必须首先提出一个特定的问题,然后确定问题的类型,总结并找出存在的矛盾和潜在规则,并找出其他人如何解决此类矛盾或示例。如何使用这些原理,最后使用那些通用方法来解决特定问题。此过程类似于应用数学公式（例如二次公式）来解决问题（即针对特定问题）的过程：首先使用公式将特定问题转换为相同类型的一般问题，然后对此类问题使用一般解决方案。简而言之，解决问题的 TRIZ 理论的标准过程可以概括为四个步骤：遇到的特定问题→转换为 TRIZ 标准问题→使用常规的 TRIZ 方法→找到合适的解决方案[①]。

众所周知，TRIZ 理论标准的问题解决过程与传统的棱镜模型几乎相同。当实现从第一步到第二步的转换以识别原始矛盾时，仅使用了 39 个矛盾参数。最重要的进展是改进了从第二步到第三步的过渡过程中使用的问题解决工具。解决实际问题时，可以将上述四个模块简化为三个部分：提出问题，标准化问题，生成多种解决方案以及选择最佳解决方案。同时，解决问题的过程可以进一步细化为：识别现有问题→转换为标准问题→使用 TRIZ 知识库→研究标准答案→类比思维→得出答案。TRIZ 问题解决过程中的困难之一是具体化问题的一般解决方案，这需要具有深入的领域背景知识。对上述标准模式具体分析如下：

第一步：确定问题。确定特定问题是最重要的部分，并且由于在此过程中面临众多障碍，因此通常是最困难的部分。首先，模糊的术语通常会掩盖特定的情况。该行业中常用的词在其他行业中不一定具有相同的含义。其次，通常很难找到需要解决的实际问题术语，这涵盖了一些问题，获得的非绝对正确的问题也掩盖了其他一些问题，在某些情况下，很容易得出错误的特定问题。再次，确定问题时必须列出所有可用资源。在此阶段，最重要的是确定问题的基本矛盾。最后，使用某些现有技术可以帮助我们发现问题并了解已经开发的解决方案的内容。值得注意的是，可以根据不同角度考虑的理想结果来确定问题：可以选择消费者、制造商、供应商或其他利益集团的最佳利益作为出发点和终点，以确定解决方案的关键点，关注或确定哪些特定群体可以改进方法，最大限度地发挥创新的外部影响。

第二步：将确定的问题标准化。选择一种工具，将识别出的问题转换为 TRIZ 标准问题。在特殊情况下，有很多工具可供选择。这些工具主要包括：40 个发明原则、矛盾矩阵、物场分析、逆向 TRIZ 理论、智能小人和理想结果。此步骤不仅包括转换程序问题，而且还使用 TRIZ 的知识库理论，为寻找解决问题的适当方法做必要的准备。

第三步：产生解决方案。包括找到一般的解决方法，并采用这些方法找到针对特定问题的解决方案，实现从一般到特殊的跨越。此步骤旨在找出标准解决方案，并通过对多种方案的类比进行优劣筛选，达到理想中的结果，真正解决发明中遇到的问题。

2. 公理化设计方法

公理化设计理论（axiomatic design theory，ADT）是由美国 MIT 机械工程系

Nam P Suh 教授于 1978 年提出的[①]。公理化设计理论通过分析和总结大量成功的设计实例来抽象出设计过程的本质。它包含以下主要概念：域，层次结构，映射，两个设计公理以及几个定理和推论。该理论认为，设计是一个自上而下的过程，可以将其从高级抽象设计概念逐步扩展到低级详细信息，并可以曲折地解决各个领域的设计问题。它使用之字形（Zigzagging）展开和映射矩阵的构造，可以大大减少求解搜索的随机性，缩短设计中的迭代过程，削弱设计过程之间的耦合，提高设计过程的并行度，增加设计的新颖性。

（1）域。域是公理设计中最基本和最重要的概念，贯穿于整个设计过程。公理设计理论认为，设计问题由 4 个域组成，分别为用户域（customer domain）、功能域（functional domain）、结构域（physical domain）和过程域（process domain）。每个域中都对应各自的元素，即用户需求（customer needs）、功能要求（functional require-ments）、设计参数（design parameters）和过程变量（process variables）。域的结构如图 4.1 所示。所谓的设计，就是求出这 4 个域之间的映射关系。

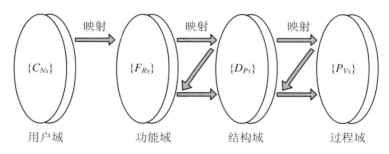

图 4.1 四个域的关系

（2）层次结构和映射。产品设计过程本质上是 4 个域之间的映射过程。可以在 4 个域之间建立 3 种映射关系：在用户域和功能域之间建立映射关系的过程对应于产品定义阶段；在功能域和结构域之间建立映射的过程与产品设计阶段相对应；建立结构域映射与过程区域的关系的过程对应于过程设计阶段。目前对后两种映射关系进行了更多的研究。

层次结构是指公理化设计中某个域的层次结构树。层次结构的概念表示每个域中的自上而下的层次结构。公理化设计的整个过程是从功能域到结构域的映射和分解过程，然后是从结构域到过程域的映射和分解过程。分层扩展需要相邻域之间的自上而下的"之"字形映射。充分考虑了两者之间的相互关系，并且域之间的层次扩展是彼此依存的。每个域中的级别必须是"之"字形映射。通过此映射，可以在每个设计域中创建 F_{Rs}，D_{Ps} 和 P_{Vs} 级别。

设计要曲折地解决每个领域中的设计问题，直到解决了分解的子问题为止。图 4.2 显示了功能域和结构域的层次结构，以及它们之间的"之"字形映射关系。结构

---

① Nam P S. Axiomatic Design Theory for Systems [J]. Research in Engineering Design，1998，10(4)：189-209.

域和过程域也具有相同的关系。

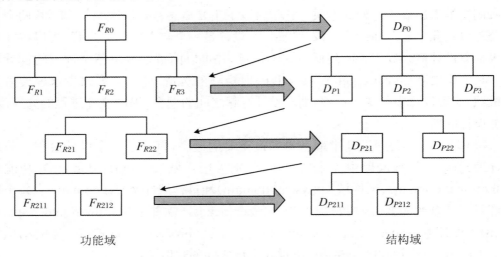

功能域   结构域

图 4.2　功能域和结构域间的映射与层级

（3）独立公理。独立公理的基本含义是保持功能需求之间的独立性。独立性公理表明，对于可接受的设计，功能要求和参数设计之间存在关系，即对于每个 F_R，可以满足其独立性而不影响其他 F_{Rs}。根据独立性公理，每个功能需求应相互独立。F_{Rs} 和 D_{Ps} 之间的映射可以通过以下等式表示：

$$\{F_R\} = [A]\{D_P\}$$

式中：$\{F_R\}$——功能要求集；

$\{D_P\}$——设计参数集；

$[A]$——具有产品设计特征的设计矩阵。

（4）信息公理。信息公理的基本含义是在满足独立公理的所有有效解决方案中，最佳设计方案应尽量减少所包含的信息。信息量 I 由满足给定功能要求的概率决定。如果满足给定功能要求的成功概率为 p，则与概率有关的信息 I 定义为

$$I = -\log_2 P$$

在实际的设计中，成功的概率可由确定 F_R 的设计范围与满足 F_R 的候选设计方案的系统范围来计算，如图 4.3 所示，信息量 I 也可表示为

$$I = \log_2(系统范围 / 公共范围)$$

在设计过程中，通过计算每个成功满足功能要求的概率，比较每个设计计划的信息量，选择信息量最少的设计计划作为最佳设计计划。信息公理为多种可行的设计方案提供了评估标准和相应的方法。

3. 组合发明法

组合发明法是指把两种及以上的产品或者技术进行创造性的结合，以产生新产品或者新技术的发明方法。利用组合发明法的关键就是要选择合理的组合类型。组

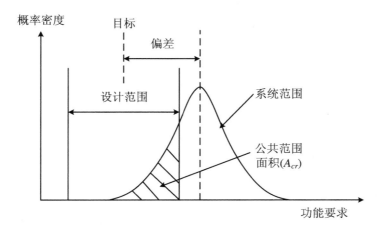

图 4.3 系统范围、设计范围、公共范围

合发明法包含5种组合类型:主体附加法、异类组合法、同物自组法、重组组合法以及信息交合法。

（1）主体附加法。以某一事物为主体再加一个附件,达到增加原有事物的功能的效果。比如在手机上加一个手电筒达到照明功能。这种组合类型的原创性较低,但是易于学习。附加物选择得当,也可以创造出较高效益。

（2）异类组合法。将两种或两种以上的不同种类的事物组合,产生新事物的技法称为异类组合法。这种方法使用得最多,创造性也较高。

（3）同物自组法。同物自组法就是将若干相同的事物进行组合,以产生新事物。例如,多屏幕电视接收机。此种方法的创造目的是在保持原有功能的基础上,通过增加数量来产生新的用途。新颖性也较低。

（4）重组组合法。这种组合是先将一个项目分解为几个元素,然后根据新需求将其重新组合以产生新事物。例如,要拆卸机械、电器、玩具和其他产品,研究零件之间的连接,然后将新产品重新组装并设计成玩具。在进行重组和合并时,我们必须首先考虑研究对象的现有结构特征。其次,必须列举现有结构存在的缺陷,并考虑是否可以通过重组来克服这些不足。最后,确定选择哪种重组方法。

（5）信息交合法。此种方法依据信息交合论的原理,通过交合和联系已掌握的信息获得新信息,实现创造。信息交合论有两个原理:一是不同信息的交合可产生新信息;二是不同联系的交合可产生新联系。

4.原理模拟法

原理模拟法指的是对已存在物的原理和功能进行模拟从而创造新的事物,它不是对原有事物的复制,而是原理的复制,与原有事物需要有本质区别。它包括两种形式的模拟:第一种,对已存事物原理的模拟,将其原理转移到新事物的构思上。此类模拟产生的新发明物有很多,比如初代的煤气机。参照蒸汽机的原理设计,逐渐摸索出煤气机的发明原理。从广义范围看,原理模拟还包括从以往的发明设想中获得灵感和设想甚至是曾经被否定的技术。电子计算机的发明就经历了这样一个过程:19

世纪巴巴奇给出了电子计算机的设想,但后来无人继续研究,这个发明中断了。直到20世纪先后由哈佛大学的艾肯、贝尔电话研究所的数学家斯蒂比兹、德国技术工程系学生朱斯等人继续研究使得这个设想重新得到关注。最后经由美国宾夕法尼亚大学工程系的莫利奇和埃克特研制出了最初的电子计算机。

第二种,主要是指对某些生物的功能原理进行模拟,进行新技术原理的构想。运用这种发明方法来创造新技术和新事物的历史悠久。早在4000年前,中国古代人民就以随风转动的飞蓬草为灵感发明了车轮,俗称"见飞蓬而知为车"。在400多年前,意大利文艺复兴时期著名画家、科学家和发明家达·芬奇依据鸟类和蝙蝠飞行的形态和结构,设计出了扑翼机的样式雏形。

到了现代,由生物科学和工程技术两个领域交叉渗透产生的仿生学成了一门重要学科。它通过研究生物系统结构和功能,模拟其工作原理来创造新的机械设备、建筑结构和工艺过程。其研究程序大致有以下三个阶段:首先是对现有生物原型的分析研究。根据实际提出的研究课题,将得到的生物资料进行简化,利用其中对自己研究课题相关有用的技术,得到一个生物模型;第二阶段是对生物模型提供的资料信息进行数学分析。建立生物模型的内在联系使其抽象化,用数学的语言将生物模型转化成有一定意义的数学模型;最后依据数学模型制造出可在工程技术上进行实验的实物模型。在参考生物进行模拟的过程,不是简单的仿生,重要的是在仿生基础上结合具体实践需要的创新。经过实践—认识—再实践的多轮重复,逐渐模拟出更加符合生产需要的事物,也只有经过这个过程,最终设计制造的机械设备才能"青出于蓝而胜于蓝",从生物模型产生设计思路,在某些性能上甚至具有超过生物模型的能力。

【思考题】

1. 什么是技术发明?技术发明分别与科学发现和技术创新有何区别?

2. 你赞同德绍尔的技术发明思想吗?你对他的思想有哪些质疑?

3. 你觉得厄舍尔的技术发明思想对今天技术发明有哪些启示?

4. 你觉得德绍尔和厄舍尔技术发明思想本质上是相通的还是对立的?你如何看待他们的技术发明思想的关联?

5. 对于发明创造的方法你还知道哪些?你觉得相对于这些方法,TRIZ理论能够被广泛认同与重视的原因在哪里?

【阅读文献】

约瑟夫·熊彼特.经济发展理论[M].何畏,等译.北京:商务印书馆,2000.

邱仁宗.科学方法和科学动力学:现代科学哲学概述[M].上海:知识产权出版,1984.

Dessaur F.Streit um die Technik[M].Frankfurt:VerlagJosef Knecht,1956.

Usher A P. A History of Mechanical Inventions[M]. New York：McGraw-Hill Book Company inc. ,1929.

西尔瓦诺·阿瑞提.创造的秘密[M].钱岗南,译.沈阳：辽宁人民出版社,1987.

李建军.创造发明学导引[M].北京：中国人民大学出版社,2002.

第五章　技 术 专 利

　　已经发明了的新技术,可以通过申报技术专利来实施保护,以保障发明人的权益,并激发更多的人去发明技术。林肯曾经说过"专利制度是将利益的燃料浇在天才的火焰上"。技术专利属于知识产权的范畴。知识产权作为产权化的知识,是工业的催化剂,是经济的发动机,是生产力的关键要素。[①] 技术专利是各种形式的知识产权中最为重要的一种,能够显著推动科技创新和经济发展,对推动我国经济持续快速增长具有举足轻重的作用。当下,新一轮的科技革命与产业变革正在兴起,创新对发展的引领趋势愈发显著。技术专利在为激励创新提供基本保障的同时,也是推动发展的重要战略性资源,提升了企业的核心竞争力。本章将对技术专利的含义和类别、专利基础理论、专利制度及专利检索分析进行阐述。

第一节　技术专利含义及类别

　　技术专利是法律授予一项发明、创造的初创造者独享自己的发明创造的权益。[②] 在实行专利法的国家,任何满足新颖性、实用性和创造性条件的发明创造,都可以申请专利。[③] 对发明和实用新型来说,新颖性要求发明创造在申请日前不能在国内外公开发表或使用,也不能以其他方式被公众所知;创造性要求在实质上与申请时已存在的技术不同,不易被该技术领域一般专业人员预见到;实用性要求可以应用于产业上,且可以产生好的效果。对外观设计来说,要求不能在申请日前已有相同或相似的外观设计在国内外公开发表或使用。

---

　　① 于娜,赵迎欢. 知识产权制度驱动科技创新[J]. 科技创业月刊,2010,23(3):108-109.
　　② 林康义. 新词新语辞典[M]. 大连:大连理工大学出版社,1994.
　　③ 黄汉江. 投资大辞典[M]. 上海:上海社会科学院出版社,1990.

一、专利的特点

作为一种知识产权,专利属于无形财产,和别的财产的区别在于:① 排他性,也即独占性。在一定时间和区域内,任何没有获得专利权人同意的单位或个人都不允许通过制造、使用、销售或许诺销售、进口有关专利产品从事生产经营活动,否则即为侵权行为。② 区域性。专利权的有效性受到区域范围的限制,出了法律管辖区域范围无效。一般申请技术专利所在的国家就是授予专利权的国家,也是专利权生效的范围,别的国家无需承担任何保护义务,除非是按照国际公约,或是被其他国家认可的专利权。另外,同一个发明允许在不同的国家同时申请专利,一旦通过申请即能得到这些国家的法律保护。③ 时间性。专利的有效性也是有时间限制的。随着专利权的法律有效期结束,专利权人便不再享有专利权,通常也不能续展。[①] 此时发明变为社会公共财富,可以被他人自由地使用来创造产品。专利权有效保护期限的长短依据相关国家专利法或相关国际公约规定,并不统一。

二、专利申请的原则

申请技术专利应当遵循:① 形式法定原则。申请专利应该按照书面形式或者国家专利局要求的其他形式办理所有手续,而不是通过口头、电话、实物等非书面方式或者电报、电传等直接或间接生成印刷、打字或手写文件的通讯方式,否则都当作没有提出专利申请,不产生法律效力。② 单一性原则。一件专利申请只针对一项发明创造。然而由一个发明构思产生的多项发明或实用新型,或者针对同一个产品的多项相似的外观设计,以及被同一类别且成套出售或使用的产品所使用的多项外观设计,均可当作一件专利申请。[②] ③ 先申请原则。相同的发明创造被多个人申请专利的,谁最先申请就由谁获得专利权。

三、专利的作用

国家通过设置技术专利保护知识产权,国家、企业及个人都能从中获益,具体而言:① 明确发明创造的权利归属有利于更好地保护发明创造成果,确保其独享市场来获得最多的收益;② 获得在市场竞争中的主动权,安全地进行生产和销售,以防竞争者起诉自己侵权,让自己支付高额赔偿金或停止生产与销售等;③ 国家法律会保护专利权,可状告他人侵权,索取赔偿;④ 及早为自己的发明创造申请专利,可防范

① 杨银丹. 中小企业专利技术开发策略研究[D]. 镇江:江苏科技大学,2010.
② 杜文聪,刘信业. 知识产权法论[M]. 长春:吉林大学出版社,2006.

别人模仿自己开发的新技术、新产品,形成技术壁垒;⑤ 如果自己的发明创造没有被自己而是被他人抢先申请专利,他们反而可拿专利告你侵权;⑥ 加速产品的更新换代,减少成本,让产品具有更高的技术含量和质量,从而提高企业产品的竞争力;⑦ 企业具有较多数量的专利可以体现自身强大的实力,是企业的无形资产,也在无形中宣传了企业的形象,企业拥有自主知识产权不仅会得到消费者的信赖,还会得到政府各项政策扶持;①⑧ 专利技术作为商品出售(转让)比单纯的技术转让更能产生法律和经济效益,进而实现其经济价值;⑨ 专利会起到很好的宣传企业的效果;⑩ 减少在会展上被撤回展品的可能;⑪ 国家会扶持申请专利的企业,如颁布一系列专利奖励政策或者高新技术企业政策等;⑫ 除却上述功能,专利还被用于企业上市评估或是高新技术企业资格评审等各种评审中。另外,专利也是科研成果通向市场的桥梁。综上,专利既可以保护企业技术和产品,也可以打击竞争者侵权行为,充分发挥专利的各个功能,促进企业的发展。②

四、技术专利类别

专利的种类在不同的国家、地区有不同规定,部分发达国家将其分为发明专利和外观设计专利;我国《专利法》规定了三种:发明专利、实用新型专利与外观设计专利(表5.1)。下面,我们将对我国三种类别的专利进行详细介绍。

表 5.1　技术专利的类别及定义

类型	定义	举例
发明专利	对产品、方法或者改进所提出的新的技术方案	电话
实用新型专利	对产品的形状、构造或者其结合所提出的适用于实用的新的技术方案	壁式电话
外观设计专利	对产品的形状、图案或者其结合以及色彩与形状、图案的结合所做出的富有美感并适用于工业应用的新设计	把电话做成卡通外观或者动物外观

1. 发明专利

我国《专利法》第二条第二款将发明界定为:"发明是指对产品、方法或者其改进所提出的新的技术方案。"②并不是所有的发明专利都要经过实践证明能够直接在工业上生产,一项可解决技术问题并可能应用于工业上的方案或者构思也可以是一项发明,但是和单纯的课题、设想不同的是,后者没有应用于工业上的可能。③

发明指的是为解决某一特定问题,应用自然规律提出的创新性技术解决方案,由

---

① 成思源,周金平,郭钟宁. 技术创新方法:TRIZ 理论及应用[M]. 北京:清华大学出版社,2014.
② 符启林,梁嘉琪. 国际商法[M]. 上海:上海交通大学出版社,2013.
③ 郑全逸,郑可为,刘淑华,等. 专利撰写技能揽要及实审函件实录[M]. 哈尔滨:哈尔滨工程大学出版社,2014.

此创造出来的产品或者提出的生产方法是全新的或是改进了的。根据《专利法》的规定,只有发明符合《专利法》规定的各种条件(新颖性、创造性、实用性),发明创造者(公民或法人)才能被依法授予发明专利权。① 广义上讲,"发明"是技术范畴概念;然而从专利权的客体上讲,它却是法律范畴概念。② 由于这两个概念经常会发生冲突,比如,某人发明了一件犯罪工具,从技术上讲,可能属于一种新发明,然而因为它违反了国家安全与社会秩序,不在专利法保护的范围内。因而,《专利法》只对法律概念的发明进行保护。③ 依据各国公认的原则,发明专利主要有两类:具备新颖性、先进性与实用性的新产品发明专利以及同样的新方法发明专利,④分别称为产品专利和方法专利。除此之外,美、英、法、日等少数发达国家也给物质发明授予专利。很多国家专利法还规定,已获得专利权的初始发明在有了新的改进以后,还能作为增补发明提出专利申请。⑤

鉴于我国的技术水平并借鉴大部分发展中国家的做法,《专利法》第二十五条规定了不授予发明专利权的特定技术领域,如疾病的诊断和治疗方法、食品、饮料、调味品、药品和用化学方法获得的物质、动植物品种以及用原子核变换方法取得的物质。除此之外,专利局对产品、方法或其改进所提出的新的技术方案授予发明专利。⑤

2. 实用新型专利

我国《专利法》第二条第三款将实用新型界定为:"实用新型是指对产品的形状、构造或者其结合所提出的适于实用的新的技术方案。"类似发明、技术方案也是实用新型的保护对象。只不过实用新型专利的保护对象更少,只有具有一定形状或结构的新产品才在保护的范围内,方法和没有固定形状的物质不在保护范围内。实用新型对技术方案的实用性更为关注,其技术水平要低于发明。实用新型专利的特点决定了其授予手续比较简便,无需经过实质审查,费用较少,享受的保护期限也较短。因此,很多国家利用实用新型专利来保护较为简单的、得到改进的技术发明,又称为"小发明",如日用品、机械、电器等具有固定形状的小发明。

任何对产品的形状、构造或组合做出的创新设计,在通过申请被依法给予专利权的即为实用新型专利,也称小专利。符合实用新型专利授权条件的创新设计应是:① 申请实用新型专利权前在国内外出版物上没有公开发表,在国内没有公开使用的;② 按申请实用新型专利权时的技术水平,所属技术领域的普通专业人员不容易做到的;③ 能在工农业生产上应用并有经济效果的。⑥ 当下,"实用新型"这个名称已得到世界上十几个国家的法律认可。

世界各个国家专利法关于专利的保护期限规定不一,但是普遍实用新型专利的

① 郑家亨,莫曰达,铁大章,等.统计大辞典[M].北京:中国统计出版社,1995.
② 栗劲,李放.中华实用法学大辞典[M].长春:吉林大学出版社,1988.
③ 王家福,夏叔华.专利法基础[M].北京:中国社会科学出版社,1983
④ 张光博,侯炳伟,杨春堂.经济法实用词典[M].长春:吉林人民出版社,1988.
⑤ 中国专利局法律政策处.中华人民共和国专利法问答[M].北京:专利文献出版社,1985.
⑥ 王启业,刘振宇,李彦珍.公证律师实用辞典[M].哈尔滨:黑龙江人民出版社,1989.

保护期限比发明专利短。如德国确立了 20 年的发明专利保护期,6 年的实用新型专利保护期;我国规定了 20 年的发明专利保护期,10 年的实用新型专利保护期,自申请日起开始计算。有的国家在专利法中规定保护实用新型的条款,如《保护工业产权巴黎公约》;有的国家把实用新型当作一种单独的保护工业产权的形式,如日本、德国、西班牙、意大利等国家都确立了独立的实用新型保护制度。实用新型专利保护制度可以鼓励群众进行发明创造和技术创新活动,促进整个社会的科技进步。

3. 外观设计专利

我国《专利法》第二条第四款将外观设计界定为:"外观设计是指对产品的形状、图案或其结合以及色彩与形状、图案的结合所做出的富有美感并适于工业应用的新设计。"同时,《专利法》第二十三条明确了授予外观设计专利的条件是:"授予专利权的外观设计,应当不属于现有设计;也没有任何单位或者个人就同样的外观设计在申请日以前向国务院专利行政部门提出过申请,并记载在申请日以后公告的专利文件中","授予专利权的外观设计与现有设计或现有设计特征的组合相比,应当具有明显区别",以及"授予专利权的外观设计不得与他人在申请日以前已经取得的合法权利相冲突"。[①]

根据以上定义,不同于发明和实用新型,外观设计强调的是对某项产品的外观所做出的艺术性的、美观的创造,而不单纯指工艺品,它必须可以应用在产业上。因此美术思想是外观设计专利实际要保护的对象,而技术思想则是发明与实用新型专利所要保护的;尽管外观设计和实用新型都涉及产品的形状,但外观设计是为了使产品形状产生美感,而实用新型是使具有形态的产品能够解决某一技术问题。以雨伞为例,如果是雨伞的形状、图案和色彩具有美感,对此申请的专利应当是外观设计,假如是它的伞柄、伞骨或伞头设计得比较精简且合理,既能够节约材料又比较耐用,对此申请的专利应当是实用新型。[②]

早在 1710 年,英国就在版权法中设置了保护产品外表图案设计的法律法规。1806 年法国特意为外观设计设置了一项法律。1883 年的《保护工业产权巴黎公约》同样将外观设计纳入工业产权的保护范围内。如今全球超过 110 个国家及地区都实施了保护外观设计专利的法律制度。各国对外观设计专利的审批程序、保护期限基本和实用新型专利相同,我国《专利法》对外观设计同实用新型一样采用初步审查制,保护期也为 10 年,自申请之日起计算。

下面,我们将从定义、专利申请审查、审查周期、专利稳定性、专利保护依据及保护期限六个方面,对三种类型的专利的区别进行概括,如表 5.2 所示。

---

① 杨淑霞.知识产权法教学案例[M].厦门:厦门大学出版社,2014.
② 侯廷.湖南省专利代理行业管理问题与对策研究[D].长沙:中南大学,2010.

表 5.2　三种类型专利的区别

比较难度	发明专利	实用新型专利	外观设计专利
定义	保护对象既可以是结构层面的,还能是方法、材料等	只保护结构方面(包括层结构);是一种技术方案,注重从产品的技术效果和功能角度考虑产品形状	是一种设计方案,注重从产品美感的角度考虑产品形状
专利申请审查	需要提交请求书、说明书、说明书摘要及权利要求书等文件,而且对发明的说明要清楚、完整,达到所属技术领域的一般技术人员可以实施的标准;实质审查	需要提交请求书、说明书、说明书摘要及权利要求书等文件,而且对实用新型的说明要清楚、完整,达到所属技术领域的一般技术人员可以实施的标准;形式审查	只需要提供请求书和相关图片或照片;形式审查
审查周期	周期比较长,一般为3~5年	一般需几个月,慢的需一年左右	一般需几个月,慢的需一年左右
专利稳定性	权利比较稳定,不会轻易被宣告无效	权利不稳定,容易被宣告无效	权力不稳定,容易被宣告无效
专利保护依据	申请案中的"权利要求书",附图即说明书可用来解释权利要求书	申请案中的"权利要求书",附图即说明书可用来解释权利要求书	申请案中的图片或照片所反映的外观设计专利产品
保护期限	20年	10年	10年

　　总之,发明专利、实用新型专利以及外观设计专利共同构成了技术专利整体,三者的相同之处是都需要满足专利申请的必需条件,不同之处在于发明专利技术水平比较高,保护时间比较长;实用新型专利所要求的水平相对发明专利来说,要低一些,保护期较短;外观设计专利是对工业产品外观所作的美学设计,与前两种专利有所区别。

第二节　技术专利基础理论

一、专利池理论

　　一项产品的生产通常会牵扯到大量的专利,若这些专利之间像灌木丛林一样彼此阻碍,会产生敲竹杠、专利谈判增多等各种问题,形成"专利灌丛"(patent thicket)。在这种情况下,拥有技术标准必要专利的专利所有者,会通过建立联盟形成"专利池"(patent pool)的方式解决复杂专利授权问题。最早提出建立"专利池"的人是任职于美国缝纫机制造商 Grover & Baker 公司总裁的 Orlando 律师。1856 年，Grover & Baker 陷入和 Singer 以及 Wheeler & Wilson 公司的专利纠纷中，Orlando 提议 3 家公司成立缝纫机联盟（the Sewing Machine Combination），实现共同发展，全球首个专利池由此产生。[①] 专利池在美国兴起，然而随着垄断丑闻的不断出现，该专利许可方式自 20 世纪初期一度衰落。直到 20 世纪 90 年代中期，随着适用于知识产权保护的反垄断政策的颁布，专利池重新兴起，逐渐形成了各种国际性的专利池。企业间一般先通过技术联盟形成技术标准，结成专利池；然后在技术标准中评估出进行产品生产和服务所必需的专利，构建专利池。专利池成立以后，制定知识产权政策，建立管理知识产权的组织机构来规范化管理专利池。[②]

　　Klein 认为所谓的专利池是至少两个以上的专利权人之间彼此交叉许可或共同向第三方许可其专利的协定，它是知识产权交叉授权标的后组成的集合体，其既可由专利所有人直接授权，也可交由第三方来专门管理。Merges 认为专利池是一种将不同专利权人的专利汇集在一起的协议安排，池内所有的专利在成员之间共享，对池外的企业则是通过许可形式提供。[③] 詹映将专利池定义为：两个及以上的专利所有者达成的协议，彼此交叉许可或一起向第三方许可其专利的联营性组织，或是这种安排形成的专利集合体。无论专利池是被定义为协议还是组织，其实际上都是一种集中管理专利的交易模式[④]，池内专利可以是互补型专利也可以是替代型专利。

　　专利池的治理结构介于市场与组织之间，可按照管理机构的类型，将专利池划分成三种模式：独任、平台管理和第三方机构管理。或者根据其有没有对外许可划分成开放式专利池和封闭式专利池。开放授权是当代专利池的主要模式，并且池内专利也会随着技术的发展动态不断更新。[⑤] 开放式专利池通常采取一站式打包许可方式，汇集有关的必要专利共同对外许可，至于每个专利池成员的专利费收入则是根据统一的收费标准及商定的计算方法分配。一般地，专利池会将专利对外许可业务授予独立的专利池管理人或交由特定的池内成员管理，有时专利池成员也可单独对外进行许可。[⑥]

　　理想的专利池希望通过集体的专利评估和定价机制，实现权利和义务的平衡。然而，因为专利池包含多个具有不同目标的主体，涉及他们的协调过程，因此专利池在实际运作中会产生一系列与治理相关的问题。例如，如何合理地对专利授权定价、收取专利授权费用以及在成员之间分配专利收益等。为此，现有研究对专利池的概念、类型、作用、运行机制以及反垄断规制等多个方面进行了探索，同时也不再局限于从静态视角分析专利池相关议题，而是试图从动态视角来研究专利池，如研究专利池

① 许琦.专利池组建与管理研究述评[J].情报探索，2018(1)：117-123.
② 朱雪忠，乔永忠，詹映.知识产权管理[M].2版.北京：高等教育出版社，2016.
③ 詹映，朱雪忠.标准和专利战的主角：专利池解析[J].研究与发展管理，2007(1)：92-99.
④ 许琦.基于利润最大化的专利池管理策略分析[J].科技管理研究，2011(11)：153-156.
⑤ 郑素丽，章威，卞秀坤.专利池代际演化的过程、模式与启示[J].科学学研究，2021,39(1)：119-128.
⑥ 詹映.专利池的形成：理论与实证研究[D].武汉：华中科技大学，2007.

代际演化。尽管争议不断,但是已有研究普遍认同专利池具有减少交易和诉讼成本、促进标准推广和技术应用等积极功能,同时也就需要适用反垄断法规制专利池行为达成共识。

二、专利竞赛理论

20 世纪 70 年代产业组织理论迎来第二次发展高潮,经济全球化趋势导致每个企业都遭遇来自国内外的竞争。企业逐渐关注到创新上,利用创新获得新知识,发展新技术,保持竞争优势。企业间竞争从资本的竞争演变为技术的竞争,进而演化为一场创新竞赛。面对企业间日益激烈的技术竞争以及每年不断提高的研发费用,企业亟待一种理论来引导他们进行创新活动和技术竞争。专利制度的发展提供了这样一个机会。专利权具有独占性和排他性特点,极大程度地保证了发明者的权益,拥有新技术的专有权的企业不仅在技术上领先于他人,还能从授权中获得巨大收益。创新竞赛最后演变成一场争夺专利的竞赛[①],专利竞赛理论由此应运而生。该理论认为企业间的技术竞争就像一场争夺第一的竞赛,只有率先取得可获专利的创新的企业才能独占该项创新的所有权,从而取得最大的垄断利润,赢得比赛。因此,专利竞赛是一种实行赢家通吃(winner-takes-all)规则的、从研发竞争演化而来旨在取得专利权的、存在不确定性的以及需要博弈的研发竞争过程。

Schumpeter 是最早对专利竞赛展开研究的一位学者,提出了非常有名的熊彼特假设——"垄断是创新的先决条件",认为垄断市场比完全竞争市场更能激励企业技术创新。[②] 在此之后众多学者相继进入专利竞赛领域,研究专利竞赛的影响因素。与Schumpeter 持相反的看法,Arrow 提出在专利竞赛中垄断厂商比其他对手得到的增加值更小;Gilbert 和 Newbery 认为领先者会为了维护目前所处的地位、防止预期利润耗散而抢先进行研发;Fudenberg 首次提出了专利竞赛中的"蛙跳"现象,即追随者超越领先者取得专利竞赛的成功,并还原了追随者是如何实现蛙跳的;Katz 和Shapiro 引入了参与者的两种新动机:独立动机(有无研发的利润差)和先占动机(竞争成功与失败时的利润差),认为当市场只存在两个企业时,研发获胜的企业是两种动机都较大的企业,而在其他情况下所有企业都有进行研发创新的可能。尽管学者对专利研发和市场结构相互关系并未形成一致的观点,目前普遍认可的是 Kamien和 Schwartz 的观点,认为有三个关键因素决定了专利竞赛成功:竞争强度、企业规模和垄断强度,三者共同作用时,垄断竞争的市场最适合技术创新。除了市场结构,专利竞赛中的政府行为也对专利竞赛理论有着重要影响。[③] 以 Nordhaus、Scherer、Kanien 及 Schwartz 为代表的学者从宏观层面分析政府应不应该制定创新政策、激

---

① 高山行,等. 企业专利竞赛:理论及策略[M]. 北京:科学出版社,2005.
② 皮家银."专利竞赛"下后发者技术联盟研究[D]. 上海:上海交通大学,2008.
③ 王宏乔. 研发溢出对专利投资者决策影响研究[D]. 合肥:合肥工业大学,2013.

励制度以及专利制度等。[1]

对专利竞赛进行模型化分析以及实证研究是专利竞赛理论的另一重要内容,即通过采用定量模型抽象化分析相关的经济现象,帮助处于专利竞赛中的企业做出理性行为和最佳投资策略。比较典型的是 Loury 等提出的无记忆模型(泊松模型),这个模型假设企业在某个时点获得的成果仅仅由企业当前的研发投入状况决定;Fudenberg 等提出的 ε-先占模型考虑了时间的影响,认为企业创新成功的概率依赖于企业的研发经验,能够最先容忍零利润的企业才具有先行优势,追随者无法超越领先者;而以 Judd 等为代表的学者开始以动态的眼光来分析专利竞赛,构建了多阶段专利竞赛模型来更精确地模拟专利竞赛。由于多阶段模型更贴近真实世界的情况,受到专利竞赛研究领域越来越多的认可。[2]

从理论层面来看,专利竞赛理论源于技术创新理论和产业组织理论的相结合;从研究角度来看,它力图将创新纳入新古典经济学的理论框架,视技术进步为内生变量;从研究层面来看,专利竞赛理论从宏观、中观和微观层面分别研究了专利竞赛中的政府行为、竞赛和产业结构升级、公司层面的专利竞赛竞争行为等,其中研究重点是微观层面;从研究对象来看,专利竞赛理论实质上是对经济现象的研究;从研究工具来看,决策论和博弈论常用于研究专利竞赛理论。

三、专利战略理论

早在 1979 年,美国便首次提议将知识产权战略上升为国家发展战略。20 世纪 80 年代初,为保持技术竞争优势,美国成立联邦巡回上诉法院,扩大了专利权的保护范围和判定等同侵权原则的适用范围,显著提高了专利许可的费用以及专利侵权的赔偿金额,专利权人的利益受到空前的重视。[3] 有学者将军事学中对军事战争的谋略及统筹的"战略"一词引入知识产权界,开始以战略的眼光研究专利,专利战略由此产生。[4]

美国、日本等技术先进国家是较早提出和运用专利战略且取得较大成功的国家。美国学者理纳德·波克维兹将专利战略定义为帮助企业持续获得行业优势的一种工具。Knight 认为从产品角度出发,专利战略是利用企业各种资源实施的竞争性以及非竞争性战略安排;从技术领域角度出发,它是企业有效利用自身优势进行研发管理的科学与艺术;从发明角度出发,其是企业为实现赶超竞争者等目的而实施的周详计划。[5] Somaya 认为专利战略是企业总体战略的重要组成部分,企业充分运用专

① 祁涛.专利竞赛中内生形成联盟结构机制研究[D].合肥:合肥工业大学,2012.
② 袁德玉.专利竞赛中不对称双寡头企业研发投资策略研究[D].合肥:合肥工业大学,2013.
③ 曹耀艳,詹爱岚.专利海盗的类型、特征及其应对:基于技术创新专利化的价值链视角[J].浙江工业大学学报(社会科学版),2013,12(2):233-239.
④ 梁冉.企业专利战略的价值创造机制研究[D].上海:上海应用技术大学,2020.
⑤ 姜莉莉.基于专利数据分析的云南生物医药企业专利战略研究[D].昆明:云南大学,2013.

利法律与制度,通过取得和有效管理专利来获取竞争优势。① 日本专利管理者高桥明夫将专利战略视为企业按照自身方针实施的战略性专利活动②,是企业的长远规划,企业会采取进攻或防守的专利战略以获取竞争优势。而学者斋滕优视专利战略为企业如何科学合理地利用专利制度保持竞争优势的方针。尽管目前学者尚未对专利战略的概念达成统一的定义,但是他们都认同:企业制定和实施专利战略是为了在市场竞争中充分发挥专利制度的作用寻求竞争优势,而且与经营战略一样,专利战略是总体性谋略,需要统筹规划。③

由于专利战略是总体性谋略,需要企业高层管理者立足企业自身现状和未来发展需求对企业的专利技术等知识产权要素进行统筹规划,并交由执行层具体实施,因此从专利战略构成要素来看,专利战略的主体有两个:一个是制定主体即企业最高层,一个是实施主体即全体员工。专利战略的客体即企业实施专利战略的对象,从狭义上理解指的是涉及专利技术和专利管理的系统性专利工作;而从广义上理解,除了专利技术,还包含待申请专利的技术、专有技术(know-how)、有关的商标、著作权等。④ 企业制定和实施专利战略的目标有多种。Glazier 认为管理专利战略的目标有:确保企业的产品、服务以及收入;从技术转移或许可中获得收益;保证未来开发能够获得垄断权利;保障研发投入;获取谈判筹码。⑤ 刘凤朝认为企业实施专利战略有三个目标:一是市场目标,扩大市场份额,占领或开拓新市场;二是能力目标,重视培养和发展自身能力;三是文化目标,通过打造尊重创新、宽容失败、倡导合作的企业文化,提升核心竞争力,它是三个目标中最深层和持久的目标。④ 詹爱岚认为专利战略目标和动机可归类为:产品导向、技术导向以及混合战略导向。以产品为导向的专利战略旨在为企业的产品或服务战略提供支持;而以技术为导向的专利战略旨在提高企业的技术地位;混合型战略导向的专利战略可能涉及保护、封锁、声誉、交换等各种动机,并且企业所处的产业会决定不同的专利战略动机和重点。

专利战略应用最广泛的领域涉及专利权的获取、许可以及实施,涵盖了从专利创造、保护、管理到运用的整个过程。从学科角度出发,国外学者研究的多是专利战略的管理、经济与产业组织等方面的内容。他们按照不同的战略动机将专利战略进一步细分成进攻、防卫和组合型三大类,如表5.3所示。

①⑥ 詹爱岚.企业专利战略理论及应用研究综述[J].情报杂志,2012,31(5):23-28,35.
② 周勇涛.基于动态环境下专利战略变化研究[D].武汉:华中科技大学,2009.
③ 张韵君.基于专利战略的企业技术创新研究[D].武汉:武汉大学,2014.
④ 刘凤朝,潘雄峰,王元地.企业专利战略理论研究[J].商业研究,2005(13):16-19.
⑤ 胡超琼.N公司专利战略研究[D].大连:大连理工大学,2012.

表 5.3 主要专利战略理论

战略理论	进攻型战略	防卫型战略	组合型战略
战略圈地	专利申请策略选择不同，圈地范围不同，诉讼成本与诉讼策略不同		
获取许可费	通过许可证贸易获取专利使用费		
专利钓饵	不自行研发或者购买专利，而是以诉讼或者以诉讼相威胁的方式来获取高额赔偿或者专利许可费的专利经营公司		
战略隔离		通过构建专利丛林等方式阻止他人在其专利外围继续申请专利，建立起强势地位	
战略防卫		权利人在创新和未经许可的模仿专利保卫战中能够获取额外的回报	
复合发明组织选择			包含有大量发明创造的复合发明产品技术特点，使得单个企业不可能独立发明并拥有最终产品所需的全部技术
专利组合			具有特定功能的相关专利的集合，会产生规模效应和多样性效应

四、专利地图理论

　　企业的持续发展导致对各种信息的需求不断增加，特别是需要有关新产品或新技术的信息咨询或研究成果。专利分析提供了这样的咨询服务，它通过系统研究分析专利文献资料，将其转化为更有用的专利信息，从而有利于企业在专利管理和专利战略实施中更好地决策。专利分析研究始于美国，成于日本。鉴于二战后经济和科技都比较落后，日本选择了防御性的专利战略，在这种专利战略背景下，日本有关研究机构与人员非常关心专利情报的高效搜集、检索与分析，希望能有效发掘和开发利用这些情报中所包含的大量的珍贵信息。[①] 1968 年，为了提高审批效率，日本专利办公室制作了世界首份系统的专利地图（patent map，PM），之后每年都会采集和分析关键技术领域的专利情报做成专利地图，向公众免费开放。日本企业通过将专利地图运用到专利战略中，可以轻易获得系统化的专利情报，不断突破创新技术，寻找市场。专利地图在日本的大力推广和应用激发了欧美、韩国、新加坡和我国等多地对专利地图分析方法的引入和广泛应用。

制作一份专利地图首先需要确定分析目标，然后制定合理的检索策略并选择合适的数据库，紧接着有针对性地制定检索式以检索与采集相关的数据，接下来清洗这些数据，对照目标与需求提取相关的信息加以分析，然后借助图形化手段将分析的结果制作成专利地图并予以解读，并生成报告提交给管理人员使用。在这个流程中，分析目标的清晰度，数据的完整准确度，检索策略的设计，对专利信息的分析、解读能力，对分析结果的可视化表达能力等各种因素，都会影响专利地图的制作。[②]

由于专利分析侧重点的不同，专利地图主要有以下三种：专利管理地图、专利技术地图和专利权力地图。专利管理地图（management PM）常用在经营管理中，通过统计与分析专利申请数量、申请者、发明设计者、引证率等数据，掌握某一技术领域在某一时间段内的总体发展态势。专利技术地图（technical PM）适用于技术研发，通过把握技术发展动向，跟踪技术发展前沿，为企业研发进程中各项技术战略的实施提供有用的情报信息。专利权力地图（claim PM）是用于界定对权利要求的保护范围，其分析目标对象是专利的权利要求，确定权利要求在法律上所处的状态，厘清法律所保护的专利的权利要求范围边界，评估侵权的概率，为企业合法规避侵权风险提供决策参考。[③] 不同类型专利地图及其表现方式和作用如表 5.4 所示。

分析专利地图的方法有很多，例如，时间变化趋势分析，通过观察指标随时间的变化了解技术发展进程；重点技术领域分析，统计分析专利的国际分类号以了解技术的集中分布范围；技术生命周期分析，用图形表达各个时间段内一项技术的专利申请量和专利申请人数量之间的关系以了解技术处于什么发展阶段。除此之外，对专利地图的分析方法还包括对专利技术发展程度、竞争主体的相对研发能力、引证关系和权力要求的分析，以及对结构化和非结构化的专利资料进行全面研究的方法。[④]

---

① 郑云凤.基于专利管理地图方法的企业专利战略研究[D].北京:中国政法大学,2010.
② 肖国华,熊树明,张娴.专利地图设计制作及影响因素分析[J].情报理论与实践,2007,30(3):372-377.
③ 左良军.基于专利地图理论的专利分析方法与应用探究[J].中国发明与专利,2017,14(4):29-33.
④ 沙振江,张蓉,刘桂锋.国内专利地图研究进展与展望[J].情报理论与实践.2014,37(8):139-144.

表5.4　不同类型专利地图表现形式及各自的作用

专利地图类型	具体形式	作用
专利管理地图	历年专利动向图	反映某一技术领域在一段时期内的分布、趋势等整体发展态势,帮助管理者决策
	各国专利各有比例图	
	公司专利平均年龄图	
	专利排行图	
	专利引用族谱图	
	IPC 分析图	
专利技术地图	专利技术生命周期图	反映该技术领域的发展状态
	专利技术发展趋势图	反映该行业的技术发展趋势和动向
	专利技术鸟瞰图	反映该技术领域的整体发展情况
	主要公司技术分布分析表示	反映各公司的各项技术实力强弱以及关键技术掌握者
	专利技术功效矩阵图	反映该技术领域发展现状和趋势,竞争对手的技术状况和发展策略
	专利技术路线图	明确该技术领域的发展方向和关键技术,理清产品和技术之间的关系
专利权利地图	专利范围构成要件图	确定权利要求保护范围,为企业合理规避侵权风险提示决策参考
	专利范围要点图	
	同族专利图	

五、专利预警理论

20 世纪二三十年代爆发的经济危机开启了西方学者对经济预警的研究,之后陆续发生的重大危机事件更是带动国际危机管理研究的快速发展。在这两种理论的发展推动下,企业预警管理开始被研究。1969 年,Comanor 等人在比较分析了 1952~1957 年的医药专利数据和 1955~1957 年的新产品数据后,认为专利数据研究可以用来预警技术的变化。此后,国外学者一直致力于研究专利信息对于技术变化、专利纠纷等的预警作用。中国企业也在多次遭遇专利事件后积极探索如何开展专利预警(patent early-warning)以规避专利风险。[①]

所谓预警,是指事先估计、判断和报告即将来临的各种灾害、危害或威胁等,帮助人们提前制定应对方案规避可能发生的警情,或者是最大限度地减少其可能造成的损害。[②] 赖院根认为专利预警就是这样一种危机预警,企业通过搜集、整理并分析与

---

① 王玉婷. 面向不同警情的专利预警方法综述[J]. 情报理论与实践,2013,36(9):124-128.
② 薛冬梅. 企业专利预警系统中的专利分析[J]. 科技视界,2014(5):339-340.

企业产品有关的各种信息，来识别、判断和评价企业外部的各种专利威胁，向决策管理层报告可能发生的重大专利侵权纠纷以及其可能的威胁程度并发出警报。陈志勋提出专利预警最基本的工作是专利情报分析，通过系统评价各类关键性和非关键性专利指标所包含的信息，预测企业即将面临的专利危险，从而采取实时监控与预测警报措施。[①]

根据预警层次和范围，专利预警可分为：注重宏观经济发展的国家专利预警、专注行业发展的行业专利预警和支持企业战略的企业专利预警。[②] 无论是哪种层次的专利预警，其本质和思路不变，都需要从警源、警兆、警情和警度四个要素进行分析，并且遵循佘廉教授的预警管理理论，包括两个组成部分：预警分析和预控对策。[③] 企业实施专利预警的主要目的是帮助企业规避专利风险、快速应对危机、促进企业自主开发知识产权、规范市场经济秩序和完善知识产权制度。

专利预警管理的内容在制度上表现为专利预警机制的建设。岳贤平等认为企业、政府、行业协会以及中介服务机构是构建专利预警机制的主体。企业建设专利预警机制需要做的是：建立专利信息库，设计专利预警指标，建立专利预警模型以及制定专利预警方案。[④] 崔胜男提出建立专利预警机制需要遵循系统性、严谨性、可行性和适应性原则，其中系统性是首要遵循的原则，要与适应性相结合，因为建立专利预警机制不只是一个系统工程，更是一个适应社会发展的动态机制。

专利预警机制建设中最重要的部分是专利预警指标的确定，也是进行预警分析的关键步骤。岳贤平等提出设计指标需考虑和本企业产品或技术有关的专利主体、专利群体、专利水平、专利技术发展趋势等因素。比较有代表性的专利预警指标体系是陈燕提出的由专利因素和市场因素两类指标构成的指标体系框架，即利用指标体系运作中不断累积的数据构建专利纠纷预警模型。企业专利预警系统指标的处理包括三类：指标的选择和分类，指标权重的确定，以及指标的预测功能。指标的选择，可以采用时差分析、主成分分析法和判别分析，其中较主流的方法是平衡计分卡。受平衡积分法的启发，李静将专利预警指标分成专利、市场、法律和人力 4 个维度，陈志勋则构建了创新能力、市场竞争、人力资源和法律纠纷 4 个关键指标以及 19 个子指标。判断指标的权重可以采用常规多指标综合方法、AHP 方法。而实现指标的自学习和预测功能可以采用模式识别、自回归滑动平均模型等统计预测方法。企业应该根据具体的预警对象和目标选择合适的指标处理方法。[④]

①　崔胜男，田玲.我国专利预警理论研究概述[J].科技情报开发与经济,2013,23(14):148-152.
②　涂文艳.基于专利计量的专利预警及实证研究[D].武汉:武汉大学,2017.
③　王民.电动汽车轮毂驱动技术专利分析与预警研究[D].长春:吉林大学,2018.
④　陈志勋.专利预警评价体系构建及其实证研究[D].太原:山西财经大学,2010.

六、专利质量理论

20世纪80年代美国专利申请数量进入了急速增长时期,降低了的审查标准对很多没有创造性或显然无价值的发明授予了专利,专利系统不再促进反而削弱了技术的创新,继而引发了一场专利的质量危机。Griliches最先使用专利授权率来间接衡量某个国家授权专利的整体水平,引出授权专利平均质量的概念。2003年美国联邦贸易委员会(FTC)正式提出"问题专利"一词,将低质量或问题专利定义为"可能无效或包含可能过宽的权利要求"。专利质量问题已然成为21世纪初知识产权学界关注的焦点。[①]

虽然目前专利质量内涵并没有得到规范的界定,但大部分文献主要是从法律、技术和市场三个维度,或者基于价值主体(审查者和使用者)视角来阐述专利质量。[②] 从法律、技术和市场三个维度来看,技术层面的专利质量指的是发明创造在技术上的先进程度和重要程度。法律层面的专利质量衡量的必要条件是专利能否获得法律授权并稳定维持法律效力。而市场层面的专利质量评价的是专利是否具有市场前景并能够带来经济利益。对于不同的价值主体而言,审查者视角的专利质量关注的是专利申请文件、授权专利以及专利审查等方面的质量[③],使用者(国家、企业或个人)视角的专利质量主要考察的是专利在法律上的稳定性、技术上的先进性或经济上的效益性。另外,专利质量并不等同于专利价值。专利价值表示专利能够为主体带来的效用,评判标准受主观影响较大;而专利质量表示专利(权)的质量,其评判标准比较客观。专利质量和专利价值既相互关联又相互区别,专利质量会影响到但并不能决定专利的经济价值。

专利质量会受到很多因素的影响,这些因素可分为宏观层面和微观层面的因素。宏观层面的因素主要是来自国家层面的影响,如国家对科技发展的研发投入,国家关于专利发明、投入和产出的相关政策、法律法规等,微观因素主要与专利本身相关,如人才因素、行业发展与市场因素、专利类别与内容以及专业科技转化率等相关因素,只有同时考虑内外因素的影响,才能够从根本上确保专利质量。

从20世纪70年代起,国外开始涌现出大量对专利指标的研究,不断提出被引次数、维持时间、保护范围、权利要求数量等经典的衡量专利质量的单一指标。从90年代开始,学者们渐渐意识到衡量专利质量不能仅靠单一指标,开始研究多重专利指标或者构建一些指数来综合反映专利的某方面质量。总的来看,这些专利质量评价指标主要评价的是专利的技术创新程度、法律稳定性和应用前景程度。

---

① 董涛,贺慧.中国专利质量报告:实用新型与外观设计专利制度实施情况研究[J].科技与法律,2015(2):220-305.

② 张烨然.专利质量内涵及其测度[J].江苏商论,2021(1):121-123.

③ 方竺乾.企业网络位置对专利质量的影响[D].杭州:浙江大学,2018.

第三节　技术专利制度

一、技术专利制度的源起

专利制度是国际上普遍采用的一种保护发明创造者的发明专有权的管理制度，主要依靠的是法律和经济手段，目的是鼓励发明创造、推动技术进步。其基本内容是依据专利法，审查和批准申请专利的发明，授予专利权，并公布于世。[①] 目前已为自己制定了专利法的国家以及地区在全球已超过 150 个。[②] 最早的专利可追溯于 1236 年英王亨利三世将制作各种颜色布匹的特权授予了波尔多一市民，规定时间是 15 年。正式的专利制度则出现在 15 世纪的威尼斯与 17 世纪的英格兰。威尼斯最先建立了专利制度，早在 1416 年 2 月 20 日它就批准了一项专利，并首次被记载下来[③]；英国产生了世界第一部专利法，其在 1624 年颁布的《垄断法案》成为近代专利保护制度的起点。深受《垄断法案》的影响，18 世纪末，正值第一次工业革命高潮的美国颁布了《专利法》，并经过多次修订，逐渐建立起比较完善的专利法律规范。随后，法国、俄国、日本等国家也陆续颁布了本国的专利法。伴随专利被授予法权性质，专利制度应运而生。

但是由于各国专利制度的不协调阻碍了彼此之间的合作，为了解决这一难题，从 19 世纪后期开始，不同国家之间相继缔结了各种专利条约和协定，还为此组建了多个国际组织，较著名的有：保护工业产权的巴黎公约和巴黎联盟（1883 年），世界知识产权组织（WIPO，1967 年），国际专利合作条约（PCT）和专利协作联盟（1970 年）等。这标志着专利制度已经发展到国际合作阶段。[④]其中，巴黎公约建立了各国专利制度的普适原则，PCT 体系则是重新构建了专利申请国际体系。PCT 体系从酝酿到开始正式运行历经十多年的时间。1970 年 6 月 19 日在华盛顿外交会议上 35 个国家通过并签署了《专利合作条约》及其实施细则的文件。1978 年 6 月 1 日 PCT 体系开始接收申请人提交的申请，正式运行。截至 2018 年 5 月底，加入 PCT 的国家和地区达到了 152 个，全球 PCT 国际专利申请量超过 20 多万。PCT 在遵从巴黎公约中的优先权原则、国民待遇原则和专利独立性原则基础上，统一和简化了跨国申请专利的格式和手续，同时设立了一整套的审查程序，为跨国申请专利提供了直接的申请途径，为各国打破地域性实现专利国际合作提供了可能，也为协调实体专利法搭建了平台。

---

① 杨国平.专利申请指南[M].上海：上海科学技术出版社，2003.
② 刘蔚华，陈远.方法大辞典[M].济南：山东人民出版社，1991.
③④ 刘建明.宣传舆论学大辞典[M].北京：经济日报出版社，1992.

可以说,PCT 是继巴黎公约后国际专利制度发展史上又一个具有里程碑意义的国际条约。[①]

而在我国,先是在 1911 年颁发了和专利发明相关的暂行条例,然后又在 1944 年颁布了正式的专利法。中华人民共和国成立后,我国又陆续公布了一些有关鼓励发明、技术改进等内容的法律法规。1980 年 1 月中华人民共和国专利局成立。[②] 1984 年 3 月 12 日举办的六届人大常委会第四次会议颁布了《中华人民共和国专利法》,具体的实施细则是在次年 1 月 19 日由国务院批准、中国专利局公布,该法的正式实施之日是 1985 年 4 月 1 日,这标志着中国专利制度的建立。之后,在 1992 年 9 月 4 日、2000 年 8 月 25 日以及 2008 年 12 月 27 日召开的全国人民代表大会常务委员会会议分别对《中华人民共和国专利法》进行了三次修正。目前最新一次即第四次修正的决定细则于 2020 年 10 月 17 日第十三届全国人民代表大会常务委员会第二十二次会议上通过,新修正的《专利法》已于 2021 年 6 月 1 日施行。专利制度的产生和发展,保护了发明人的利益,鼓励和促进了发明活动的开展,从而促进了社会的科技进步。

二、技术专利制度的定义及特征

技术专利制度是国家授予发明创造者专利权的一种法律制度,[③]其所保护的发明创造是指上一节中所提到的发明、实用新型和外观设计。而专利权是对发明人在法定期限内拥有发明成果的独占权或者垄断权的认可。未经专利权所有者许可,他人无法使用该项发明成果。若需使用,必须先经专利权人的同意,并支付相应的费用。未经专利权人同意的,会因侵权而被别人控告,并要支付经济赔偿,情况更坏的可能还面临判刑等惩罚。专利权人若没有正当理由在法律规定有效期内没有履行实施义务的,国家会依据申请对有能力实施的单位予以实施的强制许可。专利有效期届满后,无论谁都可以自由地、无偿使用该专利。[④]

由于专利制度是通过立法形式保护发明创造的一种制度,其主要有以下四个方面的特征:① 法律保护,指依法授予发明创造以专利权,专利权人对其发明创造享有独占性的制造、使用和销售的权力,其他任何人在没有征得专利权人同意的情况下不得实施此发明创造,否则会由于侵权而要承担法律责任。[⑤] 这从根本上保护了发明创造者的合法权益,可以激励和促进发明创造活动。② 科学审查,指在给予专利权以前对发明创造的技术内容的审查,重点审查发明创造是否符合新颖性、创造性和实用性的要求,所以能被授予专利权的发明创造通常都具有一定的技术水准,比较稳定又

---

　　① 刘芸. 从独立到合作:《专利合作条约》的时代贡献[C]//国家知识产权局条法司. 专利法研究(2017). 北京:国家知识产权局条法司,2019:9.
　　② 乔伟. 新编法学词典[M]. 济南:山东人民出版社,1985.
　　③④ 刘蔚华,陈远. 方法大辞典[M]. 济南:山东人民出版社,1991.
　　⑤ 万成林,佟家栋,张元萍. 国际技术贸易理论与实务[M]. 天津:天津大学出版社,1997.

可靠。③ 公开通报,指通过公开专利申请或发布专利,将发明的技术内容告知社会。公开技术既能突破技术的封锁,使技术成果尽快地向现实生产力转化,又可以启迪公众,达到不断繁荣科学研究、促进创新的目的。④ 国际交流,指专利制度在进行国际技术、贸易或经济交往中发挥的作用。这四个特征中,法律保护和公开通报最为关键,是组成专利制度的保护和公开两大基本功能的基础和前提,两者也都是为了促进技术的进步和生产力的发展。因此,专利制度是一种进步的制度。

建立专利制度具有重要的意义,它是根据专利法等相关法律文件来管理规范技术专利的资格、专利申请、审批、代理等方面内容的一种科技管理行为,可以保证技术专利的合法权益。管理技术专利工作由专利局及相应授权机关负责,旨在充分保证有效专利权的取得及保护,并促进技术专利合理流通以尽快实现专利在生产实践中的应用。至于技术专利权的归属将因是否属于职务发明创造而归属于集体或个人。因此,应建立起严密的专利管理制度使技术专利管理法律化、书面化、程序化。

三、技术专利申请流程制度

专利制度规定了各种专利的申请流程,具体而言,审批发明专利申请的程序由 5 个阶段构成:受理、初步审查、公布、实质审查和授权。实用新型和外观设计申请只包括受理、公布和授权 3 个阶段。[①] 下面对这几个主要阶段进行详细说明:

(1)受理阶段。接收到专利申请后,专利局会对这些申请进行审查,对达到受理要求的申请,专利局会为之确定申请日,授予申请号,并在核实完文件清单后,向申请人发出受理通知书。若专利申请存在以下情况,专利局将不予受理:申请文件没有打字、印刷或者字迹不清楚、存在涂改的;附图及图片没有用绘图工具和黑色墨水绘制、照片模糊不清存在涂改的;申请文件不齐备的;请求书中申请人姓名缺失或名称及地址不清楚的;不能确定或者无法确定专利申请类别的,以及外国单位和个人未通过涉外专利代理机构直接寄来的专利。

(2)初步审查阶段。专利申请得到受理后,申请人依法缴纳相关费用的,其申请自动转入初审阶段。在对发明专利申请进行初步审查前要审查其是否要保密,若要保密,依照保密的流程来处理。初审是要审查申请存不存在明显缺陷,如存在《专利法》中不能授权的情况,显然欠缺技术内容无法构成技术方案,不满足单一性,申请文件不全以及申请格式有问题等。如果申请人是外国人还要对其申请资格和手续进行审查。未通过初审的申请,专利局会要求申请人在限定期限内补正或者陈述意见,超过期限不作回答的,将被视作撤回申请。虽然作了答复但不能消除缺陷的,专利局将驳回申请。对通过初审的发明专利申请,将授予初审合格通知书。而实用新型和外观设计专利申请除了要审查上述的内容外,还要审查是否已存在相同专利,若不存在

---

① 李钰.一场持续 10 年的专利保卫战[J].中国新时代,2012(9):22-31,8.

可驳回的情况,其将直接转到授权阶段。

(3)公布阶段。初审合格通知书一旦发出,发明专利申请即转入公布阶段。除非申请人要求提前公开,申请才能即刻进入公开准备程序,否则需自申请日起满 15 个月后才能进入公开准备程序。依次完成格式复核、编辑校对、计算机处理、排版印刷,约 3 个月后专利申请的说明书摘要会在专利公报上公布,同时说明书单行本也会出版。公布申请后,申请人就可以得到临时保护。

(4)实质审查阶段。公布发明专利申请后,若申请人已请求进行实质审查且请求已生效的,将进入实审程序。若申请人自申请日起三年内没有提出实审请求,或者实审请求没有生效的,将视作撤回申请。实审阶段内,专利申请的新颖性、创造性、实用性以及其他实质性条件全都会被审查。若审查后发现申请不满足授权要求或含有各种缺陷的,申请人将被要求在限定期限内陈述意见或进行修改,若超过期限没有答复,将被视作撤回申请,几经答复仍不满足要求,申请将被驳回。实质审查中没有找到可驳回的事由,申请将进入授权程序。

(5)授权阶段。经初步审查的实用新型和外观设计专利申请以及经实质审查的发明专利申请未被驳回的,审查员发出授权通知,申请进入授权登记准备程序。在复核授权文本的法律效力和完整性,以及校对、修改专利申请的著录项目后,专利局发出授权通知书和办理登记手续通知书。对于能够在收到通知书后的 2 个月内按规定办理登记手续并缴纳费用的申请人,专利局将授予其专利权,颁发专利证书,记录于专利登记簿上,等到 2 个月后再在专利公报上进行公告,否则专利局将认为申请人放弃获得专利权的权利。[①] 专利申请流程如图 5.1、图 5.2 所示。

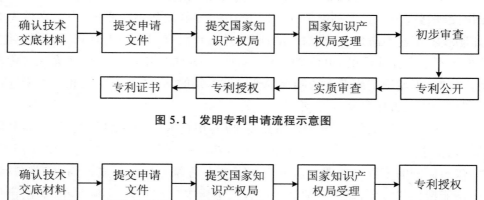

图 5.1　发明专利申请流程示意图

图 5.2　实用新型专利和外观设计专利申请流程示意图

① 黄国光.专利是提升企业核心竞争力的最佳途径[J].丝网印刷,2010(10):25-30.

四、专利法与专利权

专利制度与专利法紧密相连。专利法是指对专利权的授予和保护做出规定的一种法规。[①] 由于作为技术成果的专利权是兼具价值和使用价值的商品,专利法规定,专利权的所有权和使用权都可以转让。当然它不是绝对都能给所有者带来经济价值的。有些专利可能不会带来或者只能带来很小的经济利益,有些则被其他经济价值更高的专利淘汰掉。企业获得专利权成为专利权人,在享受专利权的权益的时候也要履行应尽的义务。专利权人享有的权利有:① 独占使用的权力;② 转让申请专利的权利及对专利的所有权;③ 授权别人使用专利技术,依此获得授权费;④ 将专利标志与专利号用在专利产品及包装上;⑤ 在专利文件上署名。专利权人应履行的义务如下:① 依法实施专利;② 依法缴纳各种手续费用,包括申请专利的费用和年费等[②]。专利权从向国家主管机关申请或由其批准之日起,在规定的时间段内都是有效的。

此外,不同国家专利法各自规定了专利权的有效保护期。根据我国《专利法》,发明专利与实用新型专利的专利权人自获得专利权之日起 3 年内,没有正当理由不履行实施专利时,专利局可依法给予强制实施的许可。我国现行专利法为发明专利权规定了 20 年的法律保护期;为实用新型和外观设计专利权规定了 10 年的法律保护期,都是自申请之日起算。有效期限届满后专利权会自行终止,在期限届满前,若专利权人未依法缴纳年费或通过书面形式要求放弃其专利权的,专利权也会被终止。专利局会对终止的专利权进行登记并公告。世界大部分国家专利法都要求:专利权人有责任在本国实施其发明创造,既可以自己也可以许可别人实施。违背该义务的,国家可给予强制实施许可,即无需获得专利权人的允许,国家主管机关可直接许可他人使用该专利技术。

第四节　专利检索分析

在企业尤其是科技型企业的日常经营管理活动中,专利活动已渗透到企业研发、生产、销售等各个环节,特别是专利检索分析活动。专利检索分析工作完成的质量,将与企业科技创新活动最终获得的成果直接挂钩,进而企业的整体经营发展状况也会受到影响。[③]

---

① 刘蔚华,陈远.方法大辞典[M].济南:山东人民出版社,1991.
② 高铭暄,杨大文.简明法学辞典[M].北京:农村读物出版社,1987.
③ 凌赵华.浅谈如何做好一份专利检索分析报告[J].中国发明与专利,2015(10):88-90.

一、专利检索分析的定义

对于专利检索的定义,不同的人提出了不同的看法,本书对专利检索采取的定义如下:专利检索,是一个为实现某种目的,利用检索式在专利文献或数据库中检索满足特定需求的专利信息的过程。专利分析,是一个收集、加工、整理、分析专利有关文件中大量零散的专利信息,并运用统计学分析方法将其转化为可用来总揽全局并进行预测的专利情报的过程,以供企业在有关技术、产品和服务开发的决策中参考。[①]专利检索分析工作的最终成果以专利检索分析报告的形式展现,它是对所有分析成果的统称。由于应用场景及项目目的是多样的,专利检索分析报告的类别也是多样的,具体有:查新检索、技术主题检索、宣告无效检索、侵权检索、专利权稳定性分析、专利法律状态检索、同族专利检索、专利引文检索等。[①]

二、专利检索分析的过程

下面从专利检索分析的几个阶段来进行详细介绍专利检索分析的过程。

1. 准备阶段

准备阶段的工作主要是对检索分析项目进行定位,明确了解这个项目或客户的真正需求。为此,专利检索分析人员应当查明项目的类型和背景,明确项目的对象和目标,并了解项目的检索范围等。专利检索分析人员应该主动去弄清楚与该项目有关的各种信息,除了要直接和项目需求方联系外,还应向其他相关人员如技术发明人、项目负责人等确认信息,或者积极寻找其他方式去挖掘更多和该项目相关的背景资料。准备阶段需要完成的任务有明确委托人需求,有针对性地选择合适的检索类型;开展技术和法律调研,做好制定检索策略的前期准备;分析检索的类型、时间和地域范围等因素,选择相应的检索数据库。[②]

2. 检索阶段

检索分析项目的准备阶段结束后便是项目的检索阶段,是整个检索分析过程的基础,即专利检索分析人员按照检索目标和范围来确定检索主题词和分类号,编写和构建检索要素表和检索式,在此基础上实施检索。

检索阶段主要根据检索结果的完整性和准确性来判断检索工作的质量。专利检索分析人员需要根据项目实际情况如该项目的类型和目的,在这两个指标中做出权衡或平衡。如果是对大型的产业专利进行分析,检索结果的完整性更为重要;如果是对专利的查新检索或无效检索,则检索结果的准确性更为重要。如果两者同等重要,

---

① 王庆民. 主流竞争情报方法浅析[J]. 河南图书馆学刊,2010,30(6):8-10.
② 董梁. 基于专利分析的我国金刚石钻头技术创新研究[D]. 武汉:华中科技大学,2017.

如分析竞争对手的技术情报,则可以按照"先保全,再抓准"的准则进行检索。

检索策略对整个专利检索过程至关重要,会直接影响检索结果是否全面准确。制定检索策略首要的工作是检索要素的确定,应当结合技术领域、技术问题、技术手段和技术效果等情况来确定检索关键词和分类号等检索要素。其次,检索要素一旦得以确定,就要进行表达,可以选择关键词表达或分类号表达。如果是化学产品,也可以对化学结构式等进行表达。然后在此基础上便是检索式的构建,将不同检索要素用各种逻辑运算符连接起来形成检索式。

检索阶段大致分为专利检索和专利筛选两个步骤,实际工作中会重复多次操作这两步。为了使检索效果最好,专利检索分析人员要不停地调整检索式,即使是最佳的检索策略。专利筛选是一个对目标专利进行拣选的过程,也被称为去噪过程,通常的操作是先批量筛选,然后逐一筛选,从而在确保工作效率的情况下又不损害结果的完整性和准确性。对数据量不大的专利检索分析项目,最好逐一筛选。另外,在筛选信息的过程中,筛选的准则会因检索类型的不同而不同。比如,侵权风险检索需根据权利要求保护的技术方案或技术特征进行筛选;查新检索的标准是待检索技术方案或技术特征有没有在申请文献中全部或部分公开;专题检索则是为了在某种技术领域中筛选出与待检索技术主题有关联的文献。

3. 分析阶段

检索分析过程的核心内容便是对检索结果的分析环节,在此过程中,专利检索分析人员需要运用某些分析工具和方法来完成对专利检索阶段中获得的数据的加工和处理,并将处理后的结果形象化地展示出来;或者根据一定的标准直接将检索结果与特定标准对比,通过分析判断得到一个判断性的结论。

分析产业专利的过程通常由统计分析和技术分析两项内容组成。某些专业的分析软件或分析系统可直接用来处理统计分析阶段的工作,并将分析结果制成图表展现出来,例如,以分类号划分的分析技术分支的图表、分析申请人情况的图表、分析地域分布情况的图表等。对个性化分析需求,专利检索分析人员可通过人工制作方式完成统计分析图表。技术分析活动其实是由专利检索分析人员理解分析专利文献中所包含的技术信息的过程。技术分析有助于更好地将检索结果数据按照技术类别进行分类,做成技术功效矩阵图,判断预估某项技术或某些技术分支的技术发展走向,以及掌握竞争者的技术布局等。因此,技术分析工作不但是分析阶段而且还是整个专利检索分析过程的核心,非常考验专利检索分析人员的专业素养,直接关乎着一个专利检索分析报告的好坏。[①]

除了要可视化地展示出专利分析的结果,还要尽可能使分析结果易视化。易视化表示不只是简单地列出分析结果,还要根据使用分析报告的人的视觉感观来安排结果的布局。普通的结果分析图表要求在具备内容的基础上,能够简单美观,一目了

---

① 凌赵华.浅谈如何做好一份专利检索分析报告[J].中国发明与专利,2015(10):88-90.

然,高级的结果分析图表是一种综合性的分析图表,以一张图表清晰地展示出原本几张图表所要表达的内容信息,达到"1+1>2"的效果。

如果项目只是对专利的查新检索、无效检索、防侵权检索等,则该阶段通常只需要对项目进行法律分析,也就是拿检索结果与项目标的进行比较分析,对照有关的法律规定与判定原则得到一个判断性的结论。

4. 撰写阶段

撰写阶段表示一个检索分析项目进行到收尾的环节,在此过程中,专利检索分析人员首先要为专利检索分析报告搭建一个框架,然后整理好上述几个环节的所有成果,之后着手编写专利检索分析报告。

实际上,一份好的专利检索分析报告应该是一份"综合信息"分析报告,既包含专利技术信息,也包含非专利技术信息、产业信息、市场信息、法律诉讼信息等。因为非专利技术信息既有助于专利检索分析人员更清楚了解某一或某些行业、技术领域的技术发展趋势和技术发展前沿,也有利于客户深入分析行业内的竞争者或潜在竞争者,发现可以合作的技术伙伴。而产业、市场、法律诉讼等信息则有助于客户更全面准确地判断行业的发展趋势或潜力,辅助客户更好地进行重大决策。所以,要想使撰写出来的专利检索分析报告的质量比较高,专利检索分析人员不仅要好好完成前面三个阶段的工作,还要搜集、整理和分析除专利信息以外的其他信息,尤其是与专利信息联系最深的非专利技术信息。

最后,一份好的专利检索分析报告还要根据项目目的提出合理化建议、对策、预案或应急方案等,给出每种可能的对策以及客观评价每种对策的优劣势,具体这些建议或对策应该是具体化的或是方向性的或是无方向性的并没有要求。①

三、专利检索的意义

进行专利检索具有深远意义:一是可以评估成功申请专利的可能性。有调查显示,发明专利申请中有66%以上的最终都无法得到授权,很大一部分的原因在于已有公开的文献存在,不满足新颖性要求。二是能够帮助专利代理人更好的起草专利文件。在申请专利前进行初步专利检索,能够获取更多的信息帮助理解现有技术,并通过对比更好地了解表达本申请的创新之处和意义所在,区分出其和现有技术的本质差别。这在未来的实质审查中非常重要。三是申请前的初步专利检索将有助于完善申请方案。申请人通过借鉴从初步专利检索中得到的相关的对比文件,可以改善现有技术方案以寻求得到最好的保护。② 四是申请前进行初步专利检索能为申请者节约不必要的人力和物力。一般地,一项发明专利从申请到授权或不予授权专利会经

---

① 凌赵华. 浅谈如何做好一份专利检索分析报告[J]. 中国发明与专利,2015(10):88-90.
② 朱红利. 金融产品创新的专利权保护[J]. 法制与社会,2008(26):363.

历较长的时间。若申请人在申请前没有进行初步的专利检索,那么当专利没被授权或授权范围减小时,申请人不只是会损失申请费用,还有珍贵的时间和精力。

【思考题】

1. 什么是技术专利? 它有什么特点? 类别有哪些? 设置技术专利对国家、企业及个人有什么作用?

2. 专利制度在发展过程中有哪些理论指导?

3. 如何申请技术专利? 为什么要设置技术专利制度? 有什么意义?

4. 进行专利检索的意义在哪? 如何进行专利检索分析? 还可以从哪些方面进一步改进一份专利检索分析报告的质量?

【阅读文献】

许春明,张玉蓉.知识产权基础[M].上海:上海社会科学院出版社,2018.

冯晓青,刘友华.专利法[M].北京:法律出版社,2010.

杨国平.专利申请指南[M].上海:上海科学技术出版社,2003.

大卫·亨特,朗·阮.专利检索:工具与技巧[M].陈可南,译.北京:知识产权出版社,2013.

第六章　技术转化

技术发明不是目的,及时地转为的生产力才是目的。技术成果转为生产应用、新产品和实施创业,成为促进生产力发展切实需要。技术发明、申报技术专利和建立技术标准都是为现实经济发展服务的,也是个人、企业乃至国家经济竞争力的技术措施和保障。美国硅谷的崛起,离不开美国国防部的科研投资和诸多高校的技术转化。世界大国之间经济的竞争说到底是科学技术之间的竞争,具体来说就是技术转化数量、质量和速度之间的竞争。重视技术专利和技术标准只是手段,将技术转化为现实生产力和经济竞争力,才是最终目标。本章将对技术转化及相关概念、技术转化相关理论、技术转化模式和技术转化路线进行阐述。

第一节　技术转化内涵及形式

一、技术转化概念及特征

从狭义角度来看,参考《中华人民共和国促进科技成果转换法》中对科技成果转化的定义,技术转化(即技术成果转化)是指为提高生产力水平而对技术成果所进行的后续试验、开发、应用、推广直至形成新技术、新工艺、新材料、新产品,发展新产业等活动。[①] 从狭义上概括技术转换的涵义侧重于创新价值链的末端,实现现有技术成果的商业化、产业化和社会化,即将应用技术成果转化为可以实现经济效益的实际生产力,突出技术成果在市场上的应用,实现技术与经济的融合,强调现有技术成果的首次商业应用、工业生产和社会普及。

广义的技术转化包括创新链条上从知识生产到最终生产力形成的各个环节的转化,比如基础研究产生的新知识、新理论的传播、共享和普及,都可以看作技术转化。应用研究产生的新技术、新装置以及这些新技术、新装置的应用,产生的经济效益和

---

① 国家知识产权局.专利转移转化案例解析[M].北京:知识产权出版社,2017.

社会效益,软科学的研究成果被政府部门等采纳亦可以视为技术转化。[①] 从广义视角上去看技术转化,更能体现创新价值链各环节之间的联系,其特点是技术转化过程包括从实验室技术研究到技术开发,并将技术应用于产品开发,通过中试环节形成规模化生产,通过新产品市场化实现效益。[②] 从定义中可以看出技术转化是一个多阶段、多形式、持续性的过程。具有以下几种特征[③]:

第一,转化结果的差异性。因为技术成果本身就是创造性的成果,所以注定了它的独特性。即使是相同的技术成果,也会因其参与转化的主体和环境差异而有所不同。每项技术成果的转化都有其独特的途径和方法,没有固定的模式可以应用,需要具体问题具体分析。

第二,转化过程的风险性。在技术成果的初期中试阶段,由于其技术不成熟,可能会导致生产延迟或失败;而在投产过程中,风险投资也可能因为无法在短时间内获得预期回报而被放弃;进入市场后,作为新产品,影响其销售的因素变得更加复杂,因此技术转化风险很大。

第三,转化时间的长期性。技术成果从研究开发到进入市场需要很长的周期,而在这个长周期中,每个阶段都需要大量的人力、物力和财力投入。而且,要根据市场需求及时调整技术成果本身,这种调整也会延长技术成果的生产和成熟周期。

第四,转化结果的启发性。成功的技术转化不仅可以创造市场价值,获得商业利润,还可以为未来的技术研发提供线索和帮助。一项技术成果的转化不是一个技术创新的结束,而是另一个技术创新的开始。在技术成果的研发、中试、改进和生产过程中会遇到很多问题。也许在解决这个难题的过程中,还会有其他的技术突破,而且实际上,很多科学发展和技术进步都是从解决实际问题中来的。

根据转化过程形式的不同,技术转化可以分为技术商品化、技术产业化、技术型创业。下面,让我们一一了解这三个概念。

二、技术商品化

一般来说,技术商品化指技术成为商品的过程,而广义、完整地表述技术商品化,包含:技术成为商品的过程、技术与生产相结合物化为直接生产力并促进商品生产发展的过程和技术贸易发展及市场形成并不断完善的过程[④]。从经济活动的角度看,技术商品化是指技术作为商品生产和交换而形成的包括生产、流通和交换的全过程。换句话说,技术商品化是指通过研究和开发,使技术的成果具有商业意义和实用性从

① 贺德方.对科技成果及科技成果转化若干基本概念的辨析与思考[J].中国软科学,2011(11):1-7.
② 张嵋喆,蒋云飞.自主创新成果产业化的内涵和国外实践[J].经济理论与经济管理,2010(5):59-64.
③ 周杨.科技成果转化视角的高校知识生产力研究[D].杭州:浙江大学,2012.
④ 马仁钊.技术商品与技术商品化[J].科学管理研究,1993(3):34-35.

而形成商品的过程[①]。从软件到硬件,知识从供给方转移到需求方,技术形成的商品独立存在,可以在市场中进行自由交易。技术商品化是社会分工和商品经济及其竞争机制发展的必然产物。[②] 技术商品化主要包括两个方面:一是技术通过生产应用而以某种形式的载体表现出来(即技术应用);二是技术本身作为商品进行交易(即技术转让)。

技术应用是指将工程技术、科学技术、新技术和新兴技术在各行业各领域的工程应用、实际应用。技术转让主要是将作为制造产品、采用工艺或提供服务的系统知识,从所有者向引导者进行转让。对技术转让概念的理解可以从以下几个方面了解。

从贸易角度看,技术贸易以技术转让为主要形式。作为技术市场中最主要的运行方式,技术转让是指技术成果从一方转移到另一方。所转让的技术包括专利技术,商标和非专利技术。

从技术所有权而言,技术转让是技术所有者将其已有的技术有偿转让给他人的行为,例如出售技术专利、技术图纸、技术材料、技术配方等。需要指出的是,还未研究开发的技术成果不属于技术转让的范围。

从技术交易而言,技术转让是指创新型企业通过知识产权转让实现技术扩散。创新型企业或者说是技术拥有者,将技术创新成果的知识产权全部转让给潜在的采纳者,从而使其获得技术创新所需的知识产权。技术创新的知识产权转让在市场经济环境下通常是有偿的[③]。

三、技术产业化

产业化是市场持续启动、产业与市场共同培育的过程,主要是以市场为平台,实现产品供给的规模化和产业活动的市场化。技术和产业属于不同层次的范畴,但又是一种相互支持、相互作用的关系。要想实现产业结构优化升级,就必须要有技术支持,只有技术与产业相结合,才能充分发挥其巨大的潜力、改变资源配置方式、实现潜在生产力向现实生产力的转化、实现经济利益,从而推动技术产业化的进程。[④]

技术产业化具体是通过技术研发、生产应用、市场交换等活动,实现技术成果的产品化、商品化和规模化,产品成功地进入市场、达到市场份额,并辐射形成具有技术特征的产业集群的过程。[②] 技术产业化是技术向产业动态转化的系统工程,是推动技术向市场增值的一系列活动,其中包括深入了解技术与市场之间的关系,对技术进行孵化,确定其商业化潜力,在适当产品和过程中改进技术,促进市场接受,最终实现可

① 万君康,等. 关贸总协定与知识产权[M]. 北京:北京理工大学出版社,1992.
② 曾伟. 中国技术商品化若干问题研究[D]. 武汉:华中科技大学,2004.
③ 常悦. 技术创新转让扩散的价格博弈研究[D]. 哈尔滨:哈尔滨工业大学,2014.
④ 方慧敏. 高新技术产业化的动力机制研究[D]. 武汉:华中科技大学,2008.

持续的商业化。[1] 技术产业化作为利益驱动下形成的科技与经济综合行为,具有高度的管理风险、技术风险和市场风险。[2]

技术产业化的一般循环路径是:技术首先转化为产品,再将产品推向市场,再根据市场反馈对新技术进行改进。因此,技术–产品阶段和产品–市场阶段是新技术产业化的两个重要环节。[④]从概念中,我们可以知道技术产业化包含了技术商品化的部分过程。

技术产业化可以从水平链和垂直链两个方向来解读。从水平链看,技术产业化包括企业生产、产业扩张、产业渗透三个连续的发展过程,实现了从产业点到链再到集群的延伸与扩展。某项技术的研究、开发和生产,首先是由一个企业进行,通过一定的规模经济扩大生产规模,使生产由一个企业扩大到多个企业,从而达到一定的市场容量,形成技术产业。市场份额、产品成熟度和生产规模的进一步扩大和提升,会逐步向其他行业扩展,并进一步渗透,达到规模化推广应用,最终达成产业结构优化升级的目的。从垂直链看,技术产业化是一个以研发为起点,以产业规模为终点,贯穿技术研发、技术成果开发、生产能力开发、市场开拓等环节的技术创新过程。并且在这一层面上,通过技术的实用化、产品的商品化、管理的市场化等环节,使技术成果商品化、市场化,形成新的社会生产力。[2]

四、技术型创业

技术型创业是"技术型"和"创业"两个概念的结合。

创业是指以创造新的资源或新的方式组合现有的资源,以发现和利用以前未被利用的机会,从而进入新市场、开发新产品、服务新客户等。[3] 创业是促进经济发展的重要因素,它不仅能创造就业机会、提高组织绩效,还能提高产业竞争力、促进经济的持续发展。创业型企业是指创业者在极不确定和存在资源约束的情况下,为促进竞争行为而建立的组织机制,以推动创造市场或开拓市场[④],这种企业是处于创业阶段、具有高成长性和高风险性的创新先驱型企业,不是简单等同于高科技企业,也不等于中小企业。技术型企业最常见的定义是以依赖于技术而生存的公司。[5] 因此,技术型创业可以理解为:基于技术的创业活动,并且技术是新组织的核心竞争力[⑥],或利用新

① Jolly V K. 新技术的商业化:从创意到市场[M]. 张作义,周羽,译. 北京:清华大学出版社,2001.
② 李扬. 创业型企业新技术商业化研究[D]. 北京:中国社会科学院研究生院,2012.
③ Ireland R D,Hitt M A,Camp S M,et al. Integrating Entrepreneurship and Strategic Management Actions to Create Firm Wealth[J]. Academy of Management Perspectives,2001,15(1),49-63.
④ Zahra S A,Sapienza H J. Davidsson P. Entrepreneurship and Dynamic Capabilities:A Review,Model and Research Agenda[J]. Journal of Management studies,2006,43(4),917-955.
⑤ Dahlstrand Å L. Technology-based Entrepreneurship and Regional Development:the Case of Sweden[J]. European Business Review,2007,19(5):373-386.
⑥ 严嘉敏,黄云刚,王鹏飞. 技术型创业研究述评[J]. 现代商业,2009(35):101-102.

技术和新知识开发企业创建过程。① 技术创业的过程包括：找出技术机遇，整合开发所需的资金、人力和其他各种资源，最终将产品（商品或服务）商品化，并将其推向市场。这既可能是对现有市场的渗透和丰富，也可能是开拓全新市场⑥。

技术型创业是促进经济发展的重要因素。首先，技术型创业使技术发展与市场需求相匹配，是创新的重要来源之一。其次，技术型创业可以增强行业活力，刺激现有企业成为竞争对手或者合作伙伴，从而打破行业格局，激励其他企业做出改变。此外，技术创业还为技术人员和管理人员提供了工作和创业机会。最后，技术型创业通过提供大量的就业机会，可以留住区域内的高技术人才，吸引更多的人才。

技术型创业具有以下特征：

第一，创业机会来自技术变革。技术要素占主导地位，以创新、研发技术为主要管理手段，更加注重技术创新。创业团队拥有一项或多项创新技术，形成市场竞争力。技术的性质和来源没有特别要求，技术可以是突破性的技术创新，也可以是渐进式的；可以是技术的新应用，可以是企业自主开发，也可以通过外部并购获得。

第二，技术型创业企业往往可以实现跨越式发展。一方面，技术型创业具有较强的增长潜力，其收入主要来自技术带来的超额垄断利润。通过技术孵化，技术型创业可以实现从 0 到 1 的颠覆性创新；另一方面，技术型创业建立在最新技术的基础上，几乎不受传统技术轨道的影响。因此，它具有跨越式发展的特点。这也引出了下一个特性。

第三，技术型创业的风险很高。创业过程中面临的风险主要体现在技术、市场、管理和资金等方面。技术型创业过程中面临的风险不仅体现在创业上，更重要的是没有技术型创业的参考标准。由于技术上的差异，往往很难找到同行业、同技术、同规模、同环境、同市场的创业公司。

第四，技术型创业往往需要外部融资。投资者以获取高额资本回报为目的，而不是追求控制股权，这保证了技术型创业团队的主体决策，也是技术型创业过程中的融资与普通融资的主要区别。随着企业的不断发展，技术型创业团队逐渐获得更多控股权，实现创业的初衷。

第五，技术型创业的目的是通过商业化实现技术的价值，并为利益相关者提供回报。技术持有者作为创业者，以高回报甚至初始控制权股权吸引资本持有者的投资，本质上是资本持有者和技术持有者的投融资行为。②

技术商品化、技术产业化与技术型创业相互之间有紧密的联系，又有所区别。技术商品化、技术产业化与技术型创业三者都是技术转让的不同形式。商品化与产业化是不可分割的整体。从过程而言，技术商品化的结果是商品，需要技术产业化大规模生产，进入市场，最终流入消费者。可以说，商品化是产业化的基础，必须从商品化

① Cooper A C. Technical Entrepreneurship:What do We Know? [J]. R&D Management,1973,3(2):59-64.
② 段匡哲.集群内网络关系对企业技术创业的影响机理研究[D].杭州:浙江大学,2015.

到产业化,没有商品化就没有产业化;商品化的最终目的是产业化,商品化并不是发展技术的目的。由技术到商品再到形成技术产业,改善国家或地区的产业结构,才能真正促进区域的经济良性发展。在商品化、产业化过程中往往伴随着新企业的诞生,技术型创业中离不开技术商品化,技术产业化又需要诸多的技术型创业活动,三者密不可分。所以,可将商品化、产业化和技术型创业视为一个整体,或者说是一个体系,其旨在实现经济、社会的持续高速发展。

三者的区别:首先,三种转化形式的侧重点有所不同。技术商品化倾向于实验室产品转化为商品的过程;技术产业化倾向于由小规模生产发展到规模化生产,或由系列开发向产业集群、产业化的扩散;技术型创业则偏重于技术商品化和产业化过程中是否有新企业新组织的诞生。其次,需要的条件也有所不同。要形成产业,除了要有可转化的成果,或已转化的成果外,还必须具备产业集聚的条件,即商品化可以由单个企业来完成,产业化则是由企业集群来完成。[①]

第二节　技术转化理论

一、知识产权交易相关理论

交易的本质在于转移,包括有形的物质交换和无形的信息交换。知识产权交易是以转让各种知识产权为基础的活动。知识产权的价值是在知识产权的商品化、市场化过程中产生的。通过市场,才能将知识产权转化为凝聚知识产权的商品或服务,实现知识产权的价值。技术转化的过程实质上就是知识产权交易的过程。

不同主体转让的知识产权价值不同,交易类型和利用方式也不同。如表6.1[②]所示,根据交易方式不同,知识产权交易可分为市场型交易、管理型交易和政治型交易。

表 6.1　知识产权交易类型

	市场型交易	管理型交易	政治型交易
使用价值	知识产权转让、许可、信托	知识产权出资、企业内部管理	知识产权税收
交换价值	知识产权资产证券化	知识产权质押	

市场型知识产权交易是平等主体通过市场行为所完成的知识产权相关交易,例如转让、许可、信托和以知识产权交换价值转让作为核心内容的知识产权资产证券化等。管理型知识产权交易是指形如上下级之间关系的不平等的知识产权关系,例如

①　顾穗珊. 高新技术成果转化及产业化理论及实证研究[D]. 长春:吉林大学,2006.
②　袁晓东. 知识产权交易成本分析[J]. 电子知识产权,2006(11):16-19.

企业内部的知识产权管理,政府对企业所拥有的知识产权进行的各种管理活动,其主要活动形式为以知识产权使用价值转让作为核心内容的知识产权投资和内部管理,以知识产权交换价值转让作为核心内容的知识产权质押。政治型知识产权交易是指建立、维持或改变与知识产权有关的各种制度或规则的活动,例如知识产权交易中的各种税费的支付。

知识产权交易相关理论主要包含交易费用理论、委托代理理论、信息不对称理论[①]等。

1. 交易费用理论

现代产权理论的基础是交易费用理论(transaction cost theory)。1937 年,著名经济学家罗纳德·科斯在《企业的本质》一文中首次提出了交易费用的概念。交易中产生的时间成本和货币成本称为交易费用。经济组织的主要目的是节约交易成本。

如果一个产品或服务从一个技术领域转移到另一个领域,交易成本就是转移过程中的"摩擦"成本。交易费用的存在已经成为影响交易的重要因素。合法交易是市场经济条件下提高资源利用效率的重要手段。

交易费理论的主要内容包括:科斯定理一,在交易费为零的情况下,当事人之间的协商将导致这种财富最大化的安排,而不论初始权利如何分配。科斯定理二,在交易费用不为零的情况下,权利分配的不同将导致资源配置的差异。科斯定理二推论,由于交易费用的存在以及不同权利的界定和分配,资源配置的效益将会有所差异,因此建立产权制度是优化资源配置的基础[②]。

2. 委托代理理论

美国经济学家伯利和梅恩斯在 20 世纪 30 年代认识到,企业所有者兼经营者的方式存在着极大的弊端,他们主张所有权与经营权分离,企业所有者保留剩余索取权,而将经营权转让。于是,产生了"委托代理理论"(principal-agent theory)。

根据委托代理理论,在交易中拥有私人信息的一方称为代理人,没有掌握这种信息的一方称为委托人。如果市场上每一个参与者持有的信息都是非对称的,并且其中一方有私人信息,那么在这种市场关系中,参与者之间的关系就可以视为委托-代理关系,可以通过委托代理理论模型加以分析。起初主要用委托代理理论来研究企业内部的信息不对称和激励问题,后来该理论逐步在政府绩效、货币、政策税收、就业、环保、食品监管等社会问题中得到应用。

在委托人和代理人之间存在利益冲突和道德风险的情况下,如何设计最优契约来激励委托人,是委托代理理论研究的基本问题,即委托人应如何根据观察到的信息对代理人进行奖励或处罚,以促使其选择对委托人最有利的行为。在委托代理框架下的逆向选择,是指代理人可能拥有不利于委托人的私人信息,并与委托人签订合

① 谢芳.知识产权交易的经济理论溯源[J].科技促进发展,2017,13(12):1001-1005.
② Coase R H. The Nature of the Firm[C]//Essential Readings in Economics. London:Palgrave,1995:37-54.

同,使委托人做出错误的选择。例如,阿克洛夫提出的著名的柠檬市场——二手车市场,保险市场上投保人隐藏健康信息,信用市场上隐藏个人风险等。道德风险是指代理人的行为是不可观察的,信息多的一方可以利用信息优势来最大化自己的效用,同时损害委托人的利益,从而对市场均衡产生负面影响。

3. 信息不对称理论

信息不对称理论(asymmetric information theory)研究不完全信息和不对称信息条件下的市场交易关系和契约安排,从信息不对称的特殊视角分析和研究相关的经济及社会问题[①]。

早期的经济理论都有一个重要的假设,即信息是充分的,市场是可以出清的。赫伯特·西蒙和肯尼斯·阿罗在 20 世纪 60 年代第一次质疑了充分信息假设,他们指出市场交易中的任何决策都是不确定的,不完全信息是经济行为产生不确定性的原因之一[②]。斯蒂格利茨指出,应该用不完全信息假说取代原来的完全信息假说,以修正传统的市场理论和一般均衡理论。此后,信息不对称问题在各种经济文献中受到广泛关注。1970 年,乔治·阿克洛夫以二手车市场为研究对象,证明了信息不对称会导致逆向选择,从而导致市场失灵[③]。阿克洛夫对逆向选择理论的开创性研究拉开了不对称信息应用于商品市场的序幕。

信息不对称理论的主要观点是,卖方往往比买方掌握更多关于商品的信息,拥有更多信息的一方可以通过将可靠的信息传递给缺乏信息的一方而从市场中获益。知识产权交易往往伴随着信息不对称,其机会主义行为比传统的商品交易要多得多,其原因在于知识产权转让伴随着信息的流动,与普通商品相比,知识产权相关的信息很容易被篡改,而且很难发现或者去鉴别真伪,交易收益因篡改或隐藏而发生变化。

知识产权交易中由于信息不对称导致的机会主义行为将引起效率损失。卖方和买方都有可能知道对方存在隐藏信息的行为,但是收集信息和检查监督是有成本的,成本和收益之间需要权衡。在合作交易过程中,不可避免地会出现逆向选择和道德风险,因此,有必要对交易行为的成本与收益进行衡量。同时,很多人通过"搭便车"行为免费使用他人的知识产权,不愿花费成本收集信息。即使成本花在寻找信息上,利润也很小,所以买家收集信息成交的热情大大降低。由于买卖双方信息高度不对称,权威、经验丰富的中介机构成为热门。

---

① 张莹. 信息不对称理论研究文献综述[J]. 中国管理信息化,2016,19(16):135-136.

② Arrow K J. Uncertainty and the Welfare Economics of Medical Care[M]//Arrow K J. Uncertainty in Economics. Pittsburgh:Academic Press,1978:345-375.

③ Akerlof G A. The Market for "Lemons":Quality Uncertainty and the Market Mechanism[M]//Arrow K J. Uncertainty in economics. Pittsburgh:Academic Press,1978:235-251.

二、技术转让相关理论

1. 技术差距论

各区域之间技术发展存在差异性,这种技术不平衡为技术转让提供了必要的条件。这种差距体现在各个经济体之间的技术拥有量、技术水平和技术应用上[①]。20世纪60年代,美国学者波斯纳基于这一必要条件提出了技术差距论(theory of the technological gap)。他认为,形成技术转让的重要条件是区域间存在着技术差距。技术领先的地区具有较强的开发新产品和工艺的能力,从而形成或扩大了和落后地区的技术差距,享有着比较优势。领先地区想要将技术快速转换为经济利益,或面临较大的技术溢出风险,可以通过转让的方式来达到目的。

2. 转让需求论

1979年,日本学者斋藤优发表《技术转移论》,提出了新的国际技术转移理论——NR关系假设[②]。他认为,国家需求(N)与国家资源(R)的关系制约着一国的经济发展和对外经济活动,这就是NR关系,即需求-资源关系理论。哪种需求(N)、哪种资源(R)以及如何相互适应是关键问题。技术扩散的规模和速度取决于需求与资源的关系。当供求不平衡时,技术转移的需求越大,速度越快,反之亦然。正是由于NR关系不兼容,才有可能推动技术创新,将原始技术转移到需要这种技术的地方。这一相互矛盾的自然资源关系,如果不加以协调,就可能产生新的瓶颈,从而推动新一轮的技术革新和技术转让。此时,经济持续从不协调转向协调,相互适应,再到不协调的新周期,技术转移从一个水平向更高水平发展[③]。

3. 梯度论与跳跃论

按照技术发展水平的不同,可以把技术分成若干梯度。梯度理论则认为,技术转让是按梯度顺序进行的。如果某一产业分布于三个分别拥有尖端技术、中间技术和基础技术的国家,则技术转让将在拥有尖端技术和中间技术的国家、拥有中间技术和基础技术的国家之间进行。有基础技术的国家,只能先获得中间技术,随着科技水平的进步,才有机会接受尖端技术。

跳跃论的观点与梯度论不同,它强调了技术转让不受限于技术梯度。跳跃论认为,技术转让会出现跨越技术梯度的两个地区之间。处于基础技术水平的地区,可以根据其发展需要,直接引进发达地区的尖端技术来发展其优势产业。

① 周瑾溪,张绮. 技术创新和技术转让理论简介[J]. 上海金融,1996(10):30-31.
② 斋藤优. 技术转移论[M]. 东京:文真堂,1979.
③ 王江. 产业技术扩散理论与实证研究[D]. 长春:吉林大学,2010.

三、新产品开发相关理论

新产品开发(NPD)是建立在产品整体概念基础上,以市场需求为导向的系统性工程,它贯穿产品构思、设计、销售的完整过程,是产品功能、形式多维交织的组合开发。[①] 企业利用资源或能力,创造全新的产品或改进现有产品的活动,既包括新产品的创新性(即新产品开发所使用新知识的多少),也包括新产品的开发速度(即从新产品构思到上市所花费的时间)。[②] 新产品开发是公司为保持和提高市场竞争力和市场份额而开发新的产品的一种策略,是公司生存与发展的基础支撑,它对公司未来的经营状况和发展前景有着非常重要的影响。

新产品开发过程是企业将有关生产技术和市场机会的数据不断转化为商业生产信息资产的过程[③],把市场中存在的机会经过技术改造或创新转化为消费者所需要的产品的过程[④]。新产品开发过程主要包括概念开发阶段、产品开发阶段和商业化阶段[⑤],不同新产品开发阶段涉及不同的目标与任务,并具有不同的特点。

概念开发阶段,是专注于产生开发新产品所需的新思想的阶段,其相关活动包括在产品进入开发阶段之前收集客户信息并创建产品概念和设计。在该阶段,企业还没有真正开始开发新产品,企业关注的重点是客户需求信息、发现和挖掘新产品所需的新想法和新思维、仔细筛选想法库、评估新产品创意的市场潜力、确定新产品特征和创建产品概念。

产品开发阶段,重点是评估当前市场和技术,确定最终产品设计以及开发新产品原型。在这个阶段,新产品概念被转化为可实际销售的产品。

商业化阶段,不仅包括与产品最终化、性能和质量相关的产品测试以及生产和可扩展性规划相关的所有活动,还包括商业化活动,例如营销计划和销售、促销和市场推广,明确产品商业化的整体方向,将开发的新产品更好地推向市场。在该阶段,企业努力将生产的新产品转变为市场需要的新商品。

新产品开发是一个充满风险和不确定的过程。该过程中涉及的理论主要有:

1. 产品及生命周期优化法理论

美国 PTRM 公司于 1986 年在新产品开发领域提出了产品生命周期优化方法。在新产品开发过程中,产品及生命周期优化方法可以被认为是一种典型的参考模式,

---

① Booz A. New Products Management for the 1980s[M]. New York:Hamilton,1982.

② Cooper L P. A Research Agenda to Reduce Risk in New Product Development Through Knowledge Management:A Practitioner Perspective[J]. Journal of Engineering and Technology Management,2003,20(1/2):117-140.

③ Clark K B,Fujimoto,T. Product Development Performance:Strategy,Organization,and Management in the World Auto Industry[D]. Boston:Harvard Business School,1991.

④ Van Echtelt F E,Wynstra F,Van Weele A J,et al. Managing Supplier Involvement in New Product Development:A Multiple-case Study[J]. Journal of Product Innovation Management,2008,25(2),180-201.

⑤ Crawford C M. New Products Management[M]. New York:Tata McGraw-Hill Education,2008.

其提供的通用框架和标准术语,被广泛应用于各个行业的产品开发和持续改进。

产品与生命周期优化法主张利用综合资源解决问题,把新产品开发纳入不同层次的逻辑框架中。提出新产品开发是一个分步骤、连续的过程,提前考虑下一阶段的因素会增加项目的工作量。在新产品开发过程中有 7 个关键要素需要引起注意,分别是:建立跨部门核心团队,每个阶段的评审和决策,制定中长期产品战略,采用结构化的开发流程,使用各种开发工具和技术,进行技术管理,对同时用于产品投入的资源进行门径管理。

2. 集成产品开发理论

集成产品开发(integrated product development,IPD)是用于产品开发的一套模式、思想和方法。集成产品开发是一个框架概念,描述了以整合的、并行的、跨学科的、整体的、以人为本的方法来优化产品开发的过程。它的核心思想可归纳为:以客户为导向,通过市场驱动的方式开发产品,并将产品开发作为一种投资进行管理[①]。集成产品开发理论的基础是产品及其生命周期优化方法。

集成产品开发基于各种创新技术以及计算机和网络平台方法的应用,其最终目标是提供顾客导向的产品,其实质是对流程、产品、组织和资源的综合集成。集合产品开发与其他新产品开发方法最主要的区别在于下游企业的参与程度。集合产品开发更多地体现了制造业等下游功能的参与,主要是为了尽早知道客户的需求,尽早地做出满足客户需求的产品开发决策,避免在产品开发后期的制造阶段和使用阶段再进行修改,这样可以更加合理地分配各种相关资源,促使资源利用最大化,也确保了产品计划和工艺计划的持续协调。

3. 并行工程理论

并行工程(concurrent engineering,CE)是针对串行工程而提出的。在串行工程的新产品开发模式中,因为前期设计人员在设计阶段对下游各个环节流程的要求情况的了解不充分,往往导致设计环节与下游阶段难以实现无缝衔接,当出现问题时需要重新进行改变设计、生产、样品测试。这种串行工程的工作方法不但延长了新产品的开发周期,增加了工程设计中的变更次数,耗费大量的人力、物力和时间,而且还可能导致新产品开发不能持续下去,从而极大地增加新产品的研发和制造成本。

并行工程是在一种产品设计及相关联过程中采取并行一体化设计的系统工作模式。这个工作模式是让开发人员从一开始就尽可能考虑产品整个生命周期可能包含的所有因素,例如质量、成本、功能、作业计划、进度、生产、装配、维修和用户需求等。并行工程理论是企业发展所依据的实施理论之一。

在具体操作中,并行工程的处理前后活动之间也还是存在时间先后顺序的,由于时间间隔非常短,可以被忽略。因此,"并行工程"也可称为"同时工程"或"全生命周

---

① Dik L L,Chen Y M. Integrated Product and Process Date Management[J]. Integrated Computer-Aided Engineering,1996,3(1):1-4.

期工程"。并行工程概念的提出,大大改变了其中参与人员的思维方法。对传统的制造业企业而言,这是对组织架构与工作方式的新发展。基于并行工程理念,企业设立跨部门集成化的多功能小组,快速推进新产品的开发进度,同时借助先进且适合的信息技术等手段,建立高效的信息管理系统协同开发应用平台,促进各个环节工作能够有序交叉推进,对各个开发阶段面临的新问题进行早发现、早处理,确保传统的上游设计和下游生产制造环境的一次性成功。采用此工作方式,不仅集成了不同专业背景人员的知识和能力,而且还能够加强部门与部门之间的协调协作,甚至可以将分工方和用户也作为团队的成员。

4. 门径管理理论

门径管理系统(stage-gate system,SGS)是 20 世纪 80 年代由罗伯特·G.库珀创建的一种新的产品开发流程管理技术,世界多国的诸多公司使用该方法用于指导新产品的开发。

门径管理强调系统的思想,注重项目的各个环节,使整个系统的效率最大化。门径管理对新产品开发的核心指导意义主要有两点:一是如何选择合适的项目,二是如何正确地做好项目。门径管理将创新过程分成一系列预先设定的阶段,每个阶段包含一组预先定义的跨功能同步活动,主要包括确定范围、开发项目立项、开发、检验和矫正、发布和上市后评估五个阶段。

通往的每一阶段(stage)都有一个入口(gate)。一个入口控制着一个阶段,起到质量控制和决策检查的作用。在项目达到某个阶段时,项目组织者会召集项目相关人员和决策者来评估项目,如果项目达到了预定的目标和要求,则项目继续进入下一个阶段。否则,项目就需要返回到前一个阶段,或直接取消项目,将有限的资源用于急需的项目和战略。

四、"死亡之谷"理论

该理论由弗农·埃勒斯(Vernon Ehlers)于 1998 年指出,政府重点资助的基础研究和产业界重点推动的产品开发之间存在着一条鸿沟,这条鸿沟可以想象成"死亡之谷"(Valley of Death)[①]。"死亡之谷"后用来描述基础研究与产品开发阶段中间的离散阶段[②],即大量的技术成果不能商品化、不能产业化的现象,已成为西方科技政策与创新管理界的通俗用语。

山谷的左侧是现有的研究资源,山谷的右侧是现有的商业化资源,这两种资源都较为丰富,但在研究资源(基础研究)转化为商业化资源(市场开发),将知识的潜在生

---

① Representatives U H O,Congress O H F. Unlocking Our Future: Toward a New National Science Policy[R]. Committee On Science,1998.

② Trott P. Innovation Management and New Product Development[M]. 6th ed. New York: Pearson education, 2007.

产力价值转变为实际生产力价值的过程中,存在着巨大决策空间和资源缺口,即知识生产与产业经济的疏离①。如图 6.1 所示,技术与商业化之间的死亡之谷代表了结构、资源和专门技术的缺乏。多数科技发明都会因为没有一个强大且不断增长的市场,缺乏强有力的价值定位和商业计划,或者由于缺乏足够的资源,在进入市场之前就已经惨遭夭折。

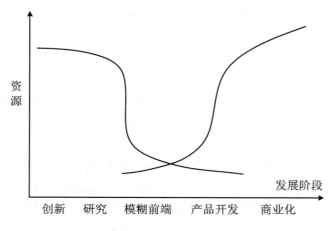

资源

发展阶段

创新　研究　模糊前端　产品开发　商业化

图 6.1　"死亡之谷"

对"死亡之谷"有两种解释。首先,技术人员(左)通常不了解商业人员(右)的关注点,反之亦然。这两个群体之间的文化差异表现为具体的关注点一方重视而另一方轻视,甚至贬低。举例来说,网络和合同管理对于销售员来说也许很重要,但是对于技术人员来说可能是肤浅、不值一提、显而易见的。其次,双方通常有不同的目标和奖励结构,技术人员在发现和推动知识前沿中寻找价值,而商业化人员需要销售一种产品,在销售渠道中寻找价值,往往被技术人员认为发现的价值是理论上的和无用的。此外,死亡谷的概念也可以运用到现金流,如图 6.2 所示。

这些都对技术成果商品化和促进经济增长起着阻碍作用。在"死亡之谷"上架设桥梁,使众多的科技成果在"死亡之谷"上商品化、产业化,这是政府的责任。

技术转化需要跨越从技术到市场、从市场到产业化的两个"死亡之谷"。"死亡之谷"是世界各国共同面临的挑战和问题。创新活动的不确定性、创新所带来的正外部性、基础设施的自然孤岛效应、不同创新主体之间的合作失灵以及市场的不完善等带来的市场失灵都阻碍了技术成果的商品化、产业化,拉大了"死亡之谷"。因此,政府有必要在"死亡之谷"上架起一座桥梁,让许多技术成果在"死亡之谷"之间实现商业化和产业化。

---

① Markham S K. Moving Technologies from Lab to Market[J]. Research-Technology Management,2002,45(6):31-42.

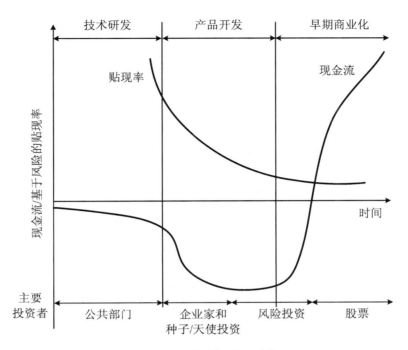

图 6.2 现金流"死亡之谷"

第三节 技术转化模式

一、技术商品化模式

技术成果所有者通过技术市场,将技术成果以部分、全部或特许权的形式一次性转售给企业,如专利权的出售、转让、许可等,这种转化形式的技术成果成熟度普遍较高。科研机构向第三方转让技术成果的方式有两种:个人科技成果转让和第三方委托科研机构设计或研究。该模式的优点是流程简单、规模大,科研投入可以迅速得到弥补;但也存在一定的缺点,即买卖双方都需要花费大量的信息检索成本,需求方需要鉴定技术的成熟度,如果技术不够成熟,不能够最终实现商品化、产业化,就可能给企业带来一定的损失[①]。具体来看,为了加速技术商品化,可采取的模式有:

1. 技术成果转化办公室

技术成果转化办公室是由法律、商业、科技等专业人员组成的服务组织。例如美国大学技术管理协会(AUTM)是一个以技术转让为中心的全国性组织。其主要职责

---

① 陈兰杰.国内外高校科技成果转化模式比较研究[J].工业技术经济,2009,28(3):53-56.

是搭建科研人员与企业之间的桥梁,并对相关成果进行转化;了解和评估新技术成果,与有合作意向的企业和风险投资机构进行联系,根据专利的技术特性、开发价值、市场前景等因素,与企业签订转让协议。

技术成果转化办公室能够降低交易费用,提高技术成果转化效率。技术成果转化办公室需要了解供求双方,即技术成果的属性、作用和可能的商业化前景,更要寻找有可能承接技术成果商业化的企业。与此同时,还应把握好技术方与企业方的利益平衡,实现双赢,最终实现技术成果各个阶段转化与利益相关方成功对接。

2.技术成果交易会

技术成果交易会,即多方技术成果拥有者直接与需求多方进行洽谈。这样的技术信息市场形式,可以使大量的新技术成果转化为现实生产力,使大量的实用技术得以大面积普及和推广。举办技术成果博览会、交易会被认为是加速技术成果商品化的有效形式之一。

3.委托科研机构研发

研究机构受委托进行研究和设计开发,主要的形式有:① 项目研究形式。发起以项目形式组织实施的组织和为实现特定技术转化目标而采取的研究形式,如"863"计划、国家科技攻关计划、火炬计划等。② 合作研究形式。以数家企业和科研机构为主体,综合科技优势,组建科研中心,进行定向或者半定向的技术领域合作研究,例如从政府预算中拨款设立合作研究中心。③ 委托研究形式。以契约形式约定并实施的一种企业与大学、企业与研究所的转换形式。例如,麻省理工学院的"工业关系计划",与超过300家企业建立联系。这种委托研究的形式在我国也较为普遍,一些学校通过建立校董会,来加强企业、大学、研究所之间的联系、交流与研究[①]。

二、技术产业化模式

1.技术入股转化

技术入股转化是指技术成果所有者与企业合作方通过合伙或分红(或产权部分转让、部分合伙等),将技术成果投入现成企业生产。该模式的主要特征是,技术成果所有者一般只提供成果和生产建议,其他生产条件由合作企业提供,管理策略主要基于企业现有的政策。这一模式的优势在于技术成果所有者的风险小,可以利用现成的条件,转化速度较快;其缺点在于不利于技术成果的后续开发,因为成果不是按照企业要求开发的,因此产品的市场接受程度未必令人满意。[②]

2.科学园转化

科学园转化是指将技术从大学研究实验室转移到园区内各企业的组织形式。该

---

① 纪光兵.高新技术成果的转化与风险控制方法研究[D].重庆:重庆大学,2001.
② 陈兰杰.国内外高校科技成果转化模式比较研究[J].工业技术经济,2009,28(3):53-56.

模式是技术转化为商品,进而实现规模化生产的基地,也是大学、科研机构等与工业企业加强合作的平台。

3. 大学科技城转化

大学科技城是指政府专门设置科学研究和高等教育机构的一种卫星城,相关产业则围绕在科学研究和高等教育机构周围,通过大学科技城进行技术转化。大学科技城可以吸引和聚集众多大学、企业等,带来经营技术成果及技术产品,减少技术转化的障碍,加快技术转化的效率。例如美国的费城大学科学城,法国里昂、马赛技术城,日本的筑波科学城等。

三、技术型创业模式

根据不同技术源以及技术源机构与创业企业之间的关系,技术型创业模式可以分为以下几种[①]:

1. 自主创业模式

自主创业模式是指技术成果拥有者在现有政策和环境的支持下,自主创办企业,创造条件把技术成果转化为现实生产力。该模式的优点是转换速度快,耗时短,并能提供有效的技术支持和后续开发,使企业能更快地获得现金收入,并能完全控制企业。其不足之处是生产资金后续可能不足,突破资金"瓶颈"制约的时间较长,以及技术人员的管理不足,市场开拓能力不强等[②]。

2. 科研机构创业模式

科研机构创业模式是指新的企业由国家大型研究开发机构转制而成,由内部研究人员组成,并促成部分重要研究成果的商业转化。科学研究单位利用并发挥自己的优势,创办了技术型企业,把一批技术含量高、投资少、中间环节少、经济效益显著的科技成果直接转化为生产力,推向市场。

3. 公司内部创业模式

公司内部创业模式是大型企业内部发展起来的一种新制度,利用企业现有资源生产新产品或提供新服务,既是内部投资,又是企业创新发展的一种战略手段。基于公司内部创业的目标、资源和外部环境的差别,公司内部创业模式多种多样,主要有以下五种[③]:

(1)赛道模式。公司已经确定创业的方向或者技术突破的目标,由多个团队同时进行,哪一个团队率先达到业务目标,或者哪一个团队获得公司的肯定,这个团队将成为赢家,而且是赢者通吃,如腾讯的微信项目。

(2)自由赛马模式。公司不指定具体的创业方向或者目标,内部创业者可以自

---

① 严志勇,陈晓剑,吴开亚. 高技术小企业技术创业模式及其识别方式[J]. 科研管理,2003(4):71-75.
② 陈兰杰. 国内外高校科技成果转化模式比较研究[J]. 工业技术经济,2009,28(3):53-56.
③ 陈诗江. 企业内部创业模式选择与激励机制[J]. 企业管理,2018(10):108-111.

由选择创新创业方向,比如谷歌允许员工 20% 的工作时间用于研究他们感兴趣的项目。

(3)平台化模式。公司以平台的形式为内外部创业者提供公司内部资源,根据创业者类型的不同分为封闭式和开放式两种创新平台。

(4)上下游模式。鼓励员工围绕公司现有业务的上下游进行创业,从上游的研发、设计、供应等,到下游的渠道、终端、产品转化利用等,华为内部创业就是该模式的典型代表。

(5)内向型和进阶型风险投资模式。内向型风险投资模式是指企业将内部创业项目作为风险投资项目,进行早期股权投资以支持项目发展;进阶型风险投资模式是指企业在不同发展阶段对内部创业项目提供不同的支持。

4．合作创业模式

合作创业模式是指创业企业家通过风险投资创建新的企业,通过技术专家的技术支持获取核心竞争力。技术成果拥有者通过技术资本与风险投资的金融资本形成注册资本,组建企业实现技术商业化和产业化。该创业模式赋予了技术资本和金融资本同等的话语权。技术持有者的目标是完成从原创技术到差异化产品的转化,最终实现自营业务,并筹集小额启动资金成立技术创业企业,这与技术自营企业中的"受雇"状态不同。技术持有者是技术初创企业的发起人。有权参与与其持股相对应的融资对象、融资方式、利益分配等决策。这种模式的优势在于风险投资在资金、技术和管理方面的支持,可能会带来更高的利润和更快的发展。缺点是需要出让一定比例的股权;失去对企业的部分控制权,接受投资者的财务监管;需要支付融资交易成本等。

融资环境是决定选择自主创业模式还是合作创业模式的主要因素。在融资环境良好的情况下,交易成本相对较低,获得风险投资的可能性较大,风险投资的股权比例和话语权相对较小。在这个时候,创业公司有强大的动力去追求风险投资。但是,随着融资环境的恶化,融资交易费用增加,获得风险资本的可能性降低,风险资本的话语权和控制权提高,初创企业将更倾向于选择自主创业模式。追求自主创业模式的企业,并不意味着没有风险资本的介入,其区别在于面对风险投资方的主动权大小。

5．企业孵化器模式

企业孵化器是指为科技型中小企业提供物理空间、基础设施和一系列孵化服务的新型社会经济组织。企业孵化器为科技型中小企业提供全面系统的服务,与大学研究机构联合提供技术服务,与银行、天使投资、创业投资等机构对接提供投融资服务,与专业联合管理咨询机构对接提供管理咨询服务等。

以孵化高科技企业为目标的企业孵化器,通过与政府职能部门合作,形成对高科技企业的支持。实现政产学研联合,是一项高科技成果产业化的系统工程,在推动技术成果转化方面发挥着十分重要的作用。它在一定程度上克服了科学园、科技城的某些缺点,更有利于科技成果的转化。我国创建的高技术产业开发区,在一定程度上是高技术产业(企业)孵化器。[①]

第四节 技术转化路线

技术转化在一定程度上遵循着一般路线,但并不是每一个技术转化都要经历每个过程。从总体来看,一般路线包括5个子过程和4个衔接阶段。5个子过程分别是:洞察技术和市场之间的联系;孵化技术以确定其商业化的潜力;在适宜的产品和工艺中示范技术;促进市场接受;实现可持续商业化。这5个子过程致力于解决技术和营销的问题。4个衔接阶段分别是:激发兴趣与争取支持;为技术示范调动资源;调动市场要素;调动互补资产。它们本质上是一种风险投资管理。没有合适的支持,技术的价值很难被承认,也不可能向前推进,从而导致失败,具体如图6.3所示[②]。任何一项新技术在市场上的成功离不开每一个阶段的成功与衔接,要在每个阶段中创造出足够的价值使一项技术能够继续进行下去,这是洞察力以及解决问题的能力,从而引起投资者对下一阶段的兴趣,并使他们确信技术的潜力,这主要是一项推销的工作。

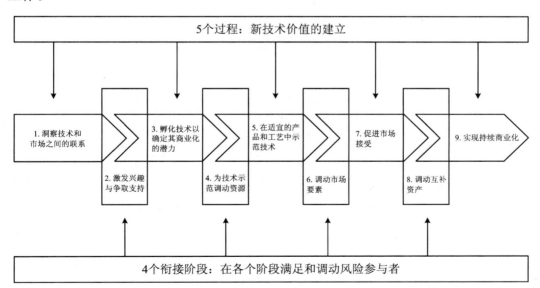

图6.3 技术商业化的过程

---

① 纪光兵. 高新技术成果的转化与风险控制方法研究[D]. 重庆:重庆大学,2001.

② Vijay K,Jolly. 新技术的商业化:从创意到市场[M]. 张作义,周羽,王革化,等译. 北京:清华大学出版社,2001.

根据技术成果与市场需求的先后顺序,技术转化路线可以分为供给侧路线和需求侧路线。

一、供给侧路线

供给侧路线是指由于技术创新能力的推动,使技术成果商品化,从而使商品具有较多的创新要素,形成新的市场需求,取得较高的经济效益。结合新技术成长周期规律,基于技术驱动的供给侧视角,技术转化供给侧路线可以归纳为"基础研究→应用研究→技术研发→工程化验证→商业化",具体如图6.4左侧所示。

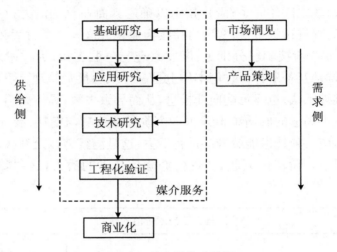

图 6.4　技术转化路线图

从供给侧来看,技术转化的源动力是政府行为或者科研人员的兴趣偏好。此处所说的政府行为,是指政府的计划和组织行为,以及社会、科技、工业、区域发展规划等政策与法律行为,和旨在实现这些计划的行为,例如财政、信贷、外贸等。[①] 此外,科研人员的兴趣偏好也是推动基础研究的重要动力之一,科研人员出于兴趣偏好扎根于某一研究领域,实现基础研究的突破,最终一步一步走向商业化。但是在初始阶段对于研究成果如何形成商品,造就经济价值,服务于社会他们并没有过多的思考。

二、需求侧路线

需求侧路线是指由市场需求引导科技研发的方向,对最终产品的技术等给出了清晰的要求。结合新技术成长周期规律,基于市场驱动的需求侧视角,技术转化需求侧路线可以归纳为"市场洞见→产品策划→技术研发→工程化验证→商业化",具体

---

①　史世鹏,等.高技术产品创新与流通[M].北京:经济管理出版社,1999.

如图 6.4 右侧所示。根据策划产品的技术要求,有"产品策划→基础研究""产品策划→应用研究""产品策划→技术研发"三条分路线。

需求侧技术转化路径可视为技术信息的传播链。首先,消费者产生了需求欲望,表现为需求行为,并将之物化为"虚幻的商品",形成需求信息,并传递到市场,从而形成市场需求或社会需求。这种信息在市场上就变成了客户需求,企业为了满足经营发展的需要、获得利润,不断开发和发现利基市场,并且积极响应这种客户需求。消费者在购买创新产品之前,通常会考虑其需求、愿望和数量。举例来说,以前没人开车,但是有了车,每个人都想拥有一辆车。如果汽车的价格降到一定程度,有些人就会想买,那么普通人就能买得起,汽车就会流行起来。企业在感知到市场的客户需求后,进行产品策划,将"虚幻的商品"概念化。接着按照所需要的技术水平,选择应用研究、技术研发或工程化验证,进行不同层次的技术研究与开发,将"虚幻的商品"转化为可交易的商品或者服务,最终实现技术商品化,满足客户需求,实现企业的技术改造。

供给侧与需求侧路线最主要的区别是先有技术成果还是先有市场需求概念。换句话说,是拿着技术找市场,还是拿着市场需求找技术。

在图 6.4 中,虚线框内是媒介服务范围,媒介服务的存在是为了加速技术转化。技术商业化最主要的失败是市场的失败,市场失败又伴随在技术商业化过程的每一个阶段,媒介服务可以在一定程度上减少市场风险。一般而言,媒介平台的主体除了政府以外,成果转化服务平台、成果孵化器和中介服务组织也是重要的服务平台[①]。

在技术转化过程中,特别是在早期阶段,政府介入尤为必要。政府可以通过奖励性措施或者惩罚性措施引导企业按照政府的意图,选择技术成果商业化、产业化的方向。政府在技术商业化过程可以做出的奖励性举措主要有:① 指出技术的重要性,包括发表需求和政府优先权、提出科研目标、认可技术成就、指示即将出台的法规等;② 加速转化,包括提高技术的市场、新闻报道、刺激建立市场单元间的网速等;③ 鼓励需求,包括试用与认可技术、资助购买、指导政府认可市场、建立标准、制定挑战性法规;④ 鼓励供应,例如补充私营企业研发、税收减免、低息或贴息贷款、提供合作研究、开放政府实验室、以适当的技巧和基础设施推动开发、鼓励联合研究等,从而引导企业进行新的技术转让,获取利益。惩罚性措施主要有:高税率、高利率贷款或贷款利息回收、惩罚性价格管制等,促使企业生产成本大于收益,进而选择新产品开发,实现技术转让。政府在颁布举措的时候需要注意政策介入的程度,如果太少,可能毫无效果;如果太多,就会造成支持不恰当,指挥效率低下、缺乏市场活力等问题,用政府失误替代市场失败。

科技成果转化服务平台的主要功能是传递科技成果信息,建立共享、高效的科技成果信息资源开发利用系统,建立科学、合理、长期的科技成果数据库,通过服务将供

---

① 邱启程,袁春新,唐明霞,等.基于供给侧和需求侧需求视角的农业科技成果转化[J].江苏农业科学,2016,44(8):5-9.

需两方联系在一起。科技成果转化服务平台通过传递需求侧主体的需求,引导供给侧主体将技术力量配置到社会和市场需要的地方。同时,需求侧主体也可以更加直观地感受到供给侧主体的技术成果,了解技术成果的相关信息和发展趋势,从而更加明确自己的需求,找到实现需求的技术成果。可以说,科技成果转化服务平台能够切实推动科研与生产的有机结合。

成果孵化器是一种新型的社会经济组织,其主要功能是为技术创业型企业提供系统的培训咨询、政策、资金、法律、市场推广等综合性服务,帮助它们成功跨过"死亡之谷",实现技术转化。

中介服务机构的职能主要是完成技术成果供求之间的转移。中介服务机构具有多样性的特点,包括政府和企业创办的各类科技中介组织,如各类知识产权评估机构、代理商、市场研究咨询机构等。

在商业化过程中,技术转让主体要积极调动市场要素。一般认为包含三种市场要素:第一种是致力于该技术的公司;第二种是在市场接受中起作用的拥护者、仲裁者,包括利益集团、意见决策领导者、非竞争公司、立法及标准机构;第三种是将现有技术商业化的公司,也是最重要的,包括中间商、合作制造商、销售商、互补产品和服务供应商。在调动互补资产获取最佳效益时,企业可以有不同的模式选择,取决于技术共享程度和技术应用控制程度。图 6.5 展示了可选择的技术商业化方法,在 A 区,无论价值如何产生,企业都可保证获得最大保留价值,在 B 区,可以通过企业行为让更多的合作伙伴分享增加值,而 C 区主要表示共享销售产生的价值,D 区表示将所有增加值转移给第三方以期获得较大的市场。

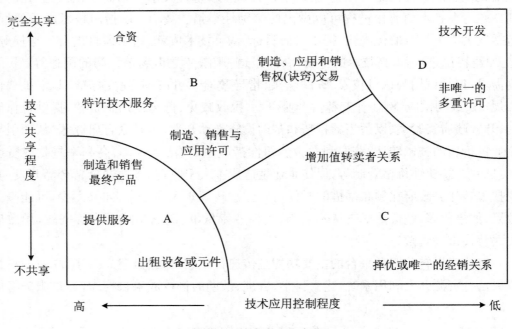

图 6.5　技术商业化方法

【思考题】

1. 技术转化会涉及哪些主体？
2. 技术商品化、技术产业化、技术型创业有什么区别？
3. 技术转让相关理论有哪些？
4. 公司内部创业模式有哪些？你还能想到其他分类方式或者模式吗？
5. 技术转化需要经历哪些阶段？请分别从供给侧和需求侧阐释。

【阅读文献】

Jolly V K.新技术的商业化：从创意到市场[M].张作义,译.北京：清华大学出版社,2001.

罗伯特·G.库柏.新产品开发流程管理[M].刘崇献,刘延,译.北京：机械工业出版社,2003.

保罗·特罗特.创新管理与新产品开发[M].焦豪,陈劲,等译.北京：机械工业出版社,2020.

陈永忠.高新技术商品化产业化国际化研究[M].北京：人民出版社,1996.

托马斯·H.拜尔斯,理查德·C.多尔夫,安德鲁·J.尼尔森.技术创业：从创意到企业[M].陈劲,李纪诊,译.北京：北京大学出版社,2017.

第七章　技术标准

技术已成为企业生存和发展的重要基础。当某一企业或组织垄断了技术,也就意味着整个市场都将被垄断。技术不仅仅通过专利形式实施垄断,而且还通过技术标准锁定来维护垄断地位。世界贸易组织(World Trade Organization,WTO)在《技术性贸易壁垒协议》(《Agreement on Technical Barriers to Trade》,TBT 协议)中明确强调,"各国在制定技术法规、技术标准和技术合格评定程序时,应基于已有的国际标准,且不得对国际贸易形成壁垒"。这一规定将技术标准纳入国际贸易规则之中,使技术标准,尤其是国际标准的作用在国际贸易活动中愈发重要。技术标准在国际贸易中的重要地位,令各国将经济和科技竞争的焦点转向争夺国际标准的控制权上,将此视为提高国际经济竞争力的重要策略,并纷纷出台国家标准化战略。国家标准化战略的核心思想,是依托技术标准,结合技术法规与技术合格评定程序,制定相应的技术性贸易措施。国家标准化战略的实施,是实现本国经济发展和增强本国技术的国际竞争地位的关键。本章主要对技术标准概念、技术标准分类和技术标准领域的相关理论进行解读,并阐述技术标准的制定流程和行业技术规范。

第一节　技术标准概述

根据国际标准化组织(International Organization for Standardization,ISO)给出的定义,技术标准是"由公认机构制定并批准的文件,在内容上包含细节性的技术规范,或者对其他持续使用(例如特性定义、规则或指南)的明确规范,旨在令进入市场流通的产品或服务达到一定的要求"①。技术标准通常具有强制性或指导性,能够提供细节性的技术要求和技术方案,使相关产品或服务在安全性或准入要求上达到一定的标准。

---

① ISO. What Are Standards [EB/OL]. [2010-10-8]. http://www. iso. org/iso/en/aboutiso/introduction/index. html.

技术标准的适用对象既可以是物质层面的,也可以是非物质层面的。物质层面的对象主要有产品、材料和工具;非物质层面的对象主要有符号、概念、程序、方法等非实体的对象。一般来说,技术标准可以被分为:① 基础标准;② 安全、卫生、环境保护标准;③ 方法标准;④ 产品标准。在一个工作中,各参与方都必须以技术标准作为技术依据。无论是在诸如科研、设计、工艺和检验等技术工作中,还是在商品流通的过程中,各方都必须严格遵守技术标准的各项规定。随着生产活动的进行和生产技术的不断提高,目前已有大量的技术标准,对各项生产和技术研发工作产生了广泛的影响。一个处于技术标准下的技术通常是成熟且完整的,因此当生产者自身的生产技术无法达到现有的技术标准时,可以通过向技术标准体系寻求技术许可的办法来获取符合某要求的生产技术。技术标准通过对产品或服务的特性进行统一规范,一方面确保产品和服务达到基本的质量和安全要求,另一方面也便于不同产品和服务间的相互协同。

技术标准在不同视角下的内涵各有不同:

(1)从动因上看,技术标准反映的是一个集体的选择结果,是经由协议产生的用于统一循环问题的解决方法。

(2)从性质上看,技术标准是对企业在产品生产以及提供服务时在技术方法、方案和路线上的约束,通常对一个或一类技术要求进行规定并涉及多项专利,通过将企业限定在法定的技术方法、方案和路线中来实现一定的性能指标。此外,技术标准也是构成技术性贸易壁垒的核心因素。

(3)从作用上看,技术标准最初的作用是为保证产品的通用性,随着技术发展逐渐变为企业获取经济效益的重要工具,技术标准对促进社会化大生产的发展产生了重要影响。

(4)从原则上看,技术标准具有公开性和普遍适用性。技术标准最重要的作用是促进了市场竞争,进而带动科技创新的发展。

一、技术标准的特点

全球的技术标准竞争愈发激烈,技术标准的性质和作用随技术标准的更迭不断变化。

在过去,技术标准主要的作用仅是解决产品的零部件通用问题和互换问题;在当下,技术标准正以非关税壁垒的形式成为国家贸易保护行为的重要措施。

在传统行业,受技术更迭缓慢的影响,影响传统行业经济效益的主要因素是产品质量和生产规模,技术标准在传统行业的主要作用是保证了产品的互换性和通用性,技术标准和技术专利的所有者是分离的;在新兴高技术产业中,技术创新和知识产权是影响经济效益的重要因素,不同于传统行业"先有产品后有标准"的大规模工业化生产行为,高技术产业的生产行为通常是"技术标准先行",因此技术标准在高技术产业中被视为专利技术的最高体现形式,成为产业竞争的制高点。在上述因素下,技术标准已不仅仅是产品层面的焦点,更是企业抢占发展制高点的重要手段。

技术标准的实质是对产业发展的规范,旨在掌握市场发展的控制权。因此,技术标准具有三个本质特征[①]:

(1) 技术标准具有"专利池"特性,通过授权许可方式在企业间扩散。多数高技术企业的技术发展思路通常是技术专利化、专利标准化以及标准垄断化,最终目的是保证企业自身研发技术在市场的独占性。具体而言,这些高技术企业通常会选择将企业自身的专利和技术标准相结合,使技术标准呈现出"专利池"的特性。

(2) 技术标准具有生命周期性,且周期随技术发展在不断缩短。技术标准与其他技术性产品类似,有出现、成长、成熟与衰退的生命周期性:在整个技术标准的生命周期中,技术在早期的发展较为缓慢,因此技术标准的更新往往时间间隔较长;随着技术的不断发展,技术逐渐成为技术经济的重要影响因素,在企业发展中的地位不断增强,企业之间的技术创新活动也变得频繁;随着技术创新的不断发展,技术标准的更新频率不断加快,且技术标准体系被不断地完善;当技术标准达到一个极为完善的过程时,技术创新活动减弱,此时的技术标准能够完全覆盖现有的生产活动。

(3) 技术标准的成效受到技术与市场的影响。在衡量一项技术标准的成功性时,技术性指标(如技术的先进性、成熟性和兼容性等)从来都不是唯一的衡量依据,这一技术标准应用的市场中的用户基础同样是衡量该技术标准成功性的重要指标。通常情况下,当一个技术标准的市场用户基础在规模上呈现增长时,就意味着这一技术标准的制定者对市场控制力的增长,也就意味着制定者能够从市场中获得更多的收益。因此,技术标准的成效取决于标准技术和标准市场用户的共同发展。

技术标准的基础是技术,甚至可以说技术标准也是技术的一部分。技术标准和技术之间存在着密切的关系,一个完善的技术标准体系能够很好地反映当前的技术发展水平。从技术层面看,技术标准的特点如下:

(1).广泛性。技术标准强调的是对整个技术领域的推广和应用,因此适用范围极广。从产品性质上看,无论是初级产品、中间产品、工业制成品,还是劳动密集型和技术密集型产品,抑或是高资本产品,均受到技术标准的规范和约束;从产品内容上看,无论是产品本身,还是产品外的信息、知识产权、投资、金融和环境保护等领域,技术标准都能够覆盖并形成规范性约束;从产品生命周期上看,商品从研发、生产、运输、销售到消费的整个生命周期都需要遵守对应的技术标准。

(2) 统一性。技术标准会制定一系列指标衡量技术水平,一旦某技术无法达到指标要求,则该技术就是不合格的生产技术。

(3) 便利性。绝大多数技术标准中的技术是完备的、公开的,因此使用技术标准

---

① 王道平,韦小彦,方放.基于技术标准特征的标准研发联盟合作伙伴选择研究[J].科研管理,2015,36(1):81-89.

的行为不构成竞争。企业在生产技术不达标的情况下可以直接向技术标准体系请求技术许可来获得符合标准的生产技术,这大大降低了企业的生产技术成本。

（4）垄断性。当下技术标准和专利技术的结合愈发紧密,导致技术标准的垄断性不断增强。就专利权而言,专利权本身具有较强的地域性和排他性,所以当专利进一步升级成为技术标准时,其垄断性随着该技术标准普及程度的提高而提高。专利技术和技术标准之间的关系通常从技术专利化逐渐转变为专利标准化,最终走向标准授权化。在这一过程中,企业通过将代表个人利益的专利技术捆绑在代表公共利益的技术标准上来形成技术性垄断。形成技术垄断的企业一方面可以垄断性的收取专利费用,另一方面其自身专利技术的垄断地位也随着技术标准的推广而增强。

（5）双重性。技术标准的双重性质是合理合法性和隐蔽性。就合理合法性而言,技术标准在产品质量提升、国家安全保护、消费者利益保护、贸易保护等方面是合法合理的。就隐蔽性而言,因为WTO/TBT协议中并没有因为国际技术标准的存在而禁止产品进口国自身已制定的技术标准,一些高技术的发达国家便利用本国制定的高技术标准为其贸易保护行为提供借口。目前技术标准正在成为国际贸易保护主义的高级形态,且相较于传统非关税壁垒而言具有更强的隐蔽性。

（6）坚固性。与传统关税壁垒和诸如配额、许可证等非关税壁垒相比,技术标准的形式更加复杂。技术标准一旦形成,便具有较高的稳定性,能够提高产品的技术依存度,改进产品设计、产品包装和产品质量,还能够建立一系列技术认证措施等。

（7）不平衡性。客观层面上,技术的进步和需求的增长是不断变化、不断升级的,这也在客观上促进了技术标准的变化和升级。主观层面上,各国不断制定技术标准,并对自身制定的技术标准不断修改并完善,使技术标准一直处于动态变化和升级换代的过程中。限制技术标准的制定和实施的最大因素是国家现有的经济和科技发展水平。从目前来看,发展中国家无论是在经济实力还是科技水平都和发达国家有着较大的差距。这种不平衡性随着部分发达国家利用自身远高于国际标准的技术标准展开的歧视性贸易保护活动而进一步加大,对自由贸易环境产生了严重的破坏。

二、技术标准的影响

技术标准的发展对经济社会产生了重要影响。

对消费者而言,技术标准将产品或服务的技术加以规范化、简洁化和标准化,有助于消费者更好地了解产品或服务的性能与质量,降低了消费者在购买活动中所产生的交易费用,增强了消费者的消费意愿。

对企业而言,技术标准既降低了企业的运营成本,同时也提高了企业的技术创新收益:一方面,技术标准将企业的生产过程固定化、惯例化,大大减少了生产成本;另一方面,标准化为企业提供了一个制度性平台,通过技术整合发挥技术协同的重要作用,从而对规模经济和分工经济进行有效整合,进一步提高生产效率。

对行业而言,技术标准影响行业竞争局面。从正面影响看,基于技术标准产生的技术体系能够对不同性质的技术加以整合,从而发挥它们的协同作用。就一项技术标准而言,该标准可能包含诸多的处于产业链不同环节和不同技术领域的关键技术点,同时涵盖了诸如产品规格、工艺流程、检查、称重以及度量等方面的大量信息,对指导企业基于自身技术水平进行研发活动、对相应专利和版权的引进等活动产生了重要的促进作用,最终带动新技术不断取代原有的技术,并为不同公司的技术创新活动提供更优质的技术平台。此外,技术标准自身所包含的知识大大降低了不同企业在获取信息成本上的不对称性,从而使得这些企业能够处在同一水平上,大大提高了竞争的公平性。从负面影响看,一旦行业中存在一个或多个企业试图将技术标准带来的收益内在化,那么这些企业便会将自身的技术专利融入技术标准当中,一方面汲取技术标准垄断下的专利权收益,另一方面迫使采用该技术标准的企业受制于这些垄断性的技术,这对良性竞争环境造成破坏。

三、技术标准的分类

不同分类依据下的技术标准类别不同,常见的分类依据主要有技术标准的形成过程、产品成形的前后阶段、公共物品属性和形成过程及适用范围,如表 7.1 所示。

表 7.1　技术标准的分类依据和主要类别

分类依据	类别
技术标准的形成过程	事实性标准
	自愿性标准
	强制性标准
产品成形的前后阶段	前导型标准
	后追型标准
公共物品属性和形成过程	非产品类标准
	产品要素标准
适用范围	国际标准
	区域标准
	国家标准
	行业标准
	企业标准

目前应用最广泛的技术标准分类以技术标准的形成过程为依据,将技术标准分为具有事实性标准、具有自愿性标准和具有强制性标准的技术标准。事实性标准形

成的基础是产品领先者的设计,可被进一步分为独家垄断模式和联盟模式:技术标准的所有者在独家垄断模式下也是技术标准的管理者和使用者,企业不追求技术标准的标准化,也没有标准化管理机构和标准化许可战略;技术标准的所有者在联盟模式下和技术标准的管理者和使用者是分离的,根据是否对联盟外成员授权、许可和开放,联盟模式可以进一步分为开放式技术标准和封闭式技术标准。自愿性标准的形成通常是技术标准的制定者经由专业协会协商后达成的具有一致性的技术标准规范。强制性标准的制定者通常是政府组织,并通过法令形式强制形成的技术标准。

从产品成型的前后阶段进行分类,技术标准可分为前导型标准和后追型标准:在前导型技术标准中,产品的市场调研和标准调研是同步进行的,换言之,产品在进行开发和设计之前就已经提出相应的标准并指导设计,并在设计阶段结束时做最后的修改,在完善后颁布最终的正式标准;在后追型技术标准中,产品则是先完成开发设计、产品鉴定和小批量试生产活动,技术标准则是在投入大规模生产时颁布并实施的。

以公共物品属性和形成过程进行分类,技术标准则分为非产品类标准和产品要素标准。非产品类技术标准的制定者通常是政府或相关标准化组织,主要适用对象是基于公共利益的技术基础设施,且通常属于强制性标准;产品要素标准通常是厂商在垄断市场时迫使其他厂商接受其独有的专利技术所形成的一种事实性标准。

以适用范围进行分类,技术标准可大致分为国际标准、区域标准、国家标准、行业标准和企业标准。通常情况下国际标准是由国家标准化机构制定的,或者引进国际标准或国外的先进标准。ISO 标准、IEC(International Electrotechnical Commission)标准,以及国际联合机构发布的针对专门领域的技术标准是目前代表性的国际标准。区域标准的"区域"概念是指欧洲、东欧、中南美洲等具有多个国家的区域,而被区域内的组织制定并使用的技术标准即为区域性的技术标准,如欧洲标准化委员会标准、欧洲电气标准化委员会标准、泛美标准化委员会(Pan American Standards Commission,COPANT)标准。由国家或者国内标准化机构确认的技术标准即为国家标准,是能够在全国范围内适用的技术标准,比如英国标准学会(British Standards Institution,BSI)、德国标准化学会(Deutsches Institut Normung,DIN)等国家标准。行业标准的主体是行业,技术标准的制定者通常为一个国家的行业团体和学会等。行业标准的主要作用是补充国家技术标准存在的不足。企业标准的建立基础是企业自行研发的技术,包括产品标准、原材料标准、工艺标准、检验和试验方法标准、计量和测试仪器标准、包装标准和材料定额技术标准等。

第二节　技术标准理论

一、TMR 三维理论

TMR 三维理论由美国学者达格福斯（Abdelkader Daghfous）和怀特（George R. White）在 1994 年提出[①]。达格福斯和怀特将技术创新的过程描述为技术（technology）、市场（marketing）和规则（rule）的综合竞争[②]：作为技术联系和管制的工具，技术标准的竞争不仅仅是技术的竞争，还必须善于应用市场因素与规制因素。TMR 三维理论描述了技术创新的过程，旨在反映技术创新的内部因果关系以及外部的动态特征。[③]

1. 技术（T）要素

技术创新是制定技术标准的技术基础，技术要素主要具备以下性质：

（1）技术实用性。技术标准建立的必要条件之一是技术标准中的技术必须能够满足市场的需求，这同样也是一个新的技术标准能够进入市场的基本要求。值得注意的是，技术的实用性并不能够代表技术在技术标准竞争中的必然胜利。在许多技术标准竞争的案例中，最终胜出的技术标准也并非具有最好的技术实用性。基于以上结果，企业在制定技术标准战略的时候也需要考虑技术实用性以外的重要补充条件，对技术实用性应将其定位为战略的基础。

（2）技术先进性。一个技术标准所依赖的技术系统的先进性决定了技术标准中技术的先进性。当其他因素不变时，一个具有更强的技术先进性的技术标准，越有可能在技术标准的竞争中被用户采用，从而在市场占据主导地位。如果在一个技术标准竞争中，技术差别较大的话，那么技术的先进性将对市场技术标准的形成具有重要影响。

（3）技术成熟性。技术成熟性反映了技术标准中的技术在产品性能上的实现程度。技术标准本质上是对市场和技术的一种规范，因此要想较好地实现产品的目标性能，技术标准中的技术必须是稳定的。在这种情况下，技术成熟性越高的技术标准，越具有较强的竞争优势。

（4）技术兼容性。不同企业生产的产品或服务在技术层面的融合程度被称为技术的兼容性。技术的兼容方向既可以是单向的，也可以是双向的。在单向兼容中，一

---

① Daghfous A, White G R. Information and Innovation: A Comprehensive Representation[J]. Research Policy, 1994, 23(3): 267-280.

② 杨武, 吴海燕. 制造业技术标准竞争力 TMR 三维理论模型研究[J]. 科技管理研究, 2009, 29(10): 321-324.

③ 杨武, 段科锋. 技术创新 TMR 三维理论[J]. 科研管理, 2005(3): 92-97.

个企业自身的产品或服务技术是能够被其他的企业在生产活动中使用的,但是其他企业的产品或服务无法使用这个企业的技术。而在双向兼容的情况下,相同的技术可以用于不同企业的产品和服务的生产,此时技术的用户规模是增加的。技术兼容性直接影响用户的规模水平,是影响技术标准竞争结果的重要因素。

(5)技术可控性。技术可控性反映了技术需求方被技术拥有方的限制程度。技术可控性可根据控制程度分为技术免费使用、技术许可使用和技术专用,对企业的用户规模和互补产品管理起到了重要助力。

2. 市场(M)要素

技术标准的市场竞争结果直接影响该标准构建的市场基础,而市场基础所反映的市场特征则会影响下一轮技术标准的形成和竞争结果。因此在本质上技术标准竞争是一个典型的市场问题,且具有一定的周期性。市场要素的具体表现如下:

(1)新市场概念形成。新市场概念的形成,是把新技术和市场相联系,提出新技术在市场上的应用。技术创新的价值必然取决于市场的需求。

(2)技术效用的集成。要想实现新技术的效用最大化,必须要把技术创新中所有新技术的价值和概念合并在一起。技术的改进和组合,本质上就是把新技术和现有的互补技术相结合,从而把增加的技术价值传递到产品中去。

(3)产品的市场渗透。消费者在使用产品时,不仅对产品功能有一定的要求,也会提出对功能以外的要求。产品的市场渗透是产品在市场发展时,随着顾客对产品的使用,技术创新的效用会通过产品不断的体现,进而获得顾客的青睐。总体上,消费者的各方需求都会影响创新产品对市场的渗透程度。

(4)创新的市场拓展。创新产品实现了创新者与用户在市场上的交流,这种交流会提高现有的产品应用水平。创新者与用户的交流共同拓展了技术创新的应用场景,实现了产品的价值增加和利润最大化。在这个过程中,技术创新的工艺创新资产是重要的影响因素。企业要想实现创新产品的质量增长和成本的降低,充分发挥规模经济的作用,就需提高企业在制造技术、质量控制和生产效率等方面的资源和能力。值得注意的是,这里的制造技术是生产设备及其在一个生产系统中的集成,以及相关的组织和管理结构。

3. 规则(R)要素

在创新竞争的过程中,企业的技术创新竞争通过市场体现;市场竞争通过产品体现;产品竞争通过技术体现。对技术竞争则体现在创新产权的保护上,因而技术创新又可视为一种为了获取技术创新产权而展开的竞争,可大致分为以下阶段:

(1)独立产权获得。独立产权主要针对专项技术领域。在一个基于发明的创新活动中,具有领先优势的创新者通常拥有首创性的发明,并以此获得发明专利形式的独立创新产权。

(2)产权簇的建立。产权簇是创新产品中同类技术的创新产权集合。从创新产权的视角看,创新簇是创新产权的从属性和交叉型关系的集合,通常针对某一个领域的创新技术。

（3）产权网的构造。产权网通常针对创新产品，是创新产品中不同技术类别的产权结构。创新产品的专利产权网络主要是通过产品中各项技术的专利簇集合形成的。

（4）知识产权组合。创新产权通常形成于技术创新活动中，而创新产品中的各类产权组合构成了知识产权组合。知识产权组合通常针对创新产品。

二、技术标准联盟理论

阿克塞尔罗德（Robert Axelrod）、米切尔（Will Mitchell）、托马斯（Robert E. Thomas）和本内特（D. Scott Bennett）等学者在 1995 年将技术标准联盟定义为一种"高级竞争形式的企业战略联盟"[①]：一方面，技术标准联盟具有知识共享、研发风险共担、契约行为等性质，和 R&D 联盟、专利联盟等技术创新联盟一致；另一方面，技术标准联盟自身还具有主体多元性和网络外部性的特征。

在技术标准化的过程中，技术标准联盟在技术标准化的不同阶段所展现的竞争特性是不同的[②]，大致如下：

（1）主体多元性。当今的技术标准联盟的作用已经不再局限于各联盟企业层面的微观竞争，在技术标准制定与产业化进程的作用已经上升到战略层面的高度，在规范行业、引领发展、打破技术贸易壁垒和国际竞争上起到了重要的影响，这是研发联盟或专利联盟等以增加局部市场竞争优势为目标的技术创新联盟所无法实现的。

技术标准联盟在复杂的国际标准制定的活动中尤其重要，因为这一过程会涉及企业层面、产业协会层面、国家政府层面和国际组织层面的多方利益[③]。在国家重点产业和地区重点产业中，政府和行业协会通常牵头建立技术标准联盟，通过整合企业、高校科研机构、产业孵化器、科技金融等创新资源，积极发挥诸如税收优惠、研发补贴、信息咨询等优惠政策，来保证技术标准联盟的持续运行。

（2）阶段竞争性。通常，技术标准联盟的阶段竞争性可大致被归纳为标准联盟间竞争和标准联盟的内部竞争，这是由于技术标准联盟处于技术标准化的不同时期所导致的。[④] 从技术标准的生命周期进行分类，技术标准化的过程可被分为标准制定期、标准推广期、标准成熟期和标准衰退期。

不同的技术标准联盟在同一领域制定标准后，会在标准推广期争夺能够提供互

---

①　Axelrod R, Mitchell W, Thomas R E, et al. Coalition Formation in Standard-setting Alliances[J]. Management Science, 1995, 41(9): 1493-1508.

②　姜红, 刘文韬. 技术标准联盟特性及联盟发展影响因素综述[J]. 科技管理研究, 2019, 39(11): 153-158.

③　詹爱岚, 李峰. 基于行动者网络理论的通信标准化战略研究：以 TD-SCDMA 标准为实证[J]. 科学学研究, 2011(1): 56-63.

④　Keil T. De-facto Standardization through Alliances-lessons from Bluetooth [J]. Telecommunications Policy, 2002, 26(3): 205-213.

补产品及服务的资源、供应商和用户等要素,其目的在于获取更大的网络外部性。当一个技术标准联盟拥有更大的网络外部性时,意味着该技术标准联盟能够获得更广阔的用户辐射范围和更多的支持者,也就意味着该技术标准联盟会更容易被行业协会或政府所接受。一旦一个技术标准联盟获得了足够的网络外部性,就有可能将联盟标准升级为行业乃至国家的技术标准。所以,在标准推广阶段的技术标准竞争主要表现为基于技术标准联盟内部合作展开的技术标准联盟间竞争。

在技术标准的成熟期,技术标准竞争逐渐转为联盟内部的企业竞争。在标准成熟期阶段,原有的联盟标准已经有了较为稳定的用户基础,已经拥有了主导设计,也基本实现了联盟的共同目标。此时,技术标准联盟的获利水平已经固定,联盟内的企业也由合作关系转为分割利益的竞争关系,对产品市场和知识产权展开争夺。

三、技术标准锁定理论

学者亚瑟(W. Brian Arthur)在1989年提出了技术竞争中的锁定效应[1]。当一种技术在市场中占据主导地位时,这项技术在一定的时间内具有标准优势。出于控制成本和风险规避的考虑,厂商通常会优先基于主流技术标准进行创新活动投资。这种优先选择的倾向最终会导致厂商对现有的技术产生依赖,从而在对技术的未来选择上受到现在选择的限制,这种现象被称为技术标准锁定[2]。

在互联网、数字化和信息时代的背景下,技术标准锁定现象日渐频繁,已成为技术标准竞争的重要影响因素。当一个技术标准锁定现象出现时,锁定的自我强化机制将引发进一步的技术标准锁定现象[3]。对于技术创新或技术演化中技术标准的锁定成因主要可分为以下几点:

(1)转换成本造成锁定。导致技术创新锁定现象的一个重要因素是资产专用性的沉没成本。一旦技术使用者确定了现在使用的技术后,随着对该技术的不断投资,使用者对技术转换行为的意愿和能力不断降低。交易成本、学习成本、人工成本及合约成本限制了顾客的转移从而产生事实上的标准锁定。

(2)集群导致锁定。产业集群同样可能面临"技术标准"锁定问题,主要原因在于企业往往不愿意放弃已经和现有技术结合形成的一体化聚集经济利益。在产业集群中,随着企业的集体学习的不断加深和知识的不断积累,整个产业集群会被逐渐锁定在一条技术轨道上,且该技术轨道的竞争力随着新技术的不断发展而逐渐降低。企业在借助协同合作和技术创新追求升级发展的过程中,往往会依赖现有的发展基

① Arthur W B. Competing Technologies, Increasing Returns, and Lock-in by Historical Events[J]. The Economic Journal,1989,99(394):116-131.
② 陶爱萍,沙文兵. 技术标准、锁定效应与技术创新[J]. 科技管理研究,2009,29(5):59-61.
③ 王子龙,许箫迪. 技术创新路径锁定与解锁[J]. 科学学与科学技术管理,2012,33(4):60-66,88.

础和发展模式,这种"路径依赖"现象便会引发产业集群在生命周期进程中的"锁定效应"[①]。

(3) 锁定受制于行为发生的秩序。经济行为发生时的经济秩序直接决定经济结果,因此即使企业有着更有利的选择,也会受经济秩序的限制转而选择次优选择。实际上,受经济秩序的限制,基于次优选择的经济结果更加普遍[②]。

(4) 网络外部性导致锁定。网络外部性使工业技术的变化既受制于技术本身在性能上的改进,同时也受制于技术使用者的网络规模。在网络外部性的影响下,市场通常呈现出"一边倒"的特征,这其中的主要影响因素是网络效应下产品市场均衡的非唯一性以及临界容量。受现有用户规模和启动新技术标准的临界容量等因素的影响,旧技术标准转换成新技术标准的惰性往往极大。另一方面,由于网络外部性无法内在化,一个新技术的引入在初期的用户使用成本通常高于在现有技术到达"临界容量"后采用新技术的用户所承担的成本。在这种情况下,如果一个新技术的引入在初期没有补偿用户的成本,那么用户对旧技术的黏性将会增大,从而导致用户推迟使用甚至拒绝使用新技术。此时的技术市场是低效率的,也将进一步引发"技术锁定"问题。

第三节　技术标准制定

一、技术标准制定的基本原则

在技术标准制定过程中,需要考虑标准框架的科学性、标准内容的先进性、标准对潜在用户需求的预知性以及标准对市场变化的适应性。

1. 标准框架的科学性

确立技术标准结构不能照搬其他技术标准的相关规定,技术标准的结构也并非是简单的罗列技术的相关指标和要求。确立技术标准结构的依据应当是企业的生产实际,对企业生产的标准化描述要科学合理,也要对成品产品的各先进性能做技术性总结。在市场经济的大环境下,企业技术标准框架的建立应当为未来的技术发展预留空间,要具有良好的可扩充性。总体上技术标准框架的建立要确保各要素间的相关性、环境条件的统一性、结构的有序性、形态的整体性、内涵的功能性、实施的可控性和明确的目的性。

---

① 李宏伟. 碳基技术系统锁定的动力机制[J]. 科技管理研究,2016,36(10):249-255.

② Keeble D,Wilkinson F. High-technology Clusters,Networking and Collective Learning in Europe[M]. Burlington:Routledge,2017.

技术标准框架时的技术标准在企业的生产和实践活动中具有纲领性地位,避免因杂乱的技术标准框架导致先进技术的黯然失色。

2. 标准内容的先进性

技术标准不仅要能够规范企业当下的生产活动,还应成为企业在一定时期内的奋斗目标和发展方向,从而推动企业的技术发展和升级。基于此,技术标准所规定的技术指标必须高于行业企业的现有水平。在制定技术标准时,应当严格的遵守高标准和高要求原则,对主要技术指标的定位应当在企业需要经过较大努力才能达到的水平。标准内容的先进性能够确保企业按照技术标准生产的产品在一定时期内充分满足市场各个层次的需求。经济合理是追求技术标准先进性的基础,要确保技术标准的可行性和合理性:当一个技术标准要求过高时,企业无法在生产工艺中实施这一标准,那么这个标准就失去了最基本的指导性特征。

3. 标准对潜在用户需求的预知性

技术标准除了要满足用户目前对产品的实际需求,还必须要考虑到用户潜在需求和未来需求。衡量技术标准适用性的重要标准,就是能否准确地预测和判断用户的需求,且充分考虑用户需求在未来的变化。

4. 标准对市场变化的适应性

技术标准是企业生产力的重要组成部分,在市场经济的大环境下,只有技术标准才能代表企业的核心竞争力。在技术标准的制定过程中,需要对市场需求进行持续性的跟踪和分析,确保技术标准的制定既能够适应市场变化,也能够促进企业产品竞争力的提高,从而使企业稳定地占领市场,顺利实现战略目标。[①]

二、技术标准制定的参与角色

在技术标准制定过程中,政府、企业、协会、专家、消费者等多种角色相互协调、相互制衡。[②] 从参与动机上看,政府参与技术标准制定的基础通常是"公共利益"和"行政专长";企业参与技术标准制定的基础通常是产业的经济和非经济利益;专家参与技术标准制定的基础通常是专业知识;消费者参与技术标准制定的基础通常是受影响的自身经济利益和非经济利益。这些参与主体由于组织能力和在社会结构中的地位和作用的不同,在技术标准制定过程中也具有不同的作用。

1. 政府在技术标准制定中的角色

原则上,政府制定技术标准的目的是保障公共利益,并矫正因信息不对称和外部性所带来的信息失灵。由政府主导的技术标准制定符合行政决策的"专家"模型,即假定行政部门的管理者是专业化的技术精英,具有知识优势和信息优势,在整合信息

---

① 陈元刚. 人口老龄化与重庆市老龄产业发展战略研究[D]. 重庆:重庆理工大学,2009.

② 宋华琳. 规则制定过程中的多元角色:以技术标准领域为中心的研讨[J]. 浙江学刊,2007(3):160-165.

资源和技术资源上有着巨大的优势。

但是,政府人员不一定是相关技术领域的专家,因此在制定技术标准时,行政部门还需要借助行政机关之外的专家委员会和技术委员会。在实际的技术标准制定过程中,行政部门自身不具备完备的科学信息,技术标准制定的信息资源更多来自企业。但对于企业而言,目前行政部门缺少畅通快捷的信息搜集与反馈途径,这增大了企业将技术信息报送政府部门的难度。在这种情况下,高等院校和科研院所是行政部门制定技术标准时的主要信息来源。完全以政府为主导的技术标准制定活动是在信息不对称环境下制定出的技术标准,故难免会出现与市场脱节或适用性较低的现象。

2. 企业在技术标准制定中的角色

以中国为例,《中华人民共和国标准化法》及《中华人民共和国标准化法实施条例》在技术标准中更多强调了对企业在执行层面的要求,即企业的生产经营活动、新产品研制活动、产品改进活动和技术改造等活动要符合技术标准中的要求。[①] 国家标准通常起到的是外部的"他律"作用,是对被规定者最低限度的要求。企业要想利用产品质量优势提高在市场竞争过程的获利水平,除了投入更多的生产要素外,也会设定一个高于国家和行业水平的技术标准,并以内部"自律"的形式管理企业的生产活动。

推荐性技术标准是市场自治的结果,旨在通过对产品和技术多样性的削减来获得规模经济效应。企业竞争已经转向技术标准的竞争,一旦企业获得核心技术就会在市场上占据主导的优势地位,也拥有了迫使其他企业采用该技术的能力。此时这项核心技术会逐渐转变为一种"事实上的标准",技术的拥有者可通过耦联技术标准和知识产权等手段来获得对市场的支配和优势地位。

以华为为例,2007年华为率先推出第四代基站产品,是世界上第一种能够融合GSM(即第二代网络技术G2)/WCDMA(3G时代的网络制式之一)/CDMA(3G时代的另一种网络制式)/WiMAX/LTE(即第四代网络技术4G)的多种制式共平台的基站。[②] 这一技术创新能够让运营商在进行新一代移动网络技术建设时无须拆除其原先建立的包括基站在内的网络基础设施,理论上为用户节约了一半的建设成本,避免了大量的投资沉淀和浪费行为。该产品的技术竞争优势令华为基站产品受O2、T-Mobile等欧洲主流运营商争相部署。之后华为进一步提出以4.5G网络技术为特征的Soft COM未来网络战略,并在世界范围内成功推动了4.5G标准在3GPP协议的落实。3GPP最终将华为开发的4.5G网络技术命名为LTE Advanced Pro。目前,华为又再次发起5G变革,引领全球5G技术标准,打破了高通在通信领域的技术

---

① 国家质量技术监督局政法宣教司. 中华人民共和国质量技术监督法规汇编. 标准化分册:1981—1998[M]. 中国计量出版社,1998.
② 邹慷行. 初探企业"标准"ABC(下)[J]. 现代工商,2019(1):80-81.

标准垄断[①]。

3. 协会在技术标准制定中的角色

协会是以行业及产品等共性而组合起来的共同体。与政府相比,协会对技术标准制定过程涉及的关键工艺流程和技术信息更加明确,且能够克服信息传递的失真,减少信息搜寻成本。协会制定的技术标准能够更好地考虑一般企业和个别企业的信息和利益,能够普遍被各方接受[②]。

《中华人民共和国标准化法》第 12 条规定:"制定标准应当发挥行业协会、科学研究机构和学术团体的作用。"在药品、环境等领域,企业和消费者之间存在较强的信息不对称,为了保证处于信息劣势方的消费者利益不受损害,政府通常以强制性标准的形式来规制相关领域的企业[③]。在这种情况下,行业协会可以:① 接受政府委托来牵头制定技术标准;② 部分参与或全程参与技术标准的起草或审查;③ 以行业利益代表的身份,通过正式及非正式的机制,在技术标准的水平高低、技术标准指标选取和技术标准实施中的问题等方面反映被规制企业的立场和见解。

目前对于轻工、纺织、黑色冶金、有色金属、石油天然气、石化、化工、建材等行业标准制定而言,尽管国家发改委负责行业标准的立项、批准和发布[④],但实际上的技术标准的制定主体已逐渐转为行业协会,行业协会制定的技术标准目前在我国的行业标准中占比达 45%。尽管行业协会在中国是私人行为者,但在技术标准制定的过程中,行业协会还应当考虑公共福祉和社会分配层面的选择,对技术标准的制定需要遵循透明、公开、责任等程序性约束。

4. 专家在技术标准制定中的角色

科学技术专家在标准制定中发挥着重要的作用。科学技术专家分散在政府、高校、科研院所以及工商企业中,针对技术标准制定中的政策考虑、经济约束、技术可行性、健康影响等问题,以其专业的学科水平对"细节共性"予以衡量,并针对可能的选择做出整体评判。

在 1979 年 7 月 31 日颁布的《中华人民共和国标准化管理条例》第 37 条中规定:"标准化和产品质量检验工作是生产技术工作,从事这些工作的科技人员是整个科技队伍的组成部分,其政治经济待遇与其他部门的科技人员相同。"[⑤]1988 年 12 月颁布的《中华人民共和国标准化法》第 12 条中规定:"制定标准应当发挥行业协会、科学研究机构和学术团体的作用[⑥]。""制定标准的部门应当组织由专家组成的标准化技术委员会,负责标准的草拟,参加标准草案的审查工作。"因此由专家组成的标准化技术委

① 盛建明,丁晓雨. 关于华为参与全球行业标准制定与实施经验与案例之剖析[J]. 中国标准化,2017(11):127-134.

② 高俊光. 面向技术创新的技术标准形成路径实证研究[J]. 研究与发展管理,2012,24(1):11-17.

③ 张旭,梅凤乔. 论企业参与污染物排放标准制定的法律保障[J]. 环境科学与技术,2011,34(11):194-198.

④ 环境保护部政策法规司. 中国环境法规全书:2005—2009[M]. 北京:中国环境科学出版社,2009.

⑤ 国家粮食储备局储运管理司. 中国粮食储藏大全[M]. 重庆:重庆大学出版社,1994.

⑥ 杨解君. 绿色技术发展的立法回应:问题与破解[J]. 法商研究,2017,34(6):60-69.

员会,就成为经法律授权的标准制定组织,同时也成为标准制定的法定环节。

然而,专家制定的技术标准也存在一定问题。一般而言,专家的遴选过程多是由相应的行政机关、行业协会及其理事会来完成的,他们更倾向于去聘请那些在学界同行中有较高认可度和学术威望的专家学者。因此遴选专家的度量标准直接决定了专家的专业水平层次,当这些标准形式化终于实质性时遴选的专家质量会大大降低[1]。另一方面,专家的科学知识和见解在专家制定的技术标准活动中对标准内容的确立有着直接的影响。处于对自身经济利益的考虑,很多大企业选择对标准委员会的专家"各个击破",专家被企业俘获的事例时有发生。值得注意的是,即使遴选出来了合适的科技精英,专家们的审议也不一定就能形成好的标准。[2] 每位专家都有着自己的专长和专业领域,在专业知识的交流环节难以评判专业水平和立场的对错与否。因此尽管专家在标准制定中发挥着相当重要的作用,但是如何遴选专家,保证专家在技术委员会中的均衡,设计相互之间对话和交涉的程序,都是协会面临的重要问题。[3]

5. 消费者在技术标准制定中的角色

在 1988 年颁布的《中华人民共和国标准化法》第 8 条中规定,制定标准应当"有利于保障安全和人民的身体健康,保护消费者的利益,保护环境"[4]。消费者可以有多种参与标准制定的途径。首先,听取意见是我国技术标准制定程序中的法定环节,消费者可以发表自己的意见,从而影响标准的制定。为此消费者有可能根据环境的、健康的以及审美上的权利来参与标准制定过程,这应成为他们的权利而非特惠。其次,根据《中华人民共和国消费者权益保护法》以及相关法律、法规和章程的规定,消费者协会是消费者的组织,是依法成立的对商品和服务进行社会监督的保护消费者合法权益的社会团体。消费者协会可以作为代表消费者利益的组织,来参与标准制定[5]。在实践中,消费者协会并非实质性地参与标准制定过程之中,而是通过同相关行政部门的沟通和协调,通过自己刊行的出版物以及其他传媒来发布有关商品和服务的信息,来发表自己对标准问题的观点和见解。另一方面,各标准化技术委员会的成员,不仅是专业领域里的专家,在生活中也扮演着消费者的角色,他们可以部分代表消费者的利益;同时标准化技术委员会的成员中,有使用和经销方面的科技人员不得少于四分之一,这部分人员相对更为贴近消费者的利益。但是从全体成员人数和这部分代表人数的数量关系,以及有关审议内容的专业知识、信息量的关系等角度来看,消费者的意见还是很难从技术委员会的审议结果中表现出来的。

消费者参与标准制定也存在一定问题。首先,如何判断谁是消费者,谁来代表消费者的利益。其次,对于科学技术问题,消费者会有与专家不同的理解。消费者往往

---

① 宋华琳. 药品行政法专论[M]. 北京:清华大学出版社,2015.

② 沈岿. 风险规制与行政法新发展[M]. 北京:法律出版社,2013.

③ 李大勇. 论司法政策的正当性[J]. 法律科学(西北政法大学学报),2017,35(1):19-25.

④ 娄成武. 技术监督法学概论[M]. 沈阳:东北大学出版社,2004.

⑤ 付蕾. 经济基础专业知识与实务[M]. 上海:华东理工大学出版社,2004.

更为关注那些突发的、被动遭受的、无法控制的、带来灾难性后果乃至影响未来世代的风险事项,倾向于去高估一些出现概率较低的风险,而对一些出现概率较高的风险视而不见。

三、技术标准制定和申报流程

当今市场竞争已从产品竞争步入更高级的标准竞争,掌握先进的技术标准意味着掌握了未来的市场。世界、区域、国家和行业的技术标准制定及申报的条件与流程各不相同,此处以《国家发展改革委行业标准制定管理办法》(发改工业〔2005〕1357号)为例[①]。

第一章 总 则

第一条 为规范行业标准制定工作,按照《中华人民共和国标准化法》和《标准化法实施条例》有关规定,制定本办法。

第二条 本办法适用于轻工、纺织、黑色冶金、有色金属、石油天然气、石化、化工、建材、机械(含锅炉压力容器、制药装备)、汽车、电力、煤炭、黄金、包装、商业、物流和稀土等行业标准制定。

第三条 行业标准是指没有国家标准而又需要在全国某个行业范围内统一的技术要求(包括工程建设、标准样品的制作)。行业标准不得与有关国家标准相抵触。行业标准之间应保持协调、统一,不得重复。

制定行业标准,要坚持新型工业化道路原则和科学发展观的要求,以市场需求为导向,重点突出、科学合理;制定行业标准要有效采用国际标准和国外先进标准,有利于参与国际竞争,有利于合理利用和节约资源、发展循环经济,有利于保护人体健康和人身安全、保护环境,与产业政策、行业规划相互协调,有利于科学技术成果的推广应用,促进产业升级、结构优化。

第四条 行业标准的制定包括立项、起草、审查、报批、批准公布、出版、复审、修订、修改等工作。

第五条 行业标准的制定工作由国家发展和改革委员会(以下简称国家发展改革委)管理。国家发展改革委委托有关行业协会(联合会)、行业标准计划单列单位(以下统一简称直管行业标准化机构[②])对行业标准制定过程的起草、技术审查、编号、报批、备案、出版等工作进行管理。

第二章 立 项

第六条 制定行业标准的立项,由国家发展改革委负责。

第七条 任何政府机构、行业社团组织、企事业单位和个人均可提出制定行业标

---

① 国家发展改革委行业标准制定管理办法(发改工业〔2005〕1357号)[EB/OL].[2005-7-28]. https://www.ndrc.gov.cn/fgsj/tjsj/cyfz/zzyfz/200507/t20050728_1148480.html? code=&state=123.

② 此附件略。

准立项申请(以下简称申请人),并填写《行业标准项目任务书》(见附表1①)。

第八条　行业标准立项申请由标准化技术委员会或标准化技术归口院所(以下统一简称标准技术归口单位)受理,经标准技术归口单位审查后报送直管行业标准化机构。

第九条　直管行业标准化机构对标准技术归口单位报送的行业标准立项申请进行审核协调后报送国家发展改革委。

报送材料包括:

1. 行业标准项目计划汇总表(见附表2);

2. 行业标准项目任务书;

3. 计划编制说明(包括计划编制的基本情况、编制原则和重点等)。

第十条　国家发展改革委对直管行业标准化机构报送的制定行业标准立项申请进行汇总,在标准网(www.bzw.com.cn)上公示一个月,广泛征求意见。征求意见结束后,国家发展改革委组织直管行业标准化机构进行协调,并编制行业标准项目计划。

第十一条　行业标准项目计划分为年度计划和补充计划,统一由国家发展改革委下达。

第十二条　行业标准项目计划在执行过程中,需要协调解决的问题,属行业内专业之间的,由有关直管行业标准化机构负责;属行业之间的,由国家发展改革委负责。

第十三条　对国家发展改革委下达的行业标准项目计划根据实际情况需要调整的,直管行业标准化机构可以提出调整申请。调整项目计划需填写《行业标准项目计划调整申请表》(见附表3)。每年一月底以前直管行业标准化机构将上年度计划执行情况和项目计划调整申请报送国家发展改革委。

第三章　起　　草

第十四条　行业标准由标准技术归口单位组织起草。

第十五条　行业标准起草单位应按申请人立项要求组织科研、生产、用户等方面人员成立工作组共同起草。

第十六条　行业标准编写应符合GB/T1《标准化工作导则》和相关行业标准编写要求。

第十七条　起草行业标准草案时,应编写标准编制说明,其内容一般包括:

1. 工作简要过程,任务来源、主要参加单位和工作组成员等;

2. 行业标准编写原则和主要内容,修订标准时应列出与原标准的主要差异和理由;

3. 采用国际标准和国外先进标准情况,与国际、国外同类标准水平的对比情况;

4. 主要试验验证情况和预期达到的效果;

---

① 此附表略。下同。

5. 与现行法律、法规、政策及相关标准的协调性；

6. 贯彻标准的要求和措施建议；

7. 废止现行行业标准的建议；

8. 重要内容的解释和其他应予说明的事项。

第十八条　行业标准起草完成后，标准技术归口单位应将标准草案广泛征求意见，并填写《行业标准征求意见汇总处理表》（见附表4），形成行业标准送审稿。

第四章　审　　查

第十九条　行业标准送审稿由标准技术归口单位组织审查。审查形式分为会议审查和函审。

第二十条　标准化技术委员会审查行业标准时，必须有全体委员的四分之三以上同意方为通过。

标准化技术归口院所审查行业标准时，应组织有代表性的生产、用户、科研、检验、大专院校等方面的专家进行审查，必须有全体代表的四分之三以上同意方为通过。

第五章　报　　批

第二十一条　行业标准送审稿审查通过后，由起草单位整理成报批稿及有关附件，由标准技术归口单位报送直管行业标准化机构。

第二十二条　直管行业标准化机构对报批稿及有关附件进行复核后，符合要求的，填写《行业标准申报单》（见附表7），报送国家发展改革委。

报送文件包括：

1. 报批行业标准项目汇总表（见附表8）；

2. 行业标准申报单；

3. 行业标准报批稿；

4. 行业标准编制说明；

5. 行业标准征求意见汇总处理表；

6. 行业标准审查会议纪要或《行业标准送审稿函审结论表》（见附表5）及《行业标准送审稿函审单》（见附表6）；

7. 采用国际标准或国外先进标准的原文和译文。

第六章　批准和公布

第二十三条　行业标准由直管行业标准化机构按规定进行编号。

第二十四条　行业标准由国家发展改革委批准和公布。

第二十五条　行业标准批准后，由直管行业标准化机构在15个工作日内到国家标准化管理委员会（产品方面标准）或建设部（工程建设标准）备案。

第二十六条　国家发展改革委对批准后的行业标准目录及时在网上公布，直管行业标准化机构和标准技术归口单位应认真做好标准的宣传、培训和解释工作。

第七章 出 版

第二十七条 行业标准出版由直管行业标准化机构负责。行业标准出版单位必须是国家有关部门批准的正式出版机构。

第二十八条 行业标准公布后,标准文本至少应在标准实施前1个月出版发行。

第二十九条 行业标准出版后,出版机构或直管行业标准化机构应将标准样书两份送国家发展改革委备案。

第八章 复 审

第三十条 行业标准实施后,标准技术归口单位应根据科学技术发展和经济建设的需要定期进行复审,标准复审周期一般不超过5年。

第三十一条 经复审需确认或废止的行业标准,由直管行业标准化机构审核后报送国家发展改革委,经国家发展改革委审查同意后公布复审结果,需修订的行业标准列入标准制订计划。行业标准在相应的国家标准实施后,自行废止。

第三十二条 行业标准复审报送文件包括:

1. 行业标准复审工作总结;

2. 行业标准复审结论汇总表(见附表9、10、11);

3. 行业标准复审意见表(见附表12)。

第九章 修订、修改

第三十三条 行业标准执行中需要修订的,按照标准制定程序列入年度计划或补充计划。当行业标准的技术内容只作少量修改时,以《行业标准修改通知单》(格式见附表13)的形式进行修改,按本办法第四章和第五章规定的审查、报批程序办理。

第三十四条 行业标准修改报批文件包括:审查纪要和《行业标准修改通知单》。

第三十五条 行业标准修改通知单由国家发展改革委批准公布。

第十章 附 则

第三十六条 行业标准制定所需经费来源:

1. 行业、企业自筹的标准化经费;

2. 有关企事业单位的资助;

3. 有关社团组织的赞助;

4. 政府部门给予的标准化补助费用等。

第三十七条 对政府部门给予的标准化补助费用和有关单位资助、社团组织赞助的费用,专款专用,不得挪作他用。

第三十八条 本办法自公布之日起施行。

第三十九条 本办法由国家发展改革委负责解释。

第四节　行业技术规范

一、技术规范的内涵

技术规范是规定人们支配和使用自然力、劳动工具、劳动对象时的行为准则。从技术规范的表面来看,都是对一个产品、一项工程、一次试验、一项操作的技术性规定,表现为对一事物的技术要求,但任何事物都是靠人的操作、活动去完成的,这些对事物的规定,同时也是对人的生产活动的要求规定。它既是评价产品、事物的技术准则,也是评价进行这项工作、生产该产品的人的技术行为、技术水平的依据;对人不仅要求有一定劳动技能,还要求具备一定的科学技术知识。所以,每个技术规范既可以用来评价、衡量一个产品、一个工程、一项工序的技术性尺度,也可以用来评定、监督与纠正技术行为的尺度,具有规范人们生产活动的功能。[①]

严格来说,所有技术性的活动都应有相应的技术规范。从技术语言上看,技术规范适用于术语、符号、代号、制图方法等;从技术要求看,技术规范适用于工程的设计、施工、验收和维护环节、产品设计、制造、检验、使用与维修、售后服务、人体健康、人身和财产安全等方面。

技术规范和技术标准有所区别。技术标准是对计量单位或基准、物体、动作、过程、方式、常用方法、容量、功能、性能、办法、配置、状态、义务权限、责任、行为、态度、概念或想法的某些特征给出定义、做出规定和详细说明。技术标准的表现形式包括语言、文件、图样、模型、样本以及其他具体表现方法,在一定时期内具有适用性。[②] 技术规范一般是在工农业生产和工程建设中,对设计、施工、制造、检验等技术事项所做的一系列规定[③],以使产品、过程或服务满足技术要求。技术规范既可以是一项标准,也可以是一项标准的一部分或独立部分,包括但不限于设备规范、技术性能规范、技术参数规范等。

从具体对象上看,当针对产品、方法、符号、概念等基础标准时,一般采用"标准",如《土工试验方法标准》《生活饮用水卫生标准》《道路工程标准》《建筑抗震鉴定标准》等;当针对工程勘察、规划、设计、施工等通用的技术事项做出规定时,一般采用"规范",如《混凝土设计规范》《建设设计防火规范》《住宅建筑设计规范》《砌体工程施工及验收规范》《屋面工程技术规范》等。在我国工程建设标准化工作中,由于各主管部

① 冯向宇. 论技术规范与标准的关系[J]. 中国标准化,1994(4).
② Gaillard J. Industrial Standardization:Its Principles and Application[C]. HW Wilson Company,1934.
③ 袁红梅,曹强,邵玲,等. 经济法概论[M]. 北京:清华大学出版社,2011.

门在使用术语时掌握的尺度、习惯不同,使用的随意性比较大,造成两个概念一定程度上的混淆。

技术标准和规范的概念在我国加入世界贸易组织同国际惯例接轨的过程中逐渐变化,比如我国卫生部门近年来对一些涉及技术规定且具有一定强制约束力的规范性文件统一命名为"技术规范",以与自愿性或推荐性技术标准区分开来。

二、技术规范的特征

技术规范具有以下特征:

1．从时间上看,技术规范具有时效性

技术规范的时效性主要是指技术规范的构建不是一次性完成的,而是在继承的基础上不断发展的,其内容时间进程需要不断更新。随着社会的不断进步和新技术的应用,技术规范在内涵上,以及在构建标准上,都会发生变化。人对技术的应用过程不是简单的线性取舍关系,而是复杂的多向度的非线性缠绕关系,而这些又要受制于自然条件和社会环境及其相互关系。根据混沌理论,混沌系统中某一初值的微小变化在复杂的非线性机制中,随时间的推移就有可能被急剧放大,产生难以预料的结果。技术规范也有如此特征而这也正是技术规范构建的难点所在。

2．从空间上看,技术规范具有多维性

技术规范的多维性主要表现为两个方面:一方面是技术规范表现的多维性,另一方面是技术规范内涵的多维度取向。技术规范表现的多维性是指技术规范不仅仅满足主体的某一单方面的需要,而且是在主题需要的多维层面上与人发生关系,形成技术规范的多维性。技术规范不仅可以表现为正向功能(如启发功能),也能表现为反向功能(如管理功能),既能表现为前置规范也能表现为后置规范,还能同时表现出与经济、政治和文化等各方面的具体联系。技术规范内涵的多维度取向是指技术规范的主题对象常常不是限定在一个严格的窄小的圈子里,而是随技术及技术主体的变化在不同的层面上被使用着。从技术规范主体层面分析,我们可以从个人、组织或政府的视角创建技术规范,从不同的视角分析就会有不同的技术规范内涵。从个人视角出发虽然具体,但不具有代表性;从全社会考虑,视域宽阔更具理论思辨性,但难以贴近个体现实分析。而技术规范的研究者们又常常是站在不同的主体角度评说着内涵不尽相同的技术规范客体,所以技术规范的研究就难以达成共识而深入进行下去。

3．从应用上看,技术规范具有工具性

首先,工具性是和价值目的密切联系在一起的。技术规范不单纯以约束技术主体的技术行为为目的,它是要追求经济实效,以求得技术发展的最优途径。其次,任何技术规范都是为了解决技术某一方面、某一层次的问题,并随着技术问题的出现到解决而兴盛和衰落。"技术范式的产生是科学概念、经济因素、组织结构变化以及已有技术范式无法解决的困难等多种因素相互作用的结果。"它体现了技术共同体的利益价值取向,它产生于科学进展、经济因素或已有技术途径无法解决的困难等各种因素的相互作用。还有,在技术的发展过程中,从技术的构思决策、设计发明到技术的开发应用,技术规范对其执行主体的思想、行为和研究工作,这些都体现了技术规范的工具作用。[①]

【思考题】

　　1. 什么是技术标准? 你认为技术标准对国际贸易更多地起到促进还是抑制作用?

　　2. 技术标准与国际贸易的关系是怎样的? 发达国家可以一直通过技术标准占据贸易主导地位吗?

　　3. 技术标准的制定原则还可以增加,或者修改哪些内容?

　　4. 现实中行业技术规范面临哪些需要改进的地方? 请你对某一行业进行讨论,寻找行业中实际存在的问题,并探究可能的解决办法。

【阅读文献】

Arthur W B. Competing Technologies, Increasing Returns, and Lock-in by Historical Events[J]. The Economic Journal, 1989, 99(394): 116-131.

Axelrod R, Mitchell W, Thomas R E, et al. Coalition Formation in Standard-setting Alliances[J]. Management Science, 1995, 41(9): 1493-1508.

Daghfous A, White G R. Information and Innovation: A Comprehensive Representation[J]. Research Policy, 1994, 23(3): 267-280.

姜红,刘文辉. 技术标准联盟特性及联盟发展影响因素综述[J]. 科技管理研究, 2019, 39(11): 153-158.

李宏伟. 碳基技术系统锁定的动力机制[J]. 科技管理研究, 2016, 36(10): 249-255.

陶爱萍,沙文兵. 技术标准、锁定效应与技术创新[J]. 科技管理研究, 2009, 29(5): 59-61.

王道平,韦小彦,方放. 基于技术标准特征的标准研发联盟合作伙伴选择研究[J]. 科研管理, 2015, 36(1): 81-89.

王子龙,许箫迪. 技术创新路径锁定与解锁[J]. 科学学与科学技术管理, 2012, 33(4): 60-66, 88.

杨武,段科锋. 技术创新 TMR 三维理论[J]. 科研管理, 2005(3): 92-97.

杨武,吴海燕. 制造业技术标准竞争力 TMR 三维理论模型研究[J]. 科技管理研究, 2009, 29(10): 321-324.

---

① 张鸣,吴林海,应瑞瑶. 高技术及其产业发展演化机理分析[J]. 江南论坛, 1999(8): 26-27.

詹爱岚,李峰.基于行动者网络理论的通信标准化战略研究:以 TD-SCDMA 标准为实证[J].科学学研究,2011(1):56-63.

钟锌章.申报和制定国家标准行业标准、地方标准的流程步骤[J].中国军转民,2018(7):57-59.

第八章　技　术　扩　散

技术被研发出来后，不会一直固定依附于某个单位或者区域，会通过多种形式扩散出去。对社会总体而言，技术扩散是有利的。技术扩散能提升行业的生产效率，带动社会生产力进步。也正是如此，技术才能对社会产生重大的影响，甚至改变人类生活方式。技术的扩散是必然存在的，不受主观因素的影响。短期内某些形式的扩散会损害研发的积极性，但从长期来看，技术的扩散能敦促企业开展更深入的研发活动来保证企业本身的竞争力，从而产生更多的技术。总之，技术扩散是生产力提升、社会进步的重要一环。本章重点对技术扩散的基本内涵和相关的理论以及几种具体的扩散形式等内容从理论的视角进行介绍。

第一节　技术扩散概述

一、技术扩散的含义

技术扩散是一个主体所享有的技术，扩散到另外一个主体的一种现象，具体表现为技术传播、技术交流、技术贸易、技术转让等。扩散主体可以是个人、企业，甚至是国家；扩散行为既可以是有偿的也可以是无偿的；扩散过程既可以是公开也可以是私密的。技术扩散的含义也被引申到技术扩散接收方的技术能力的提升。通常，技术被创造发明后，都会经历在市场传播推广的过程，而技术扩散则是这一过程的重要表现。然而，不是所有的技术都会扩散，某些技术被人为地禁止扩散，例如，按照国际惯例，制造大规模杀人武器的技术禁止扩散。

纵观人类历史，从石器时代到现在的信息时代，技术的进步离不开技术扩散。技术产生以后，除非得到广泛的应用和推广，否则它将不以任何物质形式影响经济[①]。经济学家舒尔茨（Theodore W. Schultz）指出，如果没有得到充分的扩散，创新成果不

---

① 孙良媛.农业经营风险与风险管理[M].北京:中国经济出版社,2004.

可能对经济产生大幅的影响。总的来说,通过技术扩散这个过程,创新成果才能产生更广泛的经济效益和社会影响,进而推动国家或者地区的技术进步或者行业的更新迭代,最终促进了发展。

随着对技术扩散研究的逐步深入,目前人们对这一概念有了一定的理解,最有影响力的是罗杰斯(E. M. Rogers)提出的概念。他认为技术扩散是一种社会过程,在此过程中,创新技术随着时间推移,通过各种传播渠道,被受众所接受[1]。创新技术、时间、传播渠道与技术使用的主体是技术扩散过程的四个关键因素。技术扩散与技术创新有先后顺序,先有技术的创新,再有技术的扩散,因此技术扩散有时常常被称为技术创新扩散。

其他技术扩散概念也各有侧重。美国经济学家斯通曼(P. Stoneman)认为,技术扩散是一项新技术得到广泛推广和应用的过程。他在技术扩散定义的基础上,指出了技术扩散的含义还应该包括模仿基础上的自主创新活动。由于技术扩散要考虑成本与收益的关系问题,随着成本降低和收益增加,在模仿的过程会自发进行创新活动,推动了技术的创新扩散。舒尔茨在《人力资本投资》[2]中强调了技术扩散的市场和非市场的传播渠道。国内学者对技术扩散也有自己的理解。博家骥将技术扩散和技术的生命周期结合了起来。他认为,技术发明或技术成果首次商业化应用之时,技术扩散也伴随着开始,然后会依次经历大范围推广、普遍采用,直到最后被其他先进技术淘汰。魏心镇等从空间角度入手,认为技术创新在空间上的传播或转移过程是技术扩散的重要特征,而这个过程还包含了技术的推广、吸收、模仿与改进。[3] 该定义虽然强调了技术扩散的空间效应,但实际上也包括了技术扩散的时间效应。曾刚则结合了空间效应和时间效应,认为技术扩散是指技术在经济领域及地域空间范围的应用推广。[4] 但该定义依然比较侧重于描述技术扩散的空间效应。郭咸纲认为,技术创新之后必然会发生技术扩散。[5] 该定义指出经济效应是导致技术扩散的主要原因,因为如果想要实现技术创新的规模经济,以增加产生"收益倍放"的创新效应,必须实现技术创新成果在企业内部、行业间和行业外的技术扩散,导致了技术扩散的经济效应。

虽然对技术扩散概念界定多有不同,但其中的基本内涵大体是一致的。尽管技术扩散本身是一个比较复杂的概念,这些定义大多包含技术扩散的三个基本含义:一是技术扩散是技术传播、推广和应用的一种复杂过程;二是技术需要通过渠道进行扩散;三是技术扩散最终体现为技术、产品或相应的经济和社会效应。

---

① Rogers E M. Diffusion of Innovation[M]. New York:Free Press,1983:3-6.
② Schultz T W. Human Capital Investment and Urban Competitiveness[J]. American Economic Review,1990,30:1-17.
③ 魏心镇,史永辉. A Locational Comparative Study on High-tech Industrial Zones in China[J]. Chinese Geographical Science,1994(1):1-7.
④ 曾刚. 技术扩散与区域经济发展[J]. 地域研究与开发,2002(9):38-41.
⑤ 郭咸纲,多所大学教授,世界发展基金会(World Development Foundation)现任主席。

　　技术扩散是一种动态行为,有不同的层次,分为企业间扩散(技术在不同企业之间扩散)、企业内扩散(技术在企业内部扩大应用范围)和总体扩散(前两者叠加)。在本书中,我们探讨的技术扩散是第一类扩散,指同一产业内企业间的扩散,是在技术扩散场(同一产业)内进行的,扩散方企业与接收方企业考虑成本与收益情况以及消费者需求,所做出的一种技术扩散行为。技术扩散场是指相互联系、相互作用的各种影响技术知识扩散的要素在一定区域范围内的分布①。

二、技术扩散的成因及影响

1. 技术扩散的原因

　　技术扩散的发生需要一定的动力,这个动力由扩散方和接收方共同产生。技术能够得到扩散的一个重要前提是不同区域之间的技术差距。能够发生技术扩散的关键动力,则是由技术领先地区技术溢出和技术落后地区对技术的需求共同产生。

　　首先,扩散方追求技术的利益最大化。技术创新是一项风险很大的投资活动,在创新的过程中各种未知因素难以预测,使得投入与成果之间呈现了一种复杂的风险性非线性关系,创新项目在进入市场后失败在所难免。换句话说,获取一项创新技术的成本非常大。如此得到的创新技术,扩散方还要面对技术溢出的问题。为了使这项技术能带来最大的利益,扩散方需要主动以转让、推广等方式,将技术扩散到产业中,使得技术开发成本得到满意的补偿。这里需要注意的是,扩散方依然希望能通过创新技术实现垄断地位。但客观上的技术溢出、技术学习导致扩散方的垄断地位受到冲击,因此不得不把握最佳的时间将技术转移。

　　其次,接收方需要拉近技术距离、提升效率。一般而言,如果一项技术经过实践后被证实能提升效率,那么它就具备了扩散的基础条件。接收方为了拉近和扩散方的技术距离,就需要通过各种渠道来掌握创新技术。比如,溢出效应产生的一个重要途径,就是发生在落后地区对与发达地区之间的技术模仿创新。即使技术受到严格的保护,例如知识产权等,只凭借技术产品的外观、功能等简单的信息,模仿者有时候就可以对该技术进行模仿创新。通过这种方式,即便没有掌握创新技术,一些模仿者就可以生产出相同或类似的产品。就这个技术扩散的过程来说,该技术的全部价值并没有被技术创新者全部获取,很大一部分的价值通过技术扩散给其他主体。而对其他主体而言,则是以较低的成本享有了该技术并从中获益。

　　总的来说,技术的扩散方,总是希望以更先进的技术实现对市场的掌握,因此就催生了不断研发的动力,进而产生新技术。而接收方试图快速提高生产效率,对于扩散方的先进的技术是有强烈需求的。在技术的扩散方和接收方之间形成了供需关系,同时两方主体也成为技术扩散场的场源和技术吸收体。从地域角度来看,在一个

---

① 唐晓云.国际技术转移的非线性分析与经济增长[M].上海:复旦大学出版社,2005.

技术扩散场中,发达地区更有可能是场源,因为存在着更为先进的技术。而落后的地区更有可能成为技术吸收体,因为这些地区对先进的技术有较大的需求。

2. 技术扩散的影响

技术是社会的直接生产力。它对生产要素的质量和生产过程的劳动性质以及方式发挥着决定性的作用。无数的实践证明,技术主导着一个地区的生产活动,它以多种形式影响地区的经济交换、分配、消费等诸多环节的性质、内容和方式。对于任何经济体而言,大力发展科技是实现跨越式发展先决条件。尤其是落后地区,发展技术是其产业结构提升的重中之重。

对于经济发达地区来说,先进地区已经实现了技术的研发并在实践中予以完善,形成了成熟的技术。但技术扩散能促进发达地区的创新研发活动,加速新的技术的产生:一方面继续研发新的技术能够保证自身的领导地位,并且在合适的时间将技术转移还能获得回报;另一方面如果停止研发则会缩小与落后地区的技术距离,逐渐失去地区竞争力。

对于经济落后地区,受限于经济、人才、资源等因素,落后地区往往不能投入大量的精力到研发中,技术扩散是产业结构提升的重中之重。当技术扩散到落后地区后,由于新技术、新产品、新材料等的采用,生产率将提高,材料和能源消耗降低,先进的技术将当地生产要素的利用效率显著提高,同等投入水平带来更大的产出,有助于产业结构的优化。当所采用的新技术、新产品、新材料显现出优越性时,原有的生产结构将发生两大主要改变:第一,落后的原有产品退出现有市场;第二,随着新产品逐渐占据市场主要地位,促使相关企业和部门技术变革,建立新的关联。在此技术扩散的波及效应下,最终形成新的产业结构。

3. 技术扩散的影响因素

扩散方向、扩散作用强度和扩散速度是技术通过扩散场从扩散源扩散到技术吸收体的过程中的三大重要维度。扩散方向是由技术扩散源指向技术吸收体。扩散作用强度取决于技术吸收体,同一个技术扩散源对不同的技术吸收体的作用效果不同。扩散速度的快慢取决于扩散场,扩散场在空间的分布强度和区域势能影响扩散速度。

技术扩散受到诸多因素的影响。

第一,区域社会环境因素。区域社会环境因素在这里指区域内的市场、历史、文化、基础设施、政策制度、行业结构等环境,是影响技术扩散的重要因素。

(1)市场环境。技术扩散涉及复杂的科技与经济活动,因此在扩散过程中需要相应市场环境的配合。市场环境能为技术扩散提供一套完备的社会经济服务体系,如加强技术培训和交流服务,促进科技成果转化和推广服务等。

(2)区域历史、文化。区域的历史和文化环境影响着区域内人们的价值标准、生活习惯、道德伦理等因素的形成,也导致了技术接受体的不同。技术扩散需要适应当地的历史文化背景,才能取得更好的扩散效果。

(3)政策体制。技术可以超越,政策无法超越。国家政策支持技术的良好扩散,尤其在落后地区,对技术扩散的影响更大。

（4）区域产业结构。产业结构受地区各产业部门之间内部联系和与产业关联形成的地区间经济的影响,并随着区域经济变化而变动,影响技术扩散质量和效果。

第二,影响技术扩散的区域资本环境因素。区域资本环境因素在这里指区域内的生产机构在生产过程中的一切生产要素,主要包括物质资本和人力资本,是影响技术扩散另一重要因素。

（1）物质资本。物质资本为技术扩散提供条件,其存量和分布影响着扩散源的选择和扩散的有效性,对扩散速度有着很大影响。

（2）人力资本。人力资本是指存在于人体之中、后天获得的具有经济价值的知识、技术、能力和健康等质量因素之和[①],通常分为一般人力资本（如体力劳动者）和创新型人力资本（如高层次科研人员）。在技术扩散过程中,区域人口的素质高低部分影响技术接受体的不同,由于技术行为与人有直接关系,创新型人力资本越多,技术接受越快,人力资本对扩散速度有着很大影响。

第二节　技术扩散理论

一、技术扩散的模仿理论

美国经济学家曼斯菲尔德（Edwin Mansfield）是技术扩散模仿理论的重要代表。该理论认为,从本质上讲,技术扩散的过程就是模仿的过程,模仿其他企业的行为和决策,企业是否采用创新技术,很大程度上要受到其他企业行为的影响。在面对一项新的技术时,企业存在着"从众"的现象,伴随着采用新技术的企业越来越多,将会吸引更多的企业加入使用新技术的行列,从而使这项新技术扩散开来。模仿理论的研究内容主要分为两种:一个是模仿,一种新技术率先在一家企业中得到应用,而后其他企业开始对新技术模仿应用;另一个是守成,同样面对采用新技术的企业,守成的企业忽视其产生的影响,依然采用原有技术而不模仿新技术。模仿的企业数占行业总企业数的比率可以看作模仿率,模仿率是以首先采用新技术的企业为榜样的其他企业采用新技术的速度[②],它是模仿理论中一个重要概念。它阐述了某种新技术被行业大多数企业接受所需要的时间。模仿率的大小,可以在一定程度上说明一项新技术对行业的影响程度。

①　李建民.人力资本与经济持续增长[J].南开经济研究,1999(4):3-5.
②　文魁,高福来.新的企业制度与组织机构设计[M].北京:经济管理出版社,1997.

二、技术扩散的技术演化理论

技术扩散的技术演化理论的分析框架由纳尔逊和温特在经济演化理论中提出。他们在 1982 年合著的《经济过程的演化理论》[①]中,第一次将演化理论思想形成系统。技术演化理论认为,在经济行为中的演化现象,具有"惯例性",而非依靠理性或市场,因此,技术演化的方向也更倾向于按照惯例进行而非完全理性的方向。从本质上讲,技术演化理论没能推倒新古典经济学的自然选择论,相反却意外地在惯例选择的假设下,侧面证实了自然选择论。纳尔逊和温特的技术演化理论中还强调,惯例就像生物进化中的基因,对经济主体行为能发挥决定性的作用。

三、技术扩散的空间理论

瑞典学者哈格斯特朗(Hagerstrand.T)通过研究扩散现象,奠定了空间扩散理论基础。他将技术扩散的网络分成了地区性和地区内两个层次。扩散信息会产生积累效果,同时潜在的采用者会对创新产生阻力水平(采用阻力),这两者之间的比较关系对一项创新是否被采用发挥着决定性的作用。例如,扩散信息的积累效果更为明显,那么创新扩散将会发生;而当潜在的采用者对创新的阻力水平较大时,创新的扩散将不会发生。在这个扩散信息与阻力水平的比较关系基础上,哈格斯特朗进一步提出了平均信息区域模型。他认为,技术扩散在空间上的模式,是由技术信息流动和潜在的接受者采用阻力的空间特征决定的。哈格斯特朗模型的结构如图 8.1 所示。

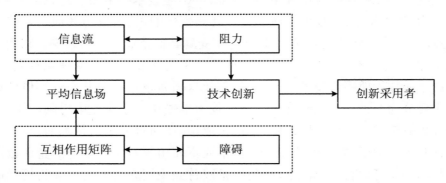

图 8.1 哈格斯特朗技术扩散模型的结构图

继哈格斯特朗之后,很多学者对这一空间理论进行了深入的研究。空间扩散理论认为,创新成果对一个地区的价值是多方面的,例如,提高系统的运行效率,降低劳动和资源成本,为系统提供新的功能、创造新的市场等。基于创新成果的价值,能使

---

① Nelson R R,Winter S G. An Evolutionnary Theory of Economic Change[M]. Cambridge:Belknap Harvard,1982.

一个地区和其周围空间产生"位势差"。周围空间会产生一种力量,迫使他们向创新者学习、模仿,抑或是创新者主动地将成果向外传播。通过主动的传播和模仿这一对推拉力量,让经济发展的地区差距得以缩小。这一扩散过程可以发生在多种关系之间,例如厂商关系、地区关系、地企关系等,而形式上也存在多样性,例如技术转让、信息交流、人才流动、贸易等。

以空间区位变化的特征来看,技术扩散可以分成三种类型。一种是扩展扩散,其特点是在空间上展现出一种连续扩展的特点,对距离的变化非常敏感,距离越远,扩散效率越低。一种是等级扩散,创新按照一定的等级序列关系进行扩散,例如规模顺序、文化层次、社会和经济地位、官职等级等。最后一种是位移扩散,这种扩散比较随机,一般是由人口流动引起的技术从一个空间迁移到另一个空间[①]。

四、技术扩散的时间理论

在技术扩散的时间维度上的理论,曼斯菲尔德的 S 形曲线(如图 8.2 所示)理论最具代表性。传染原理和逻辑斯蒂增长曲线原本是生物学领域的理论,曼斯菲尔德将其引用到技术扩散的研究领域中,并提出了著名的 S 形扩散曲线。该理论认为,技术也同生物种群增长一样,具有一定的扩散(增长)规律。在技术刚刚被创新后,出于种种原因,市场对其了解微乎其微,也没有成功的应用案例,企业引进新技术的风险比较大,因此使用者非常少,技术扩散的速度比较慢;伴随着使用者增多,市场对新技术的信息掌握相对比较全面,很多企业的成功应用也为技术的应用提供了经验,此时多数企业开始引进新技术,技术的扩散速度达到峰值;最终,新技术会达到饱和,伴随着大多数的企业接纳采用新技术,少数的企业也慢慢加入使用新技术的行列,这个时候技术的扩散速度逐渐降低直至停止。这个随时间变化而变化的技术扩散程度形状上类似 S 的形状,因此被称为 S 形扩散曲线。

曼斯菲尔德的 S 形扩散曲线基本上刻画出了技术扩散在时间维度上的一般规律。但是,S 形扩散曲线在实际应用中有很大的局限性,因为这一模型为了简化问题,增设了很多限定条件。针对模型基本假设的局限性,学者提出了各种各样的改进模型进行弥补,以增加该模型的实际应用场景。Kalish[②] 将技术的采用过程分成了两个步骤,即认知过程和采用过程。他认为在认知的过程,信息的传播是关键,只有接受者充分认知到技术,才会采取实际行动来采用技术,因此口头传播和广告对这个过程的作用是巨大的。此外,不少研究者向着放宽 S 形曲线模型的基本假设方向努力,通过对原模型的分解、增减内容、赋予内涵等方式,使模型更具柔性、贴合实际,或者

① 魏心镇,等.新的产业空间高科技产业开发区的发展与布局[M].北京:北京大学出版社,1993.

② Kalish S. A New Product Adoption Model with Price, Advertising, and Uncertainty[J]. Management Science, 1985,31(12):1569-1585.

在更广泛的领域（如营销组合变量、竞争、随机性、多阶段决策等）探索技术扩散的模型①，使 S 形扩散模型更加贴近实际扩散轨迹并获得全新的使用场景。

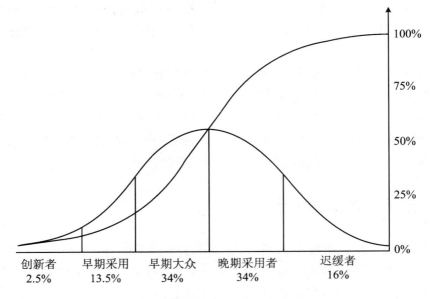

图 8.2　技术扩散 S 形曲线

五、技术扩散的选择论

曼斯菲尔德从跨国公司的利益出发最先提出了技术扩散的选择论。他认为，企业在能够满足最大利益的前提下，一般会更青睐直接投资，因为直接投资将有利于企业控制技术专有权，并在国际上保持技术优势和垄断②。而如果企业在直接投资遇到障碍时，才会选择技术转让③。经济学家邓宁（John Harry Dunning）认为，对外直接投资、国际贸易、技术扩散应该统一起来，企业如果既具备区位优势，又能控制技术专有权，那么最优的选择是对外直接投资；但是如果区位优势不明显，则应该选择技术转让。美国经济学家凯夫（Richard Earl Caves）在分析跨国公司在对外直接投资和技术转让之间如何抉择的问题时，将影响因素归为两类：一种是选择技术扩散的因素。当对外直接投资可预期收入低，即存在国外市场容量小、缺乏对外直接投资的基本条件、对国外市场不了解、投资成本太高等弊端时，选择技术扩散的方式较为合理；另一种是不选择技术转移的因素。当技术扩散交易成本过高时则一般不会进行技术扩散④。

① 何应龙.新兴技术企业产品安全扩散与创业成长评价[M].武汉:武汉大学出版社,2012.
② 李少卿.国际技术转让[M].暨南:暨南大学出版社,1993.
③ 吕海燕,朱明,曾伟.科技管理的实践中国技术商品化若干问题研究[M].北京:中国地质大学出版社,2005.
④ 朱桂龙.跨国公司技术转移[M].北京:中国财政经济出版社,2007.

六、技术扩散的均衡论

技术扩散的均衡论认为,因为技术市场具有不确定性和剧烈的竞争,企业通过进行技术交易使其无形资产的价值得到实现。当技术的研发成本逐步稳定,技术转让的收益与转让产生的成本互相抵消时,技术转让市场将达到一个均衡的状态。均衡论的代表凯夫认为,企业对技术市场的控制力不足时,同时企业受各种条件的限制,只能通过转让技术来保证利益,这也是国家之间发生技术扩散的重要原因。

技术扩散的均衡论的另一位代表是美国经济学家克鲁格(Alan B. Krueger),他综合技术扩散、资源配置与世界收入分配,提出新技术由发达国家转移到发展中国家,而发展中国家因为获得了发达国家的技术,促进了经济发展,使得其福利水平也逐渐提高[1]。如果发达国家不能持续的创新,那么有可能发达国家福利水平无法提升,最终与发展中国家相接近。因此,发达国家必须要不断创新并不断提高创新速度,才能维护其福利水平不下降,并保持其竞争中的有利地位。这样,发达国家与发展中国家之间就会产生一定的差距,而正是这种差距,才是技术扩散的基础[2]。这种状态是技术转移的均衡状态,即发达地区与发展中地区的相对工资福利水平保持稳定。同时,发达国家存在创新产品的原始动力,发展中国家对发达国家的创新产品存在需求,这一机制将让双方的福利水平共同提高,也保持一定的差距,最终实现总体经济的稳步发展。

第三节　技术推广

技术只有得到充分的扩散才能够对社会产生重大、深远的影响,尤其是能够直接提升生产效率、有利于环境保护、提高医疗卫生水平、增强军事实力的共性技术。就技术本身而言,其具有来自拥有方和需求方的扩散动力和阻力。国家和政府以及一些民间机构和社会组织,会主动地采取政策、制度、技术服务等多种技术推广手段和渠道来帮助这些技术进行扩散,以求促进技术进步、提高生产效率以及增加整体社会利益。

一、技术推广的含义

技术推广一般指技术在一些组织的推动下,由技术的输出端,通过一些途径和节

---

① 王中保. 经济全球化与我国利益关系的变动[M]. 上海:复旦大学出版社,2007.
② 齐俊妍. 国际技术转让与知识产权保护[M]. 北京:清华大学出版社,2008.

点,传达给广泛的使用群体。其本质上是通过政府、民间机构等社会力量促进技术从拥有的主体扩散给具体使用者,从而带来生产效率的提升、社会环境的改善、医疗卫生水平的提升等社会效益,并促进技术的进步和成熟。它具有一定的公益性。

在技术推广的过程中,涉及多个主体,包括创新和研发主体、技术受众群体(使用群体)、政府和服务机构以及传递渠道组织。创新和研发主体是创造产生技术的输出端,往往由高校、科研院所以及一些企业的研发部门构成,这些机构的研发产出是技术推广的主要内容。技术受众群体(使用群体)是技术推广的接收端,往往是直接应用技术的社会生产者,他们将技术具体应用到生产一线中,使技术真正服务生产,提升社会效益,促进经济社会发展。政府和服务机构在技术推广中发挥着关键作用,大多数情况下,它们是技术推广过程发生的直接动力。技术得到充分扩散后,其影响力扩大,能够提升经济活动的效率、促进可持续发展和减少社会资源浪费,提升社会整体效益,政府和服务机构具备能力和资源进行技术推广以提升技术的影响力,在技术推广中发挥主要推力的作用。技术的使用群体较为广泛,技术推广的渠道多种多样,例如技术协会、主题博览会、技术宣传志愿队等,在政府和服务机构的推动下,技术通过多种渠道流向技术的受众群体。

技术推广多发生在农林渔牧业领域、基础医疗卫生领域、绿色可持续发展领域、国防军事领域等,其中,农业技术推广作为典型代表最为常见。

农业技术推广的含义可以从狭义和广义两个方面来看。狭义的农业技术推广是指技术供给者主动、自发地向农业生产主体提供与农业技术相关的技术,并且伴随着与农业技术相关的知识和信息以及技术的实践教程。技术供给者通过技术信息传递、技术培训、实地指导和技术示范,来帮助农民了解、掌握和熟练使用技术,以提高劳动生产率,实现农民收入的增加。其主要内容是农业技术宣传和指导,例如农业的物化技术和一般操作技术等。广义上农业技术推广扩展到促进推广对象生产的发展与生活的改善,包括教育、组织农民以及改善农民实际生活相关的综合资讯服务等。广义农业技术推广主要内容有三个方面:一是农业生产直接技术的转移与扩散(包括相关知识与信息的传播和传递),主要是物化的农业技术以及配套设施的操作技术转移与扩散;二是以多种方式和途径教育、培养农民的基本素养,通过转移和扩散农业相关的知识和信息来提高农民的综合素质,增强接受能力;三是技术生产条件的转移和扩散,改善农村生产条件,为技术的推广提供有利条件。

偏远和欠发展地区的技术创新能力较弱,医疗卫生水平的提升依赖于发达地区的技术输入。基础医疗关乎民生福祉,国家和政府需要引导和推动基础、关键医疗技术扩散到国土范围内的各个地区。医疗技术推广是国家民生工程的重要内容,也是社会制度的正义体现。医疗卫生技术推广的输出端是发达地区的医疗卫生机构,受众群体是偏远和欠发达地区的基层医疗卫生工作人员,推广的内容不仅包括医疗知识,也包含了医疗能力、先进医疗器械的操作和使用、卫生常识等。

绿色可持续发展技术推广和国防军事技术推广出发点相似,都是维护和保障国家长远稳定发展。绿色可持续发展追求长期发展利益最大化,意味着要牺牲掉一些短期利益。例如,为了降低生产能耗或环境污染,企业需要研发环境友好型技术,这增加了企业的成本负担。通过政府或环保组织对环保技术的推广,能够有效降低绿色可持续发展的成本,提高资源使用的效率。国防军事是国家长治久安的重要保障,是经济安稳发展的坚实后盾。军事力量不仅来源于军人,更来源于军事技术。军事技术的主体一般是国家,在军事上,为实现军事力量的全面提升,先进的军事技术需要扩散到全军。国家作为军事技术的主体,需要对先进的基础军事技术进行推广,以综合提升一线作战实力,保障国家安全。

二、技术推广的理论

1. 受众本位论

受众本位论是传播学中的重要理论,在技术推广领域内也得到了广泛应用。受众本位论认为,新闻媒介在传播信息的过程中,应从传播受众的角度出发,最大限度地维护信息受众的利益,满足信息受众的需求,以帮助受众群体提高综合素质和能力[①]。受众本位论经过多年的发展,已经较为成熟,该理论以信息受众群体为传播的中心,让信息受众逐渐处于主导的地位,产生了更强的能动性,提高了信息传播的效率和质量。

在技术推广领域,受众本位论也发挥着巨大指导作用。技术推广的目的是提高社会综合利益,或是生产效率的提升,或是环境损耗的降低,或是医疗卫生水平的改善,而作为技术推广的受众群体是实现这一目的的重要生产力。技术推广过程以技术受众群体为本位,能充分地考虑一线生产部门的具体需求,加速技术从理论向实际应用的转化和过渡,缩短技术对经济发展产生影响的周期,同时,也能最大地调动生产部门的积极性,主动提出技术需求,加快技术的更新迭代。

2. 两级传播论

两级传播论由拉扎斯菲尔德[②]于 20 世纪中期提出,在传播理论领域具有里程碑意义,对传播学产生了深远的影响。两级传播论认为,社会观念和想法会先通过传播媒体到达意见领袖,然后借由意见领袖的影响力传播到信息的受众群体[③]。意见领袖通常具有一定的社会地位、家族地位或者因工作等因素具有较大的人群接触能力。他们思维活跃,个人优秀特质突出,能够被同侪认可,对周围的人产生引导作用。信息、舆论、观念等内容可以经由意见领袖二次传播给其影响力辐射范围内的受众群体。

---

① 陈崇山.受众本位论[M].北京:社会科学文献出版社,2008:3-4,64.
② 拉扎斯菲尔德(Paul Lazarsfeld),美籍奥地利人,著名社会学家,传播学奠基人之一。
③ 拉扎斯菲尔德,贝雷尔森,高德特.人民的选择:选民如何在总统选战中做决定[M].唐茜,译.北京:中国人民大学出版社,2012.

近年来,随着传播学在技术推广领域的广泛应用,两级传播论也对技术推广产生了深远的影响。接受技术往往具有一定的知识要求,或是相关理论储备,或是仪器设备操作能力,或是相关政策理念。政府或服务机构在技术推广时,很难一步到位将技术全面普及给所有受众群体,往往是先将技术传递给地区或行业的"能人",然后这些能人成功地将技术应用到实际生产和工作中,产生示范作用,进而将技术传递给周围的受众群体。例如在农业技术推广中,能人效应会对技术推广的效果产生巨大影响[1]。农民普遍知识水平不高,对技术的接受能力较差,需要通过能人先对技术进行理解和试用,产生成熟的应用经验,对其他农民带来示范作用,然后技术再由能人,向农民进行二级传播推广。

3. 罗尔斯公平正义理论

罗尔斯[2]在《正义论》一书中把公平总结概括为两个原则:一是平等自由原则,指每个人与其他人所拥有的最广泛的基本自由权利是平等的,这个与政治权利相关。二是机会公正原则和差别原则,指按照使社会中每个人都享受到最大的好处的分配方式来分配财富,这与社会经济利益相关[3]。

罗尔斯的正义理论认为社会制度应当以正义为首要价值。技术推广具有一定的公益性质,是以政府或其他社会机构为主要推力,将技术推广给受众群体。从整个过程上来看,技术推广最大的获利主体是技术受众群体,同时也提升社会整体效益。技术受众群体直接获得了更先进的生产技术,提升了总体生产效率、降低了环境损害、提高了整体效益,也符合正义的社会制度要求。

第四节 技术溢出

技术溢出是一个普遍现象,发生在各行各业。技术溢出并不能完全消除,它总能以各种方式发生,例如极端的非法盗窃等。正是因为其难以消除,技术溢出成为了技术扩散的一种重要形式。通过技术溢出现象,技术会从一个主体流向另一个主体,从一个地区流向另一个地区。它不仅对两者之间的技术差距产生影响,也对两个主体、地区产生着深远的影响。

一、技术溢出的含义

在对技术溢出概念进行概念界定之前,有必要先介绍一下由英国经济学家马歇

---

① 朱英,章琰,宁云. 现代化农业技术推广中的"能人效应"[J]. 中国科技论坛,2021(8):120-125.
② 约翰·罗尔斯(John Bordley Rawls),美国政治哲学家、伦理学家、普林斯顿大学哲学博士,哈佛大学教授。
③ 约翰·罗尔斯. 正义论[M]. 何怀宏,何包钢,廖申白,译. 北京:中国社会科学出版社,2002.

尔(Alfred Marshall)提出的经济外部性(externality)。经济外部性是一个重要的经济学概念,指经济行为主体(个人、企业或国家等)在经济活动时,对其他经济行为主体造成的影响,却没有因此付出相应花费或代价,这种影响可能使他人收益(正外部性),也可能是受损(负外部性)。这种经济外部性也被称作溢出效应(spillover effect)。技术除了具有传统商品的竞争性和排他性,还具有经济上的外部性,即技术溢出效益。例如技术领先公司进行了工艺、发明、生产技术等的改进和发明时,其他竞争公司通过搜集相关知识,只是进行复制和学习,导致生产技术改进扩散到整个地区中。在这个例子中,技术领先公司为经济行为主体,对技术的改进和发明为经济活动,其他竞争公司对技术复制导致技术扩散为对其他经济行为主体造成的影响。这种技术溢出一般出现在特定情况下,带来正外部性,因为获取利益是对外的,公司没有获得利益,也没有付出相应花费。虽然可以通过法律保护技术研发者,但是诸如设计理念、创作思路、生产的改进事项等的无形商品,却很难通过知识产权法进行保护。

因此,技术溢出是一种特殊的技术扩散行为,是技术领先的经济行为主体(一般指企业)在使用技术进行产品和服务时,有意识或者无意识对其他经济行为主体(一般指同行业企业和行业间企业)的非自愿技术扩散。技术溢出虽然无法成为内部化收益,但是推动了区域内技术水平的提高。换句话说,技术溢出是技术进步和经济增长的重要因素。

目前对技术溢出的范围存在一定争议,其中地理范围的争议最为焦灼。首要争论的焦点是技术溢出是本地化还是全球化。技术溢出应该是先实现本地化,再趋向全球化目标实现。其次则是国际技术溢出重要还是国内研发重要。两者都很重要,从不同的视角解读会得出不同的答案。上述的对地理方面的争议充分说明了技术溢出对区域影响不仅可以是一个国家或地区,也可以是国家之间,也就是国际技术溢出,其中际贸易和外国直接投资是研究最多的两种渠道。

因此国际技术溢出可以指技术领先国企业通过国际贸易或直接投资等经济行为,对技术落后国家或地区的同行业或其他企业的技术(如生产加工技术、管理技术、研发技术)进步产生积极影响(如提高生产效率、增加经济收益、改善产业结构等)。正是技术的经济外部性,当各个国家的研发行为产生技术溢出,跨国公司会对东道国带来对技术的无意识传播,提升东道国的技术水平。因此,在经济全球化背景下,任何国家都不仅要依靠国内研发,也需要充分利用国际技术溢出的积极作用,进行技术创新,提升科技水平,加速经济发展。

二、技术溢出的理论

1. 新增长理论

新增长理论是经济学的重要分支,是 20 世纪 80 年代中期以美国经济学家罗默(Paul M. Romer)等为代表的经济学家,在新古典理论的基础上,提出的以"内生技术"的增长促进经济增长的理论。

该理论将知识、人力资本等内生技术因素引入经济增长模型,强调经济增长是由经济体系自身发展所致。内生技术概念的引入,说明技术不再是外生因素,从理论上说明了知识积累和技术进步对经济增长的重要性。

新增长理论是经济理论的重要突破。新增长理论提出递增假定,重视人力资本。传统经济学里一条重要规律是边际收益递减规律,当技术不变,其他生产要素投入不变时,由于边际产量递减,产出会随着一种可变生产要素变化而变化,最初增加至一定限度,再减缓至 0 甚至带来产量减少。新增长理论以边际收益递增规律取代边际收益递减规律,提出若内生技术相关要素增加,资本收益率不变或增长,人均产出长期递增。因为知识和人力资本不仅具有普通商品属性,也具有溢出效应,知识由于不能完全保密,一个企业的新知识对其他企业带来正外部性,使生产具有递增收益。人力资本是劳动者的技能水平,可以通过培训或者做中学获得并提升。人力资本作为知识的载体,也存在外生性,会从一个主体(人或产品)扩散到另一主体上,使生产具有递增收益。也就是说,通过产生正外部性的投入(知识和人力资本)的不断积累,增长就可以持续。

该理论影响着经济政策,自产生以来,对世界经济尤其是发展中国家经济,产生了巨大的影响。新增长理论确立了经济持续增长的根本源泉和动力是内生技术,政府有责任、有理由指定促进新技术发展的各种政策,以提升经济增长,如增加教育投入,促进知识产权保护,建立有利于更大范围知识传播的国际贸易政策等。

2. 产业关联理论

产业关联理论经产生阶段和发展阶段,通过后人的不断发展和升华,成为研究产业之间中间投入和中间产出之间的关系的重要理论,主要采用著名经济学家里昂惕夫(Wasslly Leontief)提出的投入产出分析法解决。

产业关联是指社会经济活动中,产业之间的各种投入品和产出品的联系模式,其核心是产业、部门之间技术经济联系,这种关联性可以表现为跨行业的资本、劳动力和技术流动等。产业关联理论很好地反映各产业的中间投入和中间产出,各产业产品(实物或技术)充当着产业关联的桥梁,产业可以通过产品购买、贸易、交流等方式建立联系。

产业关联错综复杂,关联方式可以简单分为单向关联与多向关联,顺向关联与逆向关联,直接关联与间接关联等。通过产业链上的垂直关联和产业间的横向关联,该产业都可以利用其他产业在某一生产环节的比较优势来提升自身的生产效率。

由于各产业部门之间需求和供给的多样性,不同产业之间发生的复杂关系,产业之间相互作用和影响,带来不同的作用结果。产业根据需求是投资、消费还是出口,可以分为"投资依赖型""消费依赖型"和"出口依赖型"产业。技术的溢出渠道就存在于这些产业需求中。

第五节 技 术 学 习

技术学习是一个站在技术扩散接受者视角的概念。同技术溢出现象一样,技术学习也广泛存在。对于发达地区已经取得的成熟技术,落后地区进行模仿学习是降低自身研发成本、提高生产效率的一种重要途径。

一、技术学习的概念

关于技术学习的定义,百家争鸣,一般认为技术学习是技术能力提高或获取的整个过程。但是技术学习的定义应更加强调学习中对技术能力的后天获取其知识特性,比较有代表性的学者是霍布德(Hobday)。他认为,技术学习是主体获取技术知识整个过程的一种活动。[①] 因此,本节技术学习指为获取技术本领和能力,主动采取的知识获取过程。

技术学习可以在产业内部自主产生,也可以有目的性产生。因为技术与市场经济效益紧密相关,根据产业关联理论,当某一产业有新的经济效应要求时,就会更新技术,寻找新的技术来源。技术扩散方和技术接受方会商议技术扩散的方式和过程,进而产生了技术学习。技术学习的一般模式:

(1)模仿模式。模仿模式一般发生在技术落后的国家或企业。由于技术的外生性,技术落后国往往从技术领先国引进自己需要的创新技术,通过模仿进行技术学习。这些创新技术在技术落后国本土化后,经过吸收和改进,融入自己的生产和服务,提升自身技术能力。模仿模式通过减少研发支出,增加学习机会,有助于产业快速提升技术水平,缩短新产品周期。技术落后国通过模仿缩短技术差距,有助于发展中国家形成后发优势。这种学习模式也有着种种弊端。技术模仿是被动的,存在技术壁垒和法律政策壁垒,不利于模仿。此外,由于不需要大量研发即可将技术快速变现,技术落后国可能会一味减少自主创新。

(2)自主模式。自主模式是指自主发明创新技术的技术学习模式。当自身技术获取能力与技术创新能力积累到一定程度时,国家或企业可以通过自主研发创新技术,提升技术能力。技术成果的商品化,帮助企业和产业建立领先地位,保持高速发展和经济增长。随着技术产业化,形成规模经济,自主模式也将带动国民经济的快速发展。自主创新的学习模式是综合国力的体现,更是国家经济持续增长的重要手段。但是,自主模式要求较高。一是学习源头具有传递知识的意愿,二是学习主体具有较

[①] Hobday M. Innovation in East Asia:the Challenge to Japan[M]. London:Edward Elgar,1995.

高的技术获取能力与技术创新能力,才能形成自主的技术学习。

二、技术学习理论

技术学习理论的思想可以追溯到熊彼特的经济发展理论,但技术学习理论目前还没有形成系统化的理论体系,缺乏普遍认同的严密逻辑的理论体系。技术学习理论是具有特定密切联系的理论的集合体,对于技术、企业技术能力、技术信息的分布,技术学习理论都有一定的理解和认识。

1. 关于技术定义和分布理论

技术学习理论认为,技术本质上是对某种方法的掌握以及对这种方法所需知识的理解,并且这种知识的组合是其他外部因素的支持以及其他无形资产之间互相影响得到的。这里的技术有着两个特点:第一,技术是方法的掌握和知识的理解,因为它的表现形式不仅可以是实体化的技术工艺,也可以是非实体化的程序、经验。第二,由于技术受到内外部因素的互相影响,生产组织和劳动过程变化,也会带来技术变化。

技术知识有着不同的表现形式,分布在不同的过程中。一般分为显性技术知识和隐性技术知识两类,显性技术知识指可以通过明确术语编码的技术知识,如文字,程序;隐性技术知识因为难以形式化,难以分享,具有高度的情景依赖性,一般依附于技术信息拥有的主体存在,如语言、动作。[①]

2. 关于企业的技术变化与技术能力提高理论

企业在进行技术学习时,主要有增量性技术变化和突破性技术变化。增量性技术变化与突破性技术变化是相对的,前者是持续地改善现有技术,满足市场需求;后者是创造出新技术,赋予其新的功能和属性,成为创新产品或服务。

根据技术学习理论,企业技术能力提高,是为了获取应对技术变化而采取的主动知识获取行为,是有意识的技术学习的结果。由于企业很难掌握所有技术信息,企业的相关知识存量十分重要。因此在技术变化时,企业必须有相应的技术能力,主要与技术掌握(即对给定技术的理解和驾驭能力)密切相关。

【思考题】

1. 什么是技术扩散? 谈谈你是如何理解技术扩散的。
2. 技术扩散有哪些途径? 它们之间的区别是什么?
3. 你认为技术溢出是有利于社会的发展还是扼制了研发的动力?
4. 你认为未来可能出现哪些技术扩散的形式?

---

① 陈国绪. 代工企业技术学习与技术能力发展研究[M]. 北京:对外经济贸易大学出版社,2012.

【阅读文献】

曾刚,林兰.技术扩散与高技术企业区位研究[M].北京:科学出版社,2008.

武春友.技术创新扩散[M].北京:化学工业出版社,1998.

傅家骥.技术创新[M].北京:企业管理出版社,1992.

斋藤优.技术的生命周期[J].外国经济参考资料,1983(4).

第九章　技 术 评 估

　　每一项新技术的诞生都离不开人类创造性的智力劳动,这些劳动成果同时也作用于人类的发展。近代历史上一共出现过三次重大的科技革命,分别是 18 世纪末的第一次工业革命,19 世纪末的第二次工业革命,二战以后兴起的第三次科技革命。科技的高速发展给人类社会带来了巨大变化,每一次的科技革命都源于背后的大量新技术的出现,人类作为新技术的创造者应该引导技术向着有利于人类、自然、社会的方向前进。技术评估(technology assessment,TA)是对某种技术可能会带来的社会影响进行定性定量的全面研究,对其利弊得失做出综合的评价。技术评估综合了经济学、管理学、法学、社会学等多学科,是一种交叉性研究,其作用在技术创新层出不穷的当今时代日趋重要。在这一章我们将从技术的先进性、经济性、生态性以及社会性四个维度,对这一新技术诞生过程中的重要环节进行剖析。

第一节　技术评估含义

一、技术评估的起源

　　技术评估也叫技术评价,由 20 世纪 60 年代的美国传入世界各地。技术评估属于技术创新管理方法,技术评估研究新技术的开发、使用和扩散在经济、社会、文化、政治、生态、伦理等方面产生的影响,高效合理的技术评估可以促进技术进步,实现技术、经济、社会协调发展。

　　当然,对技术进行这样或那样的评估,不是 20 世纪 60 年代才开始出现的,而是很久以前就有了。在漫长的技术发展史中,不断涌现出新技术取代旧技术的过程,近代以来随着科学技术对社会影响日益强烈,社会上先后出现了技术决定论、技术悲观主义等思潮。这些都是技术评估思想的早期发展,我们称这些早期理论为技术评估思想的萌芽。

　　技术评估在当时作为一个新的科研领域,20 世纪 60 年代美国政府设立专门的机构来进行技术评估工作。技术评估工作之所以由美国主导，主要是因为当时美国的科学技术发展十分迅速，取得了许多重大科技成果，对社会产生了一系列重大影响。但是随着技术的进步、工业的发展，技术快速发展带来的不良后果也逐渐显露出来，一系列问题愈发严重，如环境污染、能源危机、资源浪费、人口爆炸等。这些社会问题激起了人们的强烈反感，美国的一些大城市如底特律、休斯敦等地甚至爆发了一些反技术的游行。美国国会开始重视这个问题，社会学者发现新技术的应用给人们生活带来便利的同时，也给自然社会和人类社会带来了一定程度上的负面影响，然而他们在解决、理解以及评估这些影响方面的手段却十分缺乏。最终在 1972 年，美国国会通过了技术评估法案，成立技术评估办公室（OTA），由专家学者们针对这些科学技术所带来的各种影响、利弊得失关系等问题进行多方面科学的研究，给出技术评估报告，技术评估应运而生。我们把 1960～1972 年称为技术评估理论的形成时期。

1972 年以后，技术评估迅速从美国传播至日本、加拿大以及西欧发达国家，对一项新技术的评估也从简单的影响分析逐步扩展到对全社会多方面的评估，其规模也扩大到国家范围。同时，技术评估的思想也在这一时期逐步向发展中国家传播，开始出现全球性的课题，技术评估从检验到理论，从定性研究到定量研究，形成了较为完备的评估理论体系（见表 9.1）。

表 9.1　技术评估模式的历史演变

时间	美国	德国	丹麦	荷兰
20 世纪 60 年代	预警性评估模式（Early Warning TA）			
20 世纪 70 年代	OTA 政策分析导向型模式			
20 世纪 80 年代		战略性技术评估（Strategic TA）审议时技术评估（Discursive TA）	公共技术评估（Public TA）	建构性技术评估（Constructive TA）
20 世纪 90 年代		创新导向技术评估（Innovation Oriented TA）理性技术影响评估（Rational Technology Impact Assessment）	公共参与式技术评估（Participatory TA）	整合式技术评估（Integrated TA）互动式技术评估（Interactive TA）
21 世纪 00 年代	实时技术评估（Real-time TA）			

　　然而在 1995 年,美国国会技术评估办公室被关闭。OTA 的关闭标志着技术评估理论进入了新的整合时期,现有的技术评估理论尚不完善,依然存在一定的不足,新的更加适用于未来经济社会变化的技术评估理论体系亟待形成[①]。

二、技术评估的涵义

　　技术评估具有多方面的涵义,至今没有一个被人们普遍认同的技术评估定义。出现这种情况主要是因为技术评估活动具有很强的目的性与选择性。进行技术评估研究的目的有所不同,导致进行技术评估的侧重点选择不同,因而对技术评估涵义的理解也就有所不同。根据对现有文献和实务资料的研究,本书主要从以下三种不同方面阐述技术评估的涵义。

　　(1) 从技术发展的性能比较方面来理解技术评估。在多种技术之间,从性能、用途等方面进行横向比较,分析它们的差异。对技术发展的性能水平进行技术评估,可以在发展过程中先后相继的同种技术之间进行。如新发展芯片技术和上一代芯片技术,从运算速度来说,若前者的运算速度明显快于后者,前者能耗明显低于后者,则通常可认为新发展技术要优于原有的技术。这种涵义的技术评估也可以在同时并存的多种技术之间进行,如火力发电、水力发电和核能发电等多种发电技术,对它们之间的性能进行相互比较,发现核电具有比许多火力发电和水力发电优越的性能,因而一般都认为核电技术要优于火力发电和水力发电技术。这种涵义的技术评估虽然在一定程度上能反映技术的发展水平,但其对技术评估涵义的理解是相当狭隘的,只从这方面进行技术评估是远远不够的。

　　(2) 从技术的经济性效益比较上来理解技术评估。这种涵义的技术评估体现在工程技术领域中正在兴起的可行性研究和技术经济分析。在人们决定要不要采用某项新技术或应以多大规模来实施某项新工程项目时,先要进行投资-效益比较,计算投入产出,进行市场分析,还要分析这项新技术是否适应工程项目中的各种环境条件。在此基础上,提出一些可供选择的实施方案帮助做出最终决策。在技术发展过程中,进行这种可行性研究和技术经济分析无疑是非常重要的。我国进行社会主义建设的某些时候由于缺乏这方面的技术评估往往陷入盲目性,使一些技术研发工作和经济建设工作受到损失。在着重从技术应用的经济效益的角度进行技术评估的时候,技术发展水平仍然是其中的一个技术评估标准,只不过相较之下,后者则是更直接更重要的技术评估标准。在进行这方面的技术评估时,一般认为凡是能带来较大经济效益的技术就是较好的技术,反之就是较差的技术。对这种技术评估涵义的理解,虽然具有一定的实用价值,其局限性也十分明显。因为所谓的经济效益,有短期的局部性的经济效益,还有长远的根本性的经济效益。能否综合考虑这些经济效益

---

　　① 赵树宽,鞠晓伟. 技术评价模式演化与发展综述[J]. 科技进步与对策,2007(3):191-194.

使总效益达到最大化,则需要进一步研究。① 而且技术的应用不应只考虑其带来的经济效益,还应当考虑其是否具有较好的社会效益。一项既先进又能用于赚大钱的技术就一定是好技术,这种观点是片面的甚至从结果上来看是错误的。

(3) 从技术与人类社会相互关系的涵义上来理解技术评估。这种广义的技术评估,我们通常称之为技术的社会性评估。这种技术评估主要是通过对技术与各种社会因素相互作用的分析来考察技术的发展应用对社会生产、生活、经济、政治、生态环境等产生的影响,这些影响包括积极和消极的影响,直接和间接的影响,短期和长远的影响,现实和潜在的影响等。在这种技术评估中,仍然需要考虑技术发展水平和技术应用的经济效益,但其侧重点还是在技术发展的社会效益上。

三、技术评估的步骤和特点

技术评估一般包含 7 个步骤:① 确定评估任务和研究范围;② 对被评估技术进行定义或描述;③ 设定关于社会状态的假设;④ 识别新技术的影响领域和种类;⑤ 进行初步的影响分析;⑥ 确定处理影响的行动方案的评估准则和识别可能的行动方案;⑦ 对采取行动和不采取行动两种情况下的影响进行比较,完成影响评估。技术评估是一种专门的知识领域和专门的社会活动,它在知识体系、研究对象、价值标准、研究重点和研究目的等方面都有它自己的特点。一般说来,它主要具有以下特点。

第一,技术评估知识的综合性。技术评估所涉及的不仅是各种技术之间的相互关系,还涉及经济、社会等各种因素。因此,在进行技术评估时,必须综合运用各种知识,包括技术科学的、自然科学的、经济学的、哲学的、社会学的和生态学的知识等。在技术评估活动中,不仅要有与该技术有关的专家,还应包括具备各种不同知识结构的专家学者,才能更好地把各种知识综合运用于技术的评估。

第二,技术评估的研究对象主要是社会宏观系统。它超出了被评估的技术自身,我们所评估的不只局限于技术应用的经济效益问题,而是广泛地涉及与发展技术相关的各种社会因素,即社会宏观系统。这种社会宏观系统的范围很大,一般都涉及一个或多个国家。这种社会宏观系统的内部结构也是十分复杂的,所有与技术发展相关的社会因素,都是构成这种社会宏观系统的要素。

第三,技术评估的价值标准,着眼于广义的价值利益。所谓广义的价值利益,是指关系到人类社会的长期、重大、全局性、根本性的利益。这是技术评估最主要的价值标准。用于进行技术评估的标准,不只是技术合理性标准,更重要的是社会合意性标准。而为了实现社会的合意性,在技术评估中就应主要着眼于把握人类社会的长

---

① 宁静波.技术创新、经济价值与社会效用:近 30 年我国技术评估研究述评[J].科学管理研究,2013,31(4):45-48.

期利益、重大利益、全局性利益和根本性利益。

第四,技术评估的对象着重于面向未来的研究。技术评估的一个重要目的是通过对现实状况的分析与研究,对技术发展的未来状况进行预测。技术评估与技术预测的概念是紧密联系在一起的。技术预测是进行技术评估的重要前提条件。通过对技术发展的预测,揭示出技术在未来发展中可能给人类社会和自然界带来哪些新的问题,产生哪些新的影响,这些影响哪些对未来的人类社会发展是有利的,哪些则是有害的,等等。从而尽早采取措施调整技术发展方向,尽量减少技术发展给人类社会和自然界带来的消极影响。

第五,技术评估的另一个主要目的是为人们正确制定有关的科技政策和产业政策提供科学依据。一般认为,技术评估属于政策科学,曾任新西兰总理的管理学者约瑟夫·科茨就指出"技术评估是对一系列政策的研究,包括系统地考察一项技术在引进、推广或革新中所产生的社会影响"[1]。技术评估活动不止步于在对技术发展状况及其对人类社会所带来的影响的理论研究上,而要在此基础上进一步探讨正确地解决这些问题的对策,提出政策性建议从而为正确制定有关的科技政策和产业政策提供科学依据。[2]

第二节　技术先进性评估

一、技术先进性评估的含义

技术评估与技术先进性评估的概念界定最早由美国学者丹尼尔·贝尔提出。所谓技术评估,指的是充分评价和估计技术的性能、水平和经济效益及技术对环境、生态乃至整个社会、经济、政治、文化和心理等可能产生的影响。在技术被应用之前对它进行评估,进行全面系统分析、权衡利弊,从而做出合理选择。随着科学技术的发展,技术对社会、经济的影响越来越大,但人们对各种技术的发展优势和技术成果的先进性了解不够深入,这使得许多科技成果难以推广运用。因此对各种技术的先进性进行评价、预测,了解技术进展及动向,确定技术发展最活跃的领域,了解技术的先进性程度尤为重要。[3] 目前,相关文献主要集中在技术评价的整体研究,而单一对技术先进性进行评价的文献却并不多见,现有文献多是从狭义的角度对技术先进性进行简单的说明,并未形成系统的评价体系。

①　高艳红,杨建华,杨帆.技术先进性评估指标体系构建及评估方法研究[J].科技进步与对策,2013,30(5):138-142.

②　姜红志,钟书华,王晓东.创业与高新技术[M].北京:中国青年出版社,1995.

③　苏为华.多指标综合评价理论与方法问题研究[D].厦门:厦门大学,2000.

二、技术先进性评估理论及方法

国内外专门关于技术先进性评估的研究文献不多,多是针对不同行业出现的某种新技术做出的先进性评估,本书总结给出一些常用于对某一项技术进行先进性评估的方法以供读者比较分析,具体如下。

(1)决策分析理论。决策理论起源于第二次世界大战以后,管理学者将系统理论、运筹学、计算机科学等不同学科的知识综合运用到管理决策问题中,逐步形成较为完整的理论体系。决策理论的代表人物是诺贝尔经济学奖得主赫伯特·亚历山大·西蒙(Herbert Alexander Simon),他在1944年所著的《决策与行政组织》一书中提出了决策理论的框架,并在后续著作中深入探讨了决策理论和决策技术,为决策学成为新的管理学科奠定了基础。

在决策分析方法中用于技术先进性评估的方法最典型的是层次分析法(AHP)[1]。层次分析法由学者T.L.Saaty最先提出,主要用于决策分析中对定性事件做定量化处理分析。它可以将决策者对复杂系统的决策过程量化,算法实现过程中所需要的数据量小,计算简单,可以解决多目标多层次的决策问题。用层次分析法进行决策评估分析时需要先把问题层次化,根据问题的性质和预期实现的目标将问题分解成为不同类型的组成要素,按照各个要素之间的互相耦合影响及隶属关系实现不同层级上的要素聚合,从而形成层次分析的结构模型。

层次分析法多用于工业系统规划与评估的决策分析领域。李晓辉等人将层次分析法用于电网的技术现状评估中[2],其研究结果也证明了他们所确立的评估模型能够较好地反映城市电网现存的技术问题。赵云飞、陈金富等人针对层次分析法在电力系统决策中的应用现状,综述分析了该方法在系统负荷预测、电源和电网规划决策综合评判等方面的应用前景,并指出了层次分析法在应用过程中需要着重注意和解决的关键技术问题[3]。总之,决策分析理论在处理多元化、多交叉性的复杂系统的技术评判研究上具有综合不同因素并结合主观分析做出正确判断的能力。

(2)模糊理论(fuzzy theory)。模糊综合评价法基于模糊数学。据模糊数学领域中的隶属度理论,可以把定性评价转化为定量评价,即对受到多种因素制约的事物做出一个总体的评价。模糊性是主客体之间活动所产生的客观特征,模糊概念、模糊推断以及模糊评估等是把握事物发展规律的一条有效途径。陈劲等人在他们的一篇研究中详细说明并应用以上理论建立模型识别企业的突破性创新项目[4]。

① 邓雪,李家铭,曾浩健,等.层次分析法权重计算方法分析及其应用研究[J].数学的实践与认识,2012,42(7):93-100.

② 李晓辉,张来,李小宇,等.基于层次分析法的现状电网评估方法研究[J].电力系统保护与控制,2008,36(14):57-61.

③ 赵云飞,陈金富.层次分析法及其在电力系统中的应用[J],电力自动化设备,2004,24(9):85-87,95.

④ 陈劲,戴凌燕,李良德.突破性创新及其识别[J].科技管理研究,2002(5):22-28.

（3）灰色理论。灰色理论最初是由我国学者邓聚龙于 1982 年提出的，该理论的研究对象是灰色系统。理论中"灰色"的含义包括"数据量少"和"信息不确定"，换句话说，即为研究对象在经验、信息和数据等方面存在缺失或不完备情况[①]。灰色系统的特点是介于白色系统和黑色系统之间，表现为一部分信息明确，另一部分信息不明确。对于未知信息而言，灰色理论在建模过程中主要采用了灰色概率、灰色期望等方式进行数学描述，从而实现在技术评价过程中对不明确的信息进行定量分析。

第三节　技术经济性评估

一、技术经济性评估的含义

技术经济性评估指的是对技术方案的经济效益进行分析和评价。经济效益的大小是选择技术方案的重要依据之一。技术方案的经济效益指的是实现方案所投入的社会劳动消耗与产生符合社会需要的使用价值之比（社会劳动消耗/使用价值）。技术方案的使用价值包括企业本身直接取得的直接成果和提供给社会的间接成果。技术方案的社会劳动消耗指的是实现该方案占用和消耗的活劳动、物化劳动和资源，它包括企业本身的直接耗费和社会的间接耗费。

技术经济分析从经济的视角出发，依据国家现行的财务制度、税务制度和当前的价格，对所需建设的项目的总费用和总效益进行测算和分析，对建设项目的获利能力、清偿能力、外汇效果等经济状况进行考察。技术经济性分析的主要目的是通过科学分析定性定量地判断建设项目在经济上的可行性、合理性及有利性，为投资决策提供依据。

二、技术经济性评估的分类与评价指标

对技术的经济合理性进行定量的评价是技术经济分析中的一项重要内容。技术经济评价从视角出发分为两种：一是微观技术经济评价，二是宏观技术经济评价。这两种评价在方法上的 5 个区别如表 9.2 所示。

---

① Ju-Long D. Control Problems of Grey Systems[J]. Systems & Control Letters, 1982, 1(5): 288-294.

表 9.2 微观技术经济性评估和宏观技术经济性评估区别

	微 观	宏 观
评估立场	局部利益主体(如企业、行业、地区)	全社会和国家
评估目的	符合国家利益的前提下,为局部利益决策提供科学依据;调节国家和局部利益关系	为国家利益提供决策依据
经济含义	对微观主体来说税收是费用	税收对宏观技术经济评价来说则是收入不是费用
计算范围	局部利益主体企业本身的直接经济效益	多个局部利益主体企业引起的经济效益总和
采取指标	现行价格、现行税率、现行汇率等	合理价格、最优计划价格、合理汇率等

这两种评价的 5 个共同特性如表 9.3 所示。

表 9.3 微观技术经济性评估和宏观技术经济性评估相同特点

除法和减法	无论哪种视角技术经济评价方法,不外乎除法和减法两种计算形式
总量和增量	采用总量计算的是绝对经济效果,采用增量计算的是相对经济效果。无论在宏观和微观技术经济评价方法中都用到总量计算和增量计算这两种计算形式
静态和动态	考虑时间因素的动态计算形式较多。常用的动态计算有"现值法"和"时值法"两种时间因素折算方法,在微观和宏观技术经济评价方法中,这两种计算形式都被采用
年值和总值	总值计算整个寿命期内的总经济量,年值计算整个寿命期内年均经济量。总值和年值在宏观和微观技术经济评价方法中都是一样被采用的
多快好省综合优化	在宏观和微观技术经济评价中,都考虑了多快好省四方面的要求,以达到多快好省综合优化配置资源的目的

注:对于寿命期不等的多方案经济比较计算时以采用年值计算形式为好,总值计算形式则多用于相同的计算期或寿命期。

决定宏观技术经济评价方法效果好坏最重要的两个指标是纯收入(利税)和国民收入(净产值)。因此宏观技术经济评价方法分为两个系列:纯收入系列和国民收入系列方法。每个系列都包含 4 种基本方法,16 种由这 4 种基本方法派生出来的方法,共 20 种方法。纯收入系列 4 种基本方法包括:① 超额利税法(经济净现值法);② 超额投入产出率法(利税);③ 超额利税率法;④ 超额附加投入产出率法(利税)。派生方法有资金利税率法(经济内部收益率法)、投资回收期法等 16 种。国民收入系列 4 种基本方法有:① 超额国民收入法;② 超额投入产出率法(净产值);③ 超额国民收入率法;④ 超额附加投入产出率法(净产值)。派生方法有资金净产值率法、投资回收期法等 16 种。

微观技术经济评价方法有利润系列,4 种基本方法有超额利润法(财务净现值法)、超额投入产出比法(利润)、超额利润率法、超额附加投入产出率法。派生出来的方法有资金收益率法、投资回收期法等 16 种。实务中常用超额利税法(经济净现值法)、资金利税率法(经济内部收益率法)、超额利润法(财务净现值法)和资金收益率法(财务内部收益率法)进行项目的可行性研究①。

三、技术经济性评估方法

实施技术的经济性评估,在实际操作中有如下几种具体方法:

1. 方案比较分析法

方案比较分析法借助一组能够从各个方面说明方案技术经济效果的指标,来对同一目标的不同方案进行定量计算、定性分析,最终从多个方案中选出最优的一个。采用这种方法的时候要注意首先选择可行的、正确的数个方案,再去确定对比方案的指标体系,最后把比较方案的使用价值等同化,通过比较分析选定最优方案。

方案比较分析法的特点是现有既定的可供分析比较的若干个方案,最终方案是在比较后确定的,各种方案的指标体系有其独立性,相互之间又有交互性,不同指标体系的组成是科学合理的。这种方法较为简单,实务中的应用十分广泛。

2. 成本效益分析法

成本效益分析法通过对每个技术方案的所费与所得进行对比,选择成本最低而效益最高的方案。运用这种方法进行技术经济性评估,先要将方案的指标分为成本指标以及效益指标两类。实务中,为了便于计算分析,也可以把效益指标分为可计量和不可计量两种,通过对成本和效益的预测和计算,在坐标图中绘制出各个方案的"成本-效益"曲线,进行对比分析,求出最佳方案。

成本效益分析法的特点是需要检查人员找到成本-效益的临界点。这种方法可以用于对不同技术方案合理性的判断与审查,也可以用于对纳税人税收筹划合理性的分析检查,以及设计生产经营成本的增值税检查,在经济效益查账中发挥了重要作用。

3. 投资分析法

投资分析法常用于建设项目、企业生产经营中的技术方案可行性研究报告。该方法侧重于从不同方案的投资金额、经营费用、投资回收期、解决的就业、提供的积累、改变的社会环境等方面进行比较分析,主要用以指导投资决策,使投资效果最大化。投资分析法常用的具体方法有投资风险分析法和贴现现金流量法等。

4. 系统分析法

系统分析法以系统的总体最优为最终目标,对系统的各个方面进行定性和定量

① 赵国忠. 现代查账手册[M]. 北京:企业管理出版社,1996.

分析。系统分析法具有较强的程序性和系统性,具有较高的分析检查效率。其次,系统分析法也适用于投资行为对税收影响的分析和检查。

系统分析法有如下 5 个步骤:① 问题提出,对所要研究的对象和需要解决的问题进行系统的说明,定目标,确定问题的范围和重点;② 制订方案,拟定研究大纲,确定分析方法,收集资料,制定解决问题的各种可能方案;③ 评价方案,根据系统的性质和要求,建立各种数字模型、图标等,设计评价标准,比较各个方案可能产生的后果,以供决策;④ 确定方案,分析对比各个方案的利弊得失,结合考察定量的因素,综合研究,选择最佳方案;⑤ 检查验证,利用实验或计算机模拟对所选方案进行检验,如检验结果不满意,重复第一步反复进行,直至得出满意结果。

在我国,对技术方案进行经济效益分析需要从全局出发,正确处理,需要考虑到:局部经济效益与整体经济效益的关系;近期经济效益与长远经济效益的关系;劳动消耗与劳动占用的关系;直接经济效益和间接经济效益的关系;经济效益与经济发展速度的关系。上述方法根据技术方案比较的性质、特点和有关因素不同,结合具体条件选用,才能正确地反映和符合技术方案经济评价标准的要求。[①]

第四节 技术生态性评估

一、技术生态性评估的含义

对技术进行生态性分析可以避免对技术的片面性认识。人类对技术片面的认识、非合理应用已经严重影响了自身与自然协调发展。对于这一问题,我们将生态学理论与系统学理论引入对技术的分析中,通过模拟自然生态系统中精巧的构造与协调的功能,去分析与建构技术体系,避免人类技术的应用与自然生态机理发生冲突。技术的生态性评估将技术系统类比为自然生态系统,分析存在于技术系统之中的生态属性。

二、理论背景

生态系统是一个包容很广的概念,最早由英国生态学家 Tansley 在 1935 年提出,他认为自然界中的任何生物群落都不是孤立存在的,这些群落与其生存的环境相互依存相互作用,形成一种统一的整体,这个整体被称作生态系统(ecosystem)。20 世纪 70 年代以后,管理学者们开始尝试将生态系统的概念引入经济管理学问题中,尤

---

① 陈立文,陈敬武.技术经济学概论[M].北京:机械工业出版社,2014.

其是技术创新领域。Moore 在 1993 年首次系统且科学地论述了企业生态系统这一概念,他将企业创新生态系统定义为一种"基于组织互动的经济联合体"[①]。并进一步认为"企业生态系统是一种由客户、供应商、主要生产商、投资商、贸易合作伙伴、标准制定机构、工会、政府、社会公共服务机构和其他利益相关者等具有一定利益关系的组织或者群体构成的动态结构系统"[②]。而后 Adner 更关注创新生态系统本身,他认为创新活动需要依赖外部环境的变化与生态系统的成员参与,创新生态系统是指一种协同机制,企业这种协同机制将个体与他者联系起来,同时提供面向客户的解决方案,输出价值。[③]

在企业生态系统里,技术处于不停转变的过程中,始终同周围的政治、经济、文化发生相互作用,对社会生态系统进行构筑。这和存在于自然生态系统中的生命体十分相似。技术是以系统形式存在的,同自然生态系统一样具有整体性、开放性、自组织性、层次性、生态特征。另外,技术本身是存在于共生关系中的,生生不息的共生并非自然生态系统特有,技术的共生性造就了技术生态系统。在技术生态系统中存在很多技术"物种"。这些技术"物种"与周围环境相互作用,其机制类似于自然生态系统,有进化机制、共生机制、遗传变异机制,从而使可持续发展的循环再生机制成为可能。对技术的生态性进行分析,要做到从系统的、综合的、整体的角度去看待技术的各个组成部分以及技术与环境的关系。要把自然生态系统的运作机制看作指导技术生态性研究的重要源泉。为实现机械性技术向生态性技术的转向,人类需要将自身的机械技术观转变为生态技术观。

三、技术生态系统的特点

类比自然生态系统,我们将技术系统看作一个技术生态系统,把系统中的技术元素作为技术生态系统中的一个技术"物种"。技术生态系统作为一个整体,表现出了不同的生态性。地球生态系统中的物种纷繁多样,五花八门,对于技术生态系统中的技术"物种"来说也存在相似的多样性。

首先,技术"物种"的多样性体现为技术种类的多样性。在二三百万年以前,地球上的原始人在制造工具、进行生产劳动的过程中,就已经创造了一系列诸如石器技术、取火技术等对后来人类社会有重大意义的原始技术。到了奴隶社会,出现了农耕技术、水利灌溉技术和园艺技术,农业成为社会经济的基础。随着城市的出现,运输方法的改进和革新,道路和房屋建筑也发展起来,冶金、皮革、缝纫、宝石加工等手工

① Moore J F. Predators and Prey:A New Ecology of Competition[J]. Harvard Business Review,1993,71 (3):75-86.

② Moore J F. The Death of Competition:Leadership and Strategy in the Age of Business Ecosystems[M]. New York:Harper Business,1996.

③ Adner R. Match Your Innovation Strategy to Your Innovation Ecosystem[J]. Harvard Business Review,2006,84 (4):98.

技术也有了一定的发展。随着生产力水平的提高，人类活动范围的扩大，文字的发明和应用，脑力与体力劳动的分工，奴隶社会中的人们积累了更多的经验知识，也形成了相对独立的科学活动和理论体系。到了封建社会，古代中国出现了举世瞩目的"四大发明"，欧洲手工业进一步分化，产生了水磨技术、燃料技术、眼镜制造技术、高炉冶金技术等。到了近代，英、法、美、德先后爆发了工业革命，它以工作机的革命为起点，蒸汽机技术的发明作为主要标志，人类社会进入到了大机器工业时代。20 世纪上半叶，电力技术和内燃机技术得到了广泛而有效的应用，冶金技术、机械技术、化工技术有了明显的进步。[1]

其次，技术"物种"的多样性表现为技术产物的多样性。虽然我们很难做到像给生物物种那样给技术产物分类，但是我们完全可以根据以往所统计出的技术专利数量作为技术产物多样性的指示器，仅美国自 1790 年以来就已经发布了 470 多万项专利。若这些专利中的每一项都被看作一个生物物种的话，可以说技术产品种类的数量要比生物物种种类的数量大 3 倍。尽管这种多样性的比较方法在很多方面并不令人信服，但它还是提醒了我们，技术领域中的产品多样性并不逊色于生态系统中生物物种的多样性。

四、技术生态性分析

生态性指的是自然生态系统通过与周围生态环境相互作用，所产生的本质特征与运作机制。根据生态性的定义可知，技术的生态性是指技术与技术之间以及技术与其周围技术环境相互作用所产生的类似于自然系统的本质特征与运作机制。技术生态性的提出与生态学理论和系统学理论紧密相关。对技术进行生态性分析，必须系统地看待技术与生态的问题，也就是说要把技术与生态密切联系起来，形成一个有机的整体。生态思想强调"关系"，生态世界观认为现实世界中的一切个体都有其内在联系，所有系统都是由关系构成的，生态本身就是描述一种关系状态。系统学是一门主要研究系统内外复杂关系的学科，系统学理论认为，世界上一切事物都是以系统的形式存在的，而系统则是由若干要素相互作用组合而成的有机整体。

技术以系统的形式存在，在其内部各种技术元素之间存在着相互作用的复杂关系，在其外部技术与周围技术环境也存在着多样的复杂关系。正是这些复杂关系使技术体现出类似于自然生态系统的本质特征与运作机制，即技术的生态性[2]。分析技术的生态性实际上就是分析生态与技术的关系问题。生态与技术之间的联系十分紧密，它们之间并不是两个完全独立互不相干的系统，技术存在的本身就有一个生态问题，由于技术发展本身的规律性，其存在与发展也相应地存在一个组合优化问题，我

①　秦书生.技术生态系统的复杂性分析[J].中国科技论坛,2004(1):111-114.
②　范鑫.技术的生态性分析[D].沈阳:沈阳工业大学,2010.

们可以模拟生态系统行为机制,使技术的组合形成竞争、共生、再生、自生关系,使技术发展符合生态机制。不同的技术组合与周围环境的作用关系是不同的,包括技术与环境之间的促进、抑制、适应、改造关系。不同的技术组合也会引起不同的环境效益。必须让现代技术的概念存在于自然、社会当中,使技术既实现其本身的社会价值又保护自然价值。

技术与生态问题这两个方面结合到一起产生了一个技术生态系统的概念。技术生态系统的内部元素的多样性和内部元素之间的相互作用是保持系统稳定发展的基础。在技术生态系统中,多种技术之间渗透、综合、交叉按照一定的内在机制形成具有复杂结构的系统,技术生态系统的各个组分、各个元素、各个部分之间有着直接、间接、隐性、显性的联系,各组分之间通过这些联系形成相互制约的有机整体,其关系日趋复杂形成网络。在这里,系统主要是解决技术与技术间通过兼容方式相互匹配耦合的有效性问题,使技术生态系统本身协同进化,处于最优化的有秩序的良好运行之中。把技术与科学、自然、人类社会作为一个有机的整体结构,使技术与自然、社会相互作用、相互适应、共生融合。

五、环境因素对技术发展的影响

技术生态系统本身是一个开放的系统,不断地与周围环境发生物质、能量、信息的交换。存在于技术生态系统中的技术"物种"本身的发展无时无刻不受到其外部环境的影响。在技术生态环境中影响技术的环境因素指的是自身发展过程中所处的自然环境与社会环境,它包括市场环境、政策环境、科技竞争环境、地域文化环境等。

首先,自然环境对技术发展有基础性的制约作用。技术总是在一定的自然、社会环境下消耗着一定的物质资源,技术生长空间的形成、拓展需要有足够的自然资源储备作为支持。然而当今资源日益稀缺、环境日益恶化,技术的发展要考虑到节约资源和环境保护,技术生长空间需要得到社会舆论支持。20世纪50～60年代,美国一些坚持用核技术替代传统技术的狂热者们获得了20亿美元的联邦资金支持,用于设计建造核能火箭。按照设想,核反应堆中加热的空气经火箭喷嘴喷出从而为这些火箭提供动力。但这样一个一端开口的反应堆有很大的风险泄露放射性物质到地面,或者在飞行途中向大气层排放放射性物质,一旦发射时或发射后坠毁在地面,破碎的核反应堆将释放出足以致命的放射性物质,考虑到这些风险,美国原子能委员会最终决定终止为这些项目提供资金。近些年出于对环境保护的担忧以及石油资源的日渐枯竭,世界各国的汽车排放标准都有所提高,传统燃油车的发展也进入瓶颈期,奥迪、戴姆勒奔驰等汽车业巨头相继宣布停止新一代内燃机的研发,将更多的资金投入到电动汽车的生产中。自然环境是人类生存的根本,任何技术的发展都不可以触及这一根本。

其次,市场环境对技术的发展有制约作用。波顿与瓦特合作时在写给他的信中说道:"只为三个郡制造(蒸汽机),不值得我浪费时间,但如果为全世界制造,我就觉得非常值得。"由此可见,一项技术能否获得发展与市场的现实需求和未来前景有直接的关系。在现今市场条件下,一项技术如果不被市场需要、不被社会所认可,也就难以收回其研制、开发阶段投入的成本,从而失去继续开发的经济追求动力,缺少了滋养其生长的肥沃社会土壤,任何技术是不可能长久维持下去的。梅塞纳认为:"技术为人类的选择与行动创造了新的可能性,但也使得对这些可能性的处置处于一种不确定的状态。技术产生什么影响,服务于什么目的,这些都不是技术本身所固有的,取决于人用技术来做什么。"例如,太空技术使得人类登月,卫星上天,然而太空遨游只是世界上少数宇航员的专利,对于平民百姓来说则是遥不可及的幻想。然而美国人蒂托开发的太空旅游项目的顺利完成证明太空旅游在技术上没有障碍,太空旅游可能会成为未来大有前途的旅游开发项目。目前各国商用客机所采购的现代高速喷气式飞机一般都是以远低于最高速的速度飞行,这样做既可以节省燃料也可以延长引擎的寿命。各大民用航空公司均认为超音速运输飞机必须得到足够的政府补贴,才有可能起飞营运。支持发展超音速飞机的组织已经因为不可能取得专利权而放弃了任何应用于商业用途的做法。协和公司的失败也证明了民用航空对高速飞机的市场需求是非常有限的,这些案例均体现出市场环境对技术需求有着重要影响。

最后,激烈的竞争技术环境对技术的发展也有很大影响。在自然生态系统中的各个物种为了获得有利的生态地位,在演化过程中展开你死我活的竞争,常见的如捕食者与被捕食者的协同进化,也就是说对于一个物种来说要保持目前的地位,就得不停地向上进化,否则就会遭到淘汰。在信息社会的技术生态系统中,这种技术竞争的现象表现得更加明显。在知识社会中,虽然我们还离不开物质、能量、资本、土地的利用,但技术发展的动力已转向知识和信息,技术生态系统进化的核心资源已经由自然资源转向掌握新知识创造能力的智力资源。世界是物质的,信息社会中的产品和技术生命周期大大缩短,20世纪90年代初美国企业的一项新技术产品的生命周期平均为3年时间,到90年代中期,这一周已缩短为不到2年,而IT行业的某些产品甚至几个月就要面临淘汰与更新。现在看来许多技术已经出现了零生命周期甚至负生命周期,即技术产品或技术本身尚处在开发过程阶段就已过时。技术是以开放系统的形式存在的,在技术系统中,技术与技术之间以及技术与周围技术环境之间永不停息地相互作用,模拟自然生态系统,可以将技术系统类比于一个与自然生态系统相似的技术生态系统,系统中的技术作为技术生态系统中的一个技术"物种"。技术生态系统是一个自然、技术与社会相互依存的复杂生态系统,它同自然生态系统一样具有物种多样性,同时也具有相似的生态机制。

第五节　技术社会性评估

一、科学技术的双刃剑效应

随着科学技术发展速度的日益加快,科学技术的双刃剑效应越发明显,如何更加有效的对技术进行规范,使之更好地为人类服务,逐渐引起了人们的重视,技术的社会性评估也应运而生。技术的双刃剑效应对人们物质世界产生巨大影响的同时,对人类的精神世界也产生了一定的负面影响。试管婴儿、生物基因工程、克隆技术甚至克隆人的诞生,给人类的传统伦理道德带来了巨大的挑战。由于在技术评估中人们过多地强调了技术对于人类社会的物质方面的影响,即使涉及了伦理道德,也没有对技术与伦理道德之间的关系做出充分的梳理,对技术的规制还有着一定程度的伦理"缺位"。虽然目前的技术伦理评估还处于理论探讨阶段,但由于其地位的重要性,技术伦理评估得到世界广泛的认同只是一个时间问题。

进入 20 世纪以来,被人们寄予深切期望的现代化并没有产生理想的绩效,反而带来许多麻烦,这促使人们对现代化进行反思。现代化以高速发展的科学技术为依托,科技理性是支撑现代化的中坚力量,也是架构人类希望和理想的支点。因此,对现代化的反思在现实的层面上更多地表现为对科技理性的批判和对科学技术的批判性反思。在工业化过程中,科技理性以工具理性为主要的表现形式,如果我们只注重技术上的可行性和合理性,抛弃了行为本身的合理性和价值意义,很容易导致片面追求量化指标和对物的极端关注,科技的价值理性和人文意蕴遭到忽视和遮蔽,从而导致人文关怀的缺失,最终实现的现代化一定是片面的[①]。在这种社会背景下,技术哲学家们提议对技术进行伦理性评估。有些专家指出,由于技术行动者缺乏辨别和分析潜在的技术发展中的伦理问题,并且无法分析由于新技术所带来的伦理影响,所以必须对技术进行伦理评估。技术伦理评估不仅对于政策决定者来说是一种直接且能够起到平衡作用的方法,对于技术发展者来说亦是如此。

二、技术伦理性评估的含义

技术的伦理性评估是近年来刚刚兴起的技术评估行为,对其研究尚少。技术评估的两难问题在国外的部分学者中引起了重视,技术伦理性评估无论对政策制定者还是技术发展者来说,都是一种直接且能够起到平衡作用的方法。

---

① 刘畅. 技术伦理评估探析[D]. 沈阳:东北大学,2007.

关于技术伦理性评估的理论困境,技术伦理评估通过与技术发展者建立持续的建设性对话来规范约束技术,尽量减少技术发展带来的社会负面影响,但是国内专家明确提出技术伦理评估这一主张的仍不多见。已有为数不多的研究主要侧重于对策方面,研究切实可行的应对策略,既丰富了技术伦理性评估的理论,也促进技术与伦理的进一步整合,有重要的理论与现实意义。党的十九届四中全会提出要"健全科技伦理治理体制"。深入贯彻落实这一要求,有利于我国在建设世界科技强国进程中抢占科技伦理制高点。加强理论建设要求创造和完善具有中国特色的科技伦理学。科技伦理学作为一门新兴学科,不仅要从理论上系统地研究科技与道德的关系,同时也要结合我国科技发展的实际,采取切实可行的政策和行之有效的措施,规避掉已经在发达国家科技发展中出现的困境。[①] 在科学技术发展中进行制度建设,需要实行法律与道德的双重立法,除了健全的法律条文,也需要有"软性"规范,即立道德之"法"。通过人类特有的内驱力激励,达到自我约束。道德在内,法律在外,法律划定底线,道德决定上限。想要顺利而有效地实行技术伦理性评估,需要将道德与法律合理而有效结合起来使用,提高科技发展主体的道德素养是核心。当今科学技术对生活的影响越来越大,科技工作者的人数越来越多,尤其是随着大学扩招致使我国科研人员数量急速上升,然而他们的道德水平如何不得而知。因此,提高科技主体的道德素质,对促进社会进步有重要意义。提高评估主体的职业道德水平,实现职业道德的自律与他律的统一,即职业劳动者在履行义务的过程中,把应负的职业责任当作自己内心的道德感和行为准则,形成职业良心,自觉自愿地调整自己的行为。[②]

有关技术伦理性评估的现实困境,伦理性评估被视为对于技术活动所造成的长期影响的责任分配过程。在进行技术伦理评估时,评估者的责任如何分配,在技术发明者、技术发展者、技术推动者、技术观望者之间,责任如何分配。但在分配责任的过程中,存在着一个责任主体的问题,即在技术伦理的视角下进行责任分配,应该以哪一部分参与者为主要责任人。但从伦理学的角度看,技术评估中缺乏规范性的伦理管制。

上述讨论介绍了技术伦理性评估在理论实践上的两难境地,但这只对问题做出了一般性的阐述,缺乏深刻的分析,未能找出真正切实可行的策略。如何协调伦理道德与技术发展之间的关系使之相互促进、协同发展仍是值得讨论的热点问题。当前学界对于技术伦理评估的研究主要集中在技术伦理评估的困境分析和模式构建两个方面。由于该评估出现的时间还很短,尚未进入实际操作的阶段,所以仍存在很多理论与实践的矛盾。有学者认为,在技术伦理评估的过程中,责任的分配是一个两难的问题,而如何提高伦理规约在实务中的作用又是另一个难题。[③] 模式构建主要体现在三个方面上:① 加强理论建设,完善技术伦理评估的理论,使之更为全面,更具有指

①　李桂花,许志晋.科技发展中伦理建设的内容与对策[J].科学学研究,2000(2):24-28.
②　张恒力,王峥.技术评估的伦理建制[J].科技情报开发与经济,2004(10):172-173.
③　王健.现代技术伦理规约的特性[J].自然辩证法研究,2006(11):54-57.

导性;② 加强制度建设,在法律允许的前提下,制定可行的道德规范,又称道德立法,将道德规范化、法制化;③ 加强主体建设,评估过程中的主体应该是技术精英,即科学家或者是工程师,评估主体的道德水准决定着评估的质量,要将道德观念融入主体的日常生活中,提高其道德素养。①

三、技术的伦理性追踪

如何对技术进行更好的规制,更好地实现人类的共同发展,实现技术的人性化发展,这是一个很复杂的问题。技术发展具有阶段性,为了实现对技术发展的全方位伦理监控,我们应该对技术实施全程的伦理追踪,主要包括技术设计阶段的伦理性评估、技术试验阶段的伦理性鉴定、技术应用阶段的伦理立法、技术推广阶段的伦理调整四个阶段。②

责任伦理学认为伦理对技术的规约应具有前瞻性,汉斯·乔纳斯在《责任命令探索技术时代的伦理学》一书中指出:"新的类型和方面需要一种相应的预见和责任伦理学,他像必然遇到的突然事件那样惊奇,这种新的责任命令要求一种新的谦逊,不像以前的谦逊是由于我们能力的弱小,而是由于我们能力的过分强大,这种强大表示我们的活动能力超越了我们的预见能力和我们的评价和判断力。"为了在我们的判断能力和活动能力之间形成一种新的关系,促进这种新的谦逊的发展,他建议实行"忧虑启发法"。这种方法要求在实施新的技术项目之前考虑最坏的情况,不论该方案是否可行。③ 乔纳斯给我们提供了在技术力量面前人类主动行使伦理评判权的一种可能,这对在伦理实践方面急需指导的技术发展来说是十分有益的。④

与乔纳斯的思想类似,我国学者刘大椿认为对技术的规约不应仅停留在"先制造,后销毁"这样的后置规约阶段,应该对技术进行前置规约,建立技术控制的"软着陆"机制且通过专业技术伦理委员会对技术进行伦理性评估。美国在进行人类基因图绘制工作时,拨出专款成立人类基因技术伦理委员会,该委员会的主要任务就是讨论基因技术可能会带来的伦理问题,预测未来可能会出现的伦理性风险。技术设计阶段伦理对技术的规约作用主要体现在科学家和技术专家个人的伦理责任意识,约束主要靠科学家的自律。以克隆技术为例,即便世界各国严令禁止生殖性克隆,但在实际的科研操作过程中,我们不可能全面监控科学家的个人行为,控制他们的个人意志。倘若科研人员坚决地想要进行生殖性克隆,他们完全可以用治疗性克隆的名义进行科研,这在技术层面上几乎没有差别。所以当他律无法对科研人员进行监管的时候,科学家们的个人自律就显得异常的重要。技术设计阶段可能出现的伦理风险,

① 王健. 技术伦理规约的过程性[J]. 东北大学学报(社会科学版),2003(4):235-237.
② 刘畅. 技术伦理评估探析[D]. 沈阳:东北大学,2007.
③ 汉斯·约纳斯. 技术、医学与伦理学:责任原理的实践[M]. 张荣,译. 上海:上海译文出版社,2008:1.
④ 张旭. 技术时代的责任伦理学:论汉斯·约纳斯[J]. 中国人民大学学报,2003,18(2):66-71.

主要还是依靠科学家的个人自律,如何培养选拔科研人员,对其进行思想教育尤为重要。

在技术试验阶段,技术理论性评估要求我们进一步分析技术可能会带来的负面影响,并给出伦理鉴定,这一阶段的伦理规约主要通过一些道德规范来约束技术活动主体的行为,作用的方式是自律与他律相结合。对于自律,康德曾经给出过非常著名的论断:"每个有理性的东西的意志、观念都是普遍立法的观念。"康德解释说,按照这一原则,"一切和意志的自身普遍立法不一致的准则都要被抛弃,从而意志并不去简单地服从规律或法律,他之所以服从,因为他自身也是个立法者,正是由于这规律或者说法律是他自己制定的,所以他才必须服从"。按照这种解释,人所服从的道德法则正是人自己的意志。人本身就是立法者,人的意志为自己确立道德法则,这也是人的尊严、人的主体地位的体现。根据康德的理解,自律可以被看成道德主体自主为自己的意志设立法则,而这种自主的设定,排除了任何外在因素的影响。这里的外在因素,指得失两个方面:一方面是"异己意志",包括他人意志和人格化的上帝意志;另一方面是感知世界,包括人基于自然本性而追求功利的感性活动因素、社会关系等历史因素。康德之所以在道德立法领域忌谈功利结果,是他从个体角度理解它们。在康德看来,道德意志是个体的意志,道德行为是个人的行为,而功利、个人利益等,也同样具有私人性。科学家生活在一个利益化的现实世界中,科研人员也有生存和发展的需求,要实现个人的生存与发展,就无法放弃对利益的追求。要求科学家们去做只讲道德而不顾个人利益完美的道德人,这是不现实也不合理的。面对现实生活中各种利益关系,科学家们要做的不是回避利益,而是在众多利益关系中进行合理选择,然而正确地做出选择很难仅靠自律来约束,只有实现自律与他律两者的完美结合才有可能最大限度地降低道德风险。道德中的自律与他律是紧密相连的,没有道德规范的自律性就没有道德规范的他律性;反过来,没有道德规范的他律性,道德自律性也很难独立存在。如果不将道德规范的他律转化为道德主体的自律,对道德主体而言是无道德意义可言的。在技术的试验阶段,要注意自律与他律两者间的转化,只有彻底实现了他律向自律的转化,只有将道德的他律转变成为科学家们的行为习惯或是人生信条,才有可能实现对于技术的较为牢靠的伦理监控。

对已经获得应用的技术成果,一旦发现其应用会给人类安全、生态环境带来危害,必须通过立法的形式加以禁止。例如,二战末期美国在日本本土投下了第一颗用于作战的原子弹,全世界都看到了核武器的可怕之处,国际公法禁止在以后的战争中使用原子弹。这一时期主要是通过法律和制度手段来保证技术主体的伦理责任,作用的方式是他律的形式。在技术的应用阶段,他律的形式主要体现在针对科技的伦理立法。科技立法是在国家对科技活动采取有目的地、规范化地、不断地干预中产生的。近些年世界各国在科技管理方面的法律法规越来越多,制定出来的法律条文也越来越细化,我国目前的科技法大体上可划分为八个方面的法律:综合性科技立法、科技成果法、科技研究开发法、条件保障法、技术贸易法、科技奖励法、专门领域的科技法、国家科技交流与合作法。以上列举的科技法规，虽然有些尚不完善，但它们的存在无疑会对技术的应用产生一定的影响。我国科技立法的时间较短，单纯从伦理出发的科技法规现在还很少，为了更好地对已经处于应用阶段的技术进行更全面的监管，促进技术的伦理化发展，技术伦理相关法规的出台已成为了当务之急，如何才能在短期内制定出符合我国国情的伦理技术法规，对于我国的科学技术的健康发展将尤为重要。

一项新技术在推广和应用的过程中或多或少会与传统的价值观发生冲突，有些新技术甚至会遭到旧的伦理观念的抵制，在技术发展史上这样的例子屡见不鲜。我们认为对技术的规约过程不应仅仅是一种反向规约，新技术被动地去适应原有的伦理规范，也应该包括一种正向规约，即新技术对原有伦理观念的修正。当新旧伦理观念发生冲突的时候，人类应主动进行伦理观念的思考，在不触及人类道德底线的前提下努力适应新技术的发展，对新技术进行充分的伦理论证，建立起与新技术相适应的伦理规范，尽可能减少技术进步带来的伦理摩擦。例如，在人工生殖技术刚刚获得应用的时候，由于和一些传统的生殖技术发生冲突而遭到阻碍，但不可否认的是人工生殖技术使很多患有不孕症的夫妻享受到了天伦之乐，随着这项新技术带来的利好越来越多，人们的生育观念也发生了很大的转变，重新构建与人工生殖技术相适应的价值观，最终实现了技术与伦理的协同发展。[1]

技术发展是一项社会活动，它受到社会文化、价值观念和伦理规范的制约和影响。现代技术的发展使人类改造自然的能力空前增长，可选择的技术空间可以无限扩张，对世界的影响也日益深远，随之而来的社会伦理责任也越来越大。因此，关于技术的价值、目的、风险和代价的评估与确定也越来越重要。

【思考题】

1. 什么是技术评估？它包括哪些维度？在这些维度中你最看重哪一点？为什么？

2. 技术的伦理性评估是否有必要？从全人类收益最大化的角度谈谈你的看法。

3. 对于那些生命周期比研发周期还要短的新技术，你认为企业应该直接放弃开发还是坚持开发？为什么？

【阅读文献】

苏为华.多指标综合评价理论与方法问题研究[D].厦门:厦门大学,2000.

彭张林,张强,杨善林.综合评价理论与方法研究综述[J].中国管理科学,2015,23(S1):245-256.

周寄中.科学技术创新管理[M].北京:经济科学出版社,2014.

---

① 张恒力.技术评估的伦理整合[J].科技管理研究,2004(5):107-108.

第十章　技术服务

　　技术服务是技术市场的主要经营方式和范围,是指拥有技术的一方为另一方解决某一特定技术问题所提供的各种服务。科技服务业作为一种新兴高端服务产业,是原企业内部科技服务部门突破组织边界逐步外部化而形成的产业体系,已成为科技创新体系的重要环节和现代服务业的重要组成部分。改革开放以来,我国科技服务业的发展内容不断丰富,服务方式和服务手段不断创新,产业规模迅速增长。在建设创新型国家、实施自主创新战略的背景下,发展科技服务业是推动科学技术发展、加快科技成果转化为现实生产力和加快实现我国经济现代化的迫切需要。本章从技术服务概念与分类、技术服务相关理论、技术服务模式、技术服务合同四个部分对技术服务进行系统介绍和阐述,以期对技术服务和科技服务业发展有更加深刻的理解。

第一节　技术服务概念与分类

一、技术服务概念

　　对技术服务的研究主要来自技术服务业(或称科技服务业)。19世纪,科技服务业最早出现于西方发达资本主义国家;进入20世纪,随着科学技术的飞速发展以及知识经济概念的兴起,科技服务业对经济增长的拉动作用日益凸显;到20世纪90年代,发达国家和地区基本都形成了较为完善的现代科技服务产业体系。在此背景下,国外学者也开始广泛关注科技服务业。从国外研究来看,科技服务业被认为是一种典型的知识性质的服务业,因此其对应概念更多是从知识的视角去命名和研究的,比如"知识产业""知识服务业""知识密集型服务业"等。丹尼尔·贝尔(Daniel Bell)在其《后工业社会的来临》著作中率先提及知识服务业定义:"知识服务业是随着理论知识逐渐被重视,科学和技术间产生新关联,这种关联使得社会重点日渐向技术化及知识领域转移过程中所形成的新行业。"①Moffat 等（1995）②率先提出："知识密集型服务业是指为客户提供问题解决方案以及制定企业策略等相对复杂及有针对性的战略及知识服务的企业或组织。"经济合作与发展组织（Organization for Economic Cooperation and Development，DECD）（2001）③将知识密集型服务业定义为这样一种服务行业——该行业技术及劳动力资本投入密度较高，同时经济附加值大。

在我国科技服务业一词最早见于原国家科委在 1992 年 8 月 22 日发布的《关于加速发展科技咨询、科技信息和技术服务业意见》的文件之中，该意见中将科技服务业定义为"科技咨询、科技信息和技术服务业的统称"。在借鉴国外已有研究成果的基础上，国内学者从不同视角对科技服务业进行了界定，主要有以下三种观点：第一，把科技作为服务对象，即科技服务业是为科技主体，科技活动，科技成果的转移、转化提供服务的产业，服务对象是科技，提供服务的是社会机构和行业。李建标等④认为，"科技服务业是专门为科技创新和科技成果商业化运作提供各种服务的一类行业"。第二，把科技作为服务手段，即科技服务业是以科技知识为服务手段向社会各行业提供服务的产业。陈岩峰等⑤认为，科技服务业就是应用、推广、扩散创新科技成果，为国民经济、社会发展和科技发展本身提供服务活动的总和。第三，把科技同时作为服务手段和服务对象，王任远等⑥从产业发展、组成结构、职能等角度对国内外关于科技服务业的定义进行梳理，并提出："科技服务业是指将最新的科技进行创新、传播、扩散和应用的产业，其实质是为整个科学技术的发展提供各项服务的活动。"

综上所述，国内外学者对科技服务业概念没有统一，但作为知识密集型产业，学者们普遍认可科技服务业在现代服务业体系中的重要性。对于科技服务业的产业特征，学术界观点基本相同，主要可概括为以下几个方面⑦：

（1）智力密集性。科技服务业属于知识密集型产业，是现代服务业的重要组成部分，为高端制造业的发展提供主要的支持。相对于其他服务业而言，科技服务业是通过利用智力劳动的人员，为其提供智力劳务，从中获得的利益，因而科技服务业具有显著知识密集的特点。科技服务机构的技术人员在科技研发过程中贯穿着技术创新，从而也就对从业人员的开发能力和知识水平提出了更高更严的要求，知识资本与技能资本都起着很重要的作用。

（2）服务广泛性。其一体现在服务对象的广泛性，包含社会各个行业，包括农

① 丹尼尔·贝尔.后工业社会的来临[M].高铦，王宏周，魏章玲，译.北京：机械工业出版社，2018.
② O'Farrell P N，Moffat L A R. Business Services and Their Impact upon Client Performance：An Exploratory Interregional Analysis[J]. Regional Studies，1995，29（2）：111-124.
③ OECD. Innovation and Productivity in Service [R]. Paris：OECE Report，2001.
④ 李建标，汪敏达，任广乾.北京市科技服务业发展研究：基于产业协同和制度谐振的视角[J].科技进步与对策，2011，28（7）：51-56.
⑤ 陈岩峰，余剑璋，周虹.香港科技服务业发展特征及对广东的启示[J].科技管理研究，2010，30（15）：19-23，39.
⑥ 王任远，来尧静，姚山季.科技服务业研究综述[J].科技管理研究，2013，33（7）：114-118，123.
⑦ 张孟裴.中国科技服务业策略研究[D].锦州：渤海大学，2014.

业、工业、传统商业及其他各行各业。其二体现在服务主体的广泛性,包括政府部门、科研机构、企业等各种各样的市场主体。其三是科技服务业的范围很宽,包括科学研究、技术孵化、科技交流与评估、技术市场和科技鉴定等活动。

(3) 服务专业性。科技服务业的服务对象比较特殊,贯穿于经济社会各个行业。不同的服务对象对于其技术专业的要求各不相同,所以针对不同的服务组(群体),科技服务业的专业性要求就会有所不同。但是无论需要提供的是某一方面的服务还是综合性的服务,服务机构都会在专业的基础上提供必要的服务。

(4) 正外部性。其一体现在科技服务业以知识和技术向社会提供服务,这种知识和技术可以为服务对象创造收益或降低生产运营成本,加快科技创新、促进社会发展。其二体现在科技服务业是由众多科技服务机构及其活动组成的,除私人公司或自然人等私有性组织,还有政府、大学和国有研究机构等公共性组织。

二、技术服务分类

由于实践过程中科技服务业涵盖的门类、业务范围非常广泛,加之目前理论界未对科技服务业定义、内涵和边界等方面达成共识,从而使得其分类内容以及分类标准不尽相同。

从政府部门管理实践来看,各国对科技服务业行业分类标准存在一定差异。联合国制定的《所有经济活动的国际标准行业分类》(2006 年修订)中,科技服务业属于 M 门类"专业、科学和技术活动",共分为 7 个大类。美国颁布的《北美产业分类体系(NAICS)》(2012 年版)中,科技服务业属于第 54 类"专业、科学和技术活动",共分为 9 个大类。日本制定的《日本标准产业分类》(2007 年版)中,科技服务业属于 L 门类"学术研究、专业和技术服务",共分为 4 个大类。韩国发布的《韩国统计工业分类》中,现代科技服务业属于 M 门类"专业、科学和技术活动",共分为 4 个大类。

在《国民经济行业分类与代码(GB/T4754—1994)》中,我国科技服务业开始纳入统计范畴,此后陆续修订为 2002 年版本、2011 年版本。2014 年国务院印发《关于加快科技服务业发展的若干意见》明确提出科技服务业重点发展的领域包括了研究开发、技术转移、检验检测认证、创业孵化、知识产权、科技咨询、科技金融、科学技术普及等专业科技服务和综合科技服务(8+1)等细分领域。2015 年国家统计局制定《国家科技服务业统计分类(2015)》,将其服务内容划分为 7 大类:科学研究与试验发展服务、专业化技术服务、科技推广及相关服务、科技信息服务、科技金融服务、科技普及和宣传教育服务、综合科技服务,其下包含了 24 个种类、69 个小类。2018 年国家统计局重新修订发布《国家科技服务业统计分类(2018)》,对科技服务业分类进行了结构和对应行业编码的调整,行业小类增加 19 个至 88 个(表 10.2)。表 10.1 为我国科技服务业类别演变汇总,从中可以看出,政府部门对科技服务业分类越来精细。

表 10.1　我国科技服务业类别演变

标准	科技服务业门类	大类	中类	小类
GB/T4754—1994	科学研究、综合技术服务业	2 个	12 个	12 个
GB/T4754—2002	科学研究和试验发展、专业技术服务业和地质勘探业、技术交流和推广服务业	4 个	19 个	23 个
GB/T4754—2011	技术推广和应用服务业、研究与试验发展、专业技术服务业	3 个	17 个	31 个
国家科技服务业统计分类(2015)	科学研究与试验发展服务、科技金融服务、科技推广及相关服务、专业化技术服务、科技普及和宣传教育服务、科技信息服务、综合科技服务	7 个	24 个	69 个
国家科技服务业统计分类(2018)	科学研究与试验发展服务、科技金融服务、科技推广及相关服务、专业化技术服务、科技普及和宣传教育服务、科技信息服务、综合科技服务	7 个	24 个	88 个

表 10.2　国家科技服务业统计分类(2018)

大类	中类	名称	大类	中类	名称
11		科学研究与试验发展服务	15		科技金融服务
	111	自然科学、工程、农业和医学研究		151	货币金融科技服务
	112	社会人文科学研究		152	资本投资科技服务
12		专业化技术服务		153	保险科技服务
	121	专业化技术公共服务		154	其他科技金融服务
	122	检验、检测、标准、认证和计量服务	16		科技普及和宣传教育服务
	123	工程技术服务		161	科普服务
	124	专业化设计服务		162	科技出版服务
13		科技推广及相关服务		163	科技教育服务
	131	科技推广与创业孵化服务	17		综合科技服务
	132	知识产权服务		171	科技管理服务
	133	科技法律及相关服务		172	科技咨询与调查服务
14		科技信息服务		173	信用担保科技服务
	141	信息传输科技服务		174	职业中介科技服务
	142	互联网技术服务		175	其他综合科技服务
	143	软件和信息技术服务			

从学者理论研究来看,国内外学者从不同的视角对科技服务业的分类展开了研究。从已有的研究来看,较少有研究专门针对科技服务业统计调查指标。Silvestro等①从互动的角度将其分为静态科技服务模式、动态科技服务模式。Lee等②从来源将其划分为公共科技服务业和企业科技服务业。程梅青、杨冬梅、李春城③从服务对象的角度,将科技服务业划分为营利机构、非营利机构、互助性科技服务机构、科研服务机构等。李晶、黄斌④依据经济发展需求将科技服务业划分为创新型研发服务业、生产型工业创意设计服务业、社会型信息咨询服务业、创业型服务业。沈金荣等⑤依据科技创新所处的研究阶段及系统服务功能,将科技服务业划分为科技研发服务业、科技中介服务业、科技金融服务、科技信息服务、科技贸易系统、科技应用服务业等。徐欣⑥从科技服务业的新兴业态出发,将科技服务业分为如创业孵化、科技咨询、技术转移、科学技术等专业科技服务业和综合性的科技服务业。

第二节　技术服务相关理论

一、服务经济理论

服务经济是指以服务活动为主导的经济活动类型。"服务产业"的概念最初是英国经济学家柯林克拉克于1957年提出的,此前学界通常以"第三产业"来表示"服务产业"。罗斯托⑦将经济发展阶段概括为五个部分,包括传统社会、准备阶段、起飞阶段、成熟阶段和大众消费阶段。在这五个阶段当中,服务业发展的重要性呈现出由低到高的递进关系,服务市场的需求逐渐被人们重视,人类社会逐渐朝向服务型社会演变,经济的发展也步入服务经济时代。库兹涅茨⑧提出了工业服务化理论,即在工业取得迅猛发展的背景下,工业产品生产中开始引入了更多的服务要素,服务化已经渐渐成为工业发展模式的新方向。随着需求结构的不断优化,生产要素、生产环节以及生产系统等也在慢慢发生变化,各类生产领域开始大规模引入服务要素。丹尼尔·

① Silvestro R,Lin F,Johnston R,et al. Towards a Classification of Service Processes[J]. International Journal of Service Industry Management,1992,3(3):62-75.
② Lee K,Shim S,Jeong B,et al. Knowledge Intensive Service Activities (KISA) in Korea's Innovation System [C]. Fernandez,2003.
③ 程梅青,杨冬梅,李春成. 天津市科技服务业的现状及发展对策[J]. 中国科技论坛,2003(3):70-75.
④ 李晶,黄斌. 科技服务业新分类及发展形势分析[J]. 企业科技与发展,2011(23):8-10.
⑤ 沈金荣,董海燕,顾欣,等.科技服务业分类研究综述[J].科技与创新,2015(8):1-3.
⑥ 徐欣. 新常态下江苏省科技服务发展趋势[J]. 江苏科技信息,2017(12):1-3,13.
⑦ Rostow W W. The Stages of Economic Growth[M]. Cambridge:Cambridge University Press,1960.
⑧ Kuznets S. Modern Economic Growth[M]. New Haven:CT Yale University Press,1966.

贝尔①结合当时的社会需求,创建了"后工业社会"理论,认为人类社会主要由三种社会形态所组成,最先出现的为前工业社会,随着社会的不断发展,逐步进入工业和后工业社会。前工业社会指服务业的服务对象为个人和家庭;进入工业社会以后,商品服务内容开始成为了社会的重点关注对象。国内研究学者江小涓②的《服务经济:理论演进与产业分析》是国内系统介绍国外服务经济理论的第一本专著。该专著经过系列的研究得出结论:服务业的发展能够提高经济增长、经济效益与国家竞争力。

服务经济包括三个层次:第一层次(最高层次)是经济形态,第二层次(产业层次)是产业形态(即服务业),第三层次(基本层次)是经济活动(服务)。③ 这三个层次的内涵是不一样的:从基本层次上看,服务构成了服务经济中的基本经济活动形式。从产业层次上看,服务业是服务经济产业结构中的主导产业。而从最高层次上看,服务经济除了活动和产业以服务为核心外,还包含一整套适应服务活动和产业发展的制度环境、管理体制、要素市场以及公共政策和公共服务体系,是一种完整的经济形态。科技服务业不仅属于科技领域范畴,更是以服务活动为主导的经济活动类型。随着产业结构从工业经济向服务经济发生转变,科技服务业在经济发展中重要性越来越凸显,其发展能够推动服务业的进步,并且对社会生产力的发展具有重要推动作用。

二、服务创新理论

纵览创新研究的演变历史,在熊彼特创新理论基础上,国内外专家学者对创新的研究大都聚焦在制造业内部技术创新,以及由此产生的产品创新、制度创新和管理创新等。从20世纪80年代后,随着服务业不断壮大,以服务业为对象的创新研究才开始兴起。服务创新是服务企业在服务过程中运用新思想和新技术改善或变革现有服务流程和服务内容,以提高服务质量和服务效率,为顾客创造新价值,最终形成被服务企业的竞争优势(Sundbo)④。

不同服务行业的创新侧重点各不相同,科技服务业本身作为为市场创新主体提供专业服务的行业,更需要通过不断创新提升服务交付质量和技术含量。Bilderbeek等⑤学者提出经典的服务创新"四维度模型",对创新政策制定者和服务创新企业家来说都具有一定价值。该模型认为服务创新活动是"新服务概念设计""新传递系统设计""新顾客界面设计""新技术"的整合,即服务创新不是由单一因素促成的,而是由多因素共同作用才能达成创新。一项新服务的出现通常意味着新服务概念的形成,

---

① Daniel Bell. The Coming of Post-Industrial Society[M]. New York:Basic Books,1973.

② 江小涓,等. 服务经济:理论演进与产业分析[M]. 北京:人民出版社,2014.

③ 王仰东,等. 服务创新与高技术服务业[M]. 北京:科学出版社,2011.

④ Sundbo J. Customer-based Innovation of Knowledge E-services:The Importance of After-innovation[J]. International Journal of Services Technology & Management,2008,9(3/4):218-233.

⑤ Bilderbeek R,Hertog P D,Marklund G,et al. Service Innovation:Knowledge Intensive Business Service As Co-producers of Innovation[R]. Netherland:Synthesis Report WP5/6,SI4S Project,1998.

同时需要开发一个新的服务传递系统,员工也要改变工作方式及其与顾客间的关联和作用方式,并在必要时使用信息和通信技术(information & communication technology,ICT)等技术。服务创新四个关注面分别为[①]:

第一,服务概念创新。即提出新概念或新方法。服务企业在进行新服务概念开发时,需要明确回答这样一些基本问题:企业需要什么样的产品以保留现有客户并发展新的客户? 竞争者提供的产品是什么? 如何将新服务传递给实际顾客和潜在顾客?

第二,客户接口创新。包括服务方式、交流方式等能给客户产生满意度影响的因素。服务企业在设计顾客界面时必须考虑以下一些基本问题:如何与顾客有效地交流? 企业的潜在顾客是谁? 企业有能力让顾客在创新中扮演"合作生产者"的角色吗?

第三,服务传递创新。即供应商的组织内部安排,涉及组织授权、现有员工能力要素是否满足需要等。与该维度密切相关的问题是:如何对企业员工授权? 如何促使员工完成其工作并传递新的服务产品?

第四,技术创新。其在模型中只是一个可选维度。虽然不是必要维度,但技术仍在很多服务创新中扮演着重要角色,"技术"和"服务创新"也存在广泛的关系,大多数服务都可以通过使用某些技术而变得更为高效,如 ICT 的使用等。

三、服务营销理论

营销理论要解决的重要问题是,顾客是什么、如何对待顾客与开展营销管理工作。服务营销理论是对市场营销理论的延伸与拓展。20 世纪 40 年代中期,服务业的发展促进了服务营销的零星研究。1966 年美国学者拉斯梅尔首次对无形服务和有形产品进行了区分,提出要以非传统方法研究服务的市场营销问题。1974 年拉斯梅尔发表了第一本论述服务营销的专著,标志着服务营销学的诞生。后来北欧学派的顾客感知、服务质量理论及关系营销理论成为服务营销学的重要理论基础[②]。

服务营销的研究形成了两大领域,即服务产品营销和客户服务营销。服务产品营销是研究如何促进作为产品的服务的交换,而客户服务营销则是研究如何将服务作为一种营销工具促进有形产品的交换。无论是服务产品营销还是客户服务营销,服务营销的理念都是顾客满意和顾客忠诚,通过顾客满意和忠诚来促进有利的交换,最终实现营销绩效的改进和企业的长期成长。结合服务无形性、不可分性、可变性和易消失性等特性,1981 年在麦卡锡 4P 营销理论(即产品、价格、渠道、促销)基础上,布姆斯和比特纳增加了 3 个要素,提出了 7P 服务营销组合策略,即服务产品(product)、服

---

① 蔺雷,吴贵生. 服务创新的四维度模型[J]. 数量经济技术经济研究,2004,21(3):32-37.

② 叶万春. 服务营销管理[M]. 北京:中国人民大学出版社,2003.

务定价(price)、服务渠道或网点(place)、服务沟通或促销(promotion)、服务人员与顾客(people)、服务的有形展示(physical Evidence)、服务过程(process)①。

第一,服务产品策略。要求产品有独特的卖点,把产品的功能诉求放在第一位。由于服务的无形性,服务产品策略的重点是尽可能为顾客提供多一些有关服务的独特线索,比如商标。

第二,服务定价策略。在服务市场上,企业为服务开出的价格不单单是一个价格标签,而且还是向顾客发出的、顾客可能得到的某种服务质量的信号。

第三,服务渠道或网点策略。传统观点认为服务产品一般都是通过直销方式提供给消费者,不需要经中间商,不涉及分销渠道决策问题。但也有相当多的服务却需要中间商或中间经纪人来帮助流通。

第四,服务沟通或促销策略。服务具有无形性/不可保存性,需要利用多种方式和手段来支持营销的各种活动,以辅助和促进消费者对商品或服务的购买和使用,同时在此过程中应注重与顾客之间的互动沟通。

第五,服务人员与顾客策略。服务具有不一致性,在不同的环境下,其标准会因提供者或消费者的不同而有所变化,因此人的因素就变得更为重要。做好员工的工作,以促进服务绩效的提高。

第六,服务的有形展示策略。消费者看不见服务,但能看见服务环境、服务工具、服务设施、服务人员、服务信息资料、服务价目表、服务中的其他顾客等有形物。要有针对性地安排有形展示的内容。

第七,服务过程策略。过程是指与服务生产、交易和消费有关的程序、操作、组织机制、管理规则、对顾客参与的规定与指导原则、流程等。需要对服务过程进行规范化处理以保持服务的稳定性。

第三节　技术服务模式

一、技术服务提供方

技术服务主体参与者众多,鉴于类别的差异,不同的服务主体在具体提供技术服务时采取的服务模式不尽相同。按照经营性质,可以将技术服务主体分为非营利性科技服务、营利性科技服务和科学研究与实验发展;按照服务功能,可以将技术服务主体分为科技中介服务、技术交流与推广服务、专业技术服务和综合性服务;按照服

① Booms B H, Bitner M J. Marketing Strategies and Organization Structures for Service Firms[C]. Chicago: American Marketing Association Marketing of Services,1981:47-51.

务内容,可以将技术服务业主体分为信息咨询服务、科技资源流动服务和空间场所和其他服务①,具体如表 10.3 所示。

表 10.3　技术服务机构分类

分类标准	类别	机构示意
经营性质	非营利性科技服务	生产力促进中心、科技企业孵化器、技术中心、技术市场等
	营利性科技服务	技术经纪公司、技术经纪人事务所等
	科学研究与实验发展	工程技术研究与试验发展机构、农业科学研究与试验机构、计算机应用工程服务业机构、人文科学研究与试验机构、医学研究与试验发展机构等
服务功能	科技中介服务	生产力促进中心、高新技术创业服务业中心、会计信息和文献服务机构、科技企业孵化器、科技项目评审和评估、技术交易机构、知识产权服务机构、科技风险投资机构、专利代理机构等
	技术交流与推广服务	技术开发机构、科技交流咨询机构、技术推广机构、产品设计机构、工业设计机构等
	专业技术服务	工程管理服务机构、技术检测服务机构、设计服务机构、数据处理服务业机构等
	综合性服务	工程技术研究中心、创业服务业中心、技术推广中心、工业设计服务机构、创意设计服务机构、工程实验室等
服务内容	信息咨询服务	科技咨询机构、情报信息中心、科技评估中心、科技招投标机构、创新咨询公司、知识产权服务机构、公共科技服务机构等
	科技资源流动服务	科技交流中心、技术市场、产权交易市场、技术交易市场、科技风险投资机构、科技普及机构等
	空间场所和其他服务	高新技术产业园区、科技园、创意产业园、留学人员创业园、科技企业孵化器、科技创意服务中心、实验基地等

二、技术服务模式分类

技术服务的过程通常是服务提供方与客户进行持续交流沟通的过程,即交互以达成客户满意的结果的过程。双方交互的程度会随服务标准化程度的不同而不同。对需求量大、重复率高的服务实施标准化服务(知识的标准化程度依赖于知识的显化

---

① 曲卉青.基于模糊评价的科技服务业发展选择及其商业模式评价研究[D].青岛:青岛科技大学,2016.

程度),如借助先进的技术平台则可降低服务双方的交互程度,从而降低服务成本。而针对客户特殊情况进行定制的服务,则需要在双方持续交互的过程中满足客户的个性化需求。参考借鉴李霞等[①]的研究,从知识角度来理解,按服务提供过程中服务双方交互的程度由高到低进行分类,技术服务的模式可分为专职顾问服务模式、参考咨询服务模式和自助服务模式。

（1）专职顾问（一对一）服务模式。该种模式服务双方的交互程度最高,往往服务提供者会派驻专职顾问或顾问团队,根据客户需求提供定制专项服务。在服务过程中,双方充分参与和交流,有助于服务高效交付,但相应服务成本也较高。

（2）参考咨询服务模式。该种模式服务提供者提供的服务有限,主要针对客户提出的关键难题提供必需的帮助,服务双方的交互程度相对较低,服务提供方对客户需求的满足程度关注度也较低,兼顾服务质量和经济性。

（3）自助服务模式。该种模式服务提供者提供的服务最少,更多是基于以往服务的经验及对客户需求内容的分类,对低层次且重复性大的需求,借助先进的技术手段为客户提供标准化服务和解决方案,并由用户采用自助服务的方式满足其需求,服务双方的交互活动是间接的。互联网等信息科技的发展使得各类自助式服务平台成为可能。

三、技术服务模式创新

技术服务是一种知识性、技术性的服务活动,其外在表现为知识有序的流动和传播。传统的技术服务以线下服务为主,这也导致大多数技术服务机构对于市场的变化不敏感,应对市场竞争能力较弱,服务能力与效率较低。随着信息技术的发展,借助网络环境和现代信息技术构建知识服务平台,各种类型技术服务机构正加快创新技术服务模式,更大范围、更高效率、更加精准集成优质技术服务资源。从实践来看,技术服务模式创新和业态变化日新月异,包括众包模式、创客模式等正快速发展。

1. 众包模式

众包的概念始于 2006 年。Howe[②] 首次提出众包概念,并认为"众包是指一个公司或机构将过去由员工执行的工作任务以自由自愿的形式外包给非特定的（通常是大型的）大众网络的做法"。在开放式创新理论和群众智慧观点发展的基础上,经过市场竞争环境、创新模式及网络技术的发展变化,众包模式的相关内容已引起广泛专家学者的兴趣。

众包往往有三个主体,包括发包方、接包方和众包平台。这其中发包方主要是企业组织,他们利用互联网将自身工作分配出去、发现创意或解决技术问题。接包方是

---

① 李霞,樊治平,冯博. 知识服务的概念、特征与模式[J]. 情报科学,2007(10):1584-1587.

② Howe J. The Rise of Crowdsourcing[J]. Wired Magazine,2006(6):176-183.

社会大众,在众包模式下,任何人都可以采取开源生产的形式参与众包。Hutter 等①根据竞争和合作行为的不同将众包参与者分为竞争者、竞合者、合作者和观察者。庞建刚、刘志迎②认为众包平台有三种模式:第一种是开源社区,参与者完全基于爱好和兴趣来参与问题解决;第二种是事务众包,其核心是大众创造,任务完成者可以获得一定的经济报酬或者 DIY(Do It Yourself,自己动手做)成就奖励;第三种是科研众包,重点是解决科学发现和技术创新的难题。

夏恩君等③将科技服务创新平台分为问题解决平台和创意产生平台。问题解决平台是指发包方将自己遇到的涉及技术、营销、管理等方面的问题发布在平台上,公开征集最合适的解决方案。创意产生平台通常是以发包方发起竞赛的形式征集创意,评选出最优创意、入围创意,并发放相应奖励。目前,国内外已出现不少科技服务众包平台实践。国外有 Dell 的创意风暴、IBM 的全球创新项目、Kaggle、Inno-Centive 平台等,国内也有猪八戒网、易科学、小鱼儿网等。

2. 创客模式

创客一词来自英语 maker,泛指创造东西的人,也可以理解为把想法、创意转化为产品的一类人。创客运动以欧美广泛普及的 DIY 文化为背景,最早形态表现为 20世纪 90 年代欧洲出现的黑客空间。2012 年 Chris Anderson④ 的《Maker》一书出版,创客成为了一个全球热门的词汇。

创客可以是个人独立的兴趣研发,也可以是个人与团体之间的配合协作;可以是某个天才灵感的实现,也可以是一个头脑风暴的创意集合。因此,在创客模式下每一个人都可以是新概念产品的发起者和创造者。在互联网的助推下,创客们通过网络虚拟的空间或具体的场地聚集在一起,即众创空间。众创空间的价值在于为拥有不同知识技能的创客提供交流的平台,创新爱好者受其内源性创新动机驱动会积极完成创新目标,在挑战更多任务的同时,会更多进行知识共享⑤。创客空间不同于孵化器,而且超越孵化器的创新组织形式。之所以说是超越,是因为孵化器着眼解决技术的商业化问题,而创客空间着眼解决创新的源泉问题。

创客空间既包括 O2O(线上到线下)的创客空间,也包括完全的虚拟互联网创客空间。根据不同维度,可以将创客空间分为不同类型。刘志迎等⑥根据创新主导者的不同将创客分为企业主导式和大众主导式。林祥等⑦将创客组织分为"自己玩"型和

① Hutter K, Hautz J, Johann Füller, et al. Communitition: The Tension between Competition and Collaboration in Community-Based Design Contests[J]. Creativity and Innovation Management, 2011, 20(1).
② 庞建刚, 刘志迎. 科研众包参与主体及流程的特殊性[J]. 中国科技论坛, 2015(12): 16-21, 32.
③ 夏恩君, 赵轩维, 李森. 国外众包研究现状和趋势[J]. 技术经济, 2015, 34(1): 28-36.
④ Anderson C. Makers: The New Industrial Revolution[M]. New York: Crown Business Press, 2012.
⑤ 刘志迎, 孙星雨, 徐毅. 众创空间创客创新自我效能感与创新行为关系研究: 创新支持为二阶段调节变量[J]. 科学学与科学技术管理, 2017, 38(8): 144-154.
⑥ 刘志迎, 陈青祥, 徐毅. 众创的概念模型及其理论解析[J]. 科学学与科学技术管理, 2015, 36(2): 52-61.
⑦ 林祥, 高山, 刘晓玲. 创客空间的基本类型、商业模式与理论价值[J]. 科学学研究, 2016, 34(6): 923-929.

"集体玩"型、兴趣型与创业型、综合型与专业型、无配套型与有配套型。Yang 等[1]将美国的创客组织分为聚集业余爱好者交纳会费的模式、以收取会员费和培训费的营利性模式和共享房地产而收取租金的模式,将国内的创客组织分为投资驱动模式、聚合会员收会费模式和大学免费培训模式。从实践来看,国外具有典范意义的创客空间如欧洲的 Living Lab 以及美国的 Fab Lab。2010 年,"新车间"在上海成立,被称为"中国首家创客空间",此后包括海尔海创汇、讯飞创投、交大创客空间等营利性和非营利性组织陆续出现。据不完全统计,我国创客空间遍布全国,数量已达数千家。

3. 平台模式

Granovetter[2] 最早基于经济学视角提出资源共享是集聚外部性的体现。创新平台就是将创新资源与要素进行汇聚与整合,推动某个领域科技资源共享以进行创新研究,并产生应用成果。在科技服务领域,创新平台就是以提高行业整体的创新水平为目标,聚集科技服务业各个主体,并整合科技服务活动各个环节的创新资源,共同解决行业发展的关键技术以及研制新产品和新技术的网络系统,它为进驻该平台系统的企业提供开放创新、互补创新与合作创新的机会。[3]

科技服务创新平台的服务内容可贯穿企业创新活动的每一个环节,包括提供硬件和软件设施租赁、信息情报或科学数据、技术开发或转让、试验检测或评估论证、产权或专利保护等一系列服务。从性质上来说,科技服务创新平台具有公益性质,其发起主体主要包括政府、龙头企业等。政府的侧重点在于鼓励各行各业的企业进入平台,使平台的创新资源多样化,同时建立多元化的资金投入体系以确保创新平台的持续运营。企业的侧重点则在于聚集产业内的企业,协作制定创新平台的准入规则、运行机制与资金投入体系等,促进整个产业的进步。

鉴于科技服务创新平台是培育和发展高新技术产业的重要载体,是科技创新体系的重要支撑,不断提升其发展层次和服务水平已成为各国政府增强科技创新能力的重要举措。如美国通过立法和扶持政策促进科技资源共享平台发展;欧盟在第七研究框架计划(FP7)下,依托成员国科技资源共享,为服务科技创新打造跨欧洲的网络化创新驿站;日本则注重科技活动国际化,通过加强科技资源共享平台的国际合作,提升平台服务质量。我国于 2004 年正式启动了国家科技基础条件平台的建设工作,同年上海研发公共服务平台、重庆科技基础条件平台成为首批地方平台建设试点,随后其他省市也纷纷结合产业优势及创新需求,开展了区域科技资源共享平台的相关规划与建设。[4]

---

① Yang M,Kang X,Wu Y,et al. A Study on the Comparison and Inspiration for Operation Mode of the Maker Space Brand in China and America[C]// International Conference on Cross-Cultural Design. Springer,Cham,2016.

② Granovetter M. Economic Action and Social Structure:The Problem of Embeddedness[J]. American Journal of Sociology,1985,91(3):481-510.

③ 祁明,赵雪兰. 中国科技服务业新型发展模式研究[J]. 科技管理研究,2012,32(22):118-121,125.

④ 王宏起,李佳,李玥. 基于平台的科技资源共享服务范式演进机理研究[J]. 中国软科学,2019(11):153-165.

第四节 技术服务合同

一、技术服务合同概念

合同,又称契约、合约或协议。美国学者麦克尼尔[①]给出的定义是:所谓合同,是一个或一组承诺,法律对于合同的不履行给予救济或者在一定的意义上承认合同的履行义务。在我国《合同法》中,技术合同是指法人之间、公民之间、法人与公民之间就技术开发、技术转让、技术咨询和技术服务等,依据民事法律的规定所达成的权利与义务协议。从这一定义可以看出,我国的技术合同主要是从民事角度定义的。技术合同主要包括三类:① 技术开发合同;② 技术转让合同;③ 技术咨询合同和技术服务合同。技术服务合同是其一,是指服务方以自己的技术和劳力为委托方解决特定的技术问题,而委托方接受工作成果并支付约定报酬的协议。

在我国《合同法》中,明确规定技术服务合同的委托人应当按照约定提供工作条件,完成配合事项,接受工作成果并支付报酬。技术服务合同的受托人应当按照约定完成服务项目,解决技术问题,保证工作质量,并传授解决技术问题的知识。技术服务合同的委托人不履行合同义务或者履行合同义务不符合约定,影响工作进度和质量,不接受或者逾期接受工作成果的,支付的报酬不得追回,未支付的报酬应当支付。技术服务合同的受托人未按照合同约定完成服务工作的,应当承担免收报酬等违约责任。在技术咨询合同、技术服务合同履行过程中,受托人利用委托人提供的技术资料和工作条件完成的新的技术成果,属于受托人。委托人利用受托人的工作成果完成的新的技术成果,属于委托人。当事人另有约定的,按照其约定。

二、技术服务合同特征

技术合同是技术成果或技术劳务商品化的实现形式。在技术市场上,一切技术成果或技术劳务都是通过技术合同而实现商品价值和使用价值的。技术商品跟一般的商品不同,它是一种知识型商品,其实质是信息,即具有使用价值和价值、可交换性,还能满足社会生产实践需要的技术成果和技术劳务,它包括专利技术、专有技术、技术秘密、计算机软件、技术咨询及服务等,具有如下特征[②]:

第一,无形性。技术商品通常以信息形态存在,它可以存储于图纸、资料中,也可

---

① 麦克尼尔. 新社会契约论[M]. 雷喜宁,潘勤,译. 北京:中国政法大学出版社,1994.
② 梁剑. 技术合同的经济学研究[M]. 成都:四川大学出版社,2015.

以存储于人的大脑中,其表现形式既可能是以硬件为载体,也可能以软件为载体,或者是二者的综合体。如一种新型净水过滤器,特殊的过滤处理功能是其技术,其载体是过滤器装置本身;而一款计算机软件技术,它既可能通过光盘实物传递,也可以通过网络程序下载,表现为无形的技术。

第二,不确定性。体现在三方面:一是技术商品的获得具有不确定性,研发和转化过程充满失败的风险;二是技术商品的市场化具有不确定性,市场需求的变动、政策的调整、环境的复杂,都使技术产品的生存面临巨大风险;三是技术商品的优势具有不确定性,持有人无法杜绝追随者的跟踪模仿,并随时可能被竞争者以更先进的技术所超越和取代。所有这些,都导致持有人需承担投入与产出、成本与收益的风险。

第三,共享性。技术商品具有公共物品属性,这也是技术的本质特征决定的。技术本身作为一种无形资产,当某一消费者使用该资产时,并不影响另一个消费者使用。同时,在技术交易中,技术产权所有者并不能彻底防止技术外溢的发生。竞争者可以通过合法的途径,变相仿制领先者的技术,并进行模仿和创新。虽然技术拥有者可以通过专利、技术秘密等方式进行保护,但随着产品推向市场以及相关技术人员的流动等,技术信息在一定程度上会发生外漏。而且,即便是受专利保护的技术,产权人在获得一定期限法律保障的同时,也让渡了自己的产权,即他的技术产权不再是绝对的,而是有限的。这些属性综合在一起,决定了技术具有共享性。

第四,复杂性。复杂性也体现在两方面:一是技术商品的价值评估与定价的复杂性。技术商品是智力劳动的成果,增值情况不可预期;同时,技术商品是单一生产,无法用社会必要劳动时间衡量,其价格与价值可能存在不一致,在很大程度上取决于其使用价值及使用后产生的经济效益;技术商品可以重复转让、继承、再创造等都造成了价值评估与定价的困难。二是使用价值的验证具有复杂性。技术商品的使用价值不仅取决于其本身质量的高低,还取决于用户使用的物质条件、管理水平、操作水平的高低。许多非公开性的技术如专有技术、生产诀窍等都没有相应的定价标准,这更增加了技术商品检验、鉴定的难度。

因此,就法律上的定义来看,相对于其他类别的合同,包括技术服务合同在内的技术合同有着鲜明的特征:

第一,技术合同的标的不是一般的商品或劳务,其成果往往凝聚着人类智慧的创造性,这本身是无形的,但它通过有形的物质为载体表现出来。

第二,技术合同中至少有一方当事人是能够利用自己的技术力量从事技术开发、技术转让、提供技术咨询和服务的法人或自然人,其主体一方具有特定性。

第三,技术合同受多重法律调整。技术合同反映了技术成果在交换领域的债权关系,因此技术合同要接受合同法的调整。同时由于技术合同又是基于技术的开发、转让、服务而产生的合同关系,因此技术合同还受知识产权以及其他法律规范的调整。

第四,技术合同是双务、有偿合同。在技术合同中当事双方都需要承担相应的义务,所以是双务合同,同时技术合同一方当事人如果从对方获取利益,需要向对方支付一定的代价。

三、技术服务合同风险

在合同法上,广义的风险是指各种非正常的损失,它既包括可归责于合同一方或双方当事人的事由所导致的损失,又包括不可归责于合同双方当事人的事由所导致的损失。技术合同面临的风险除了所有合同所面临的共同风险之外,还有着自身的独特方面。我国《合同法》第324条规定:"订立技术合同,应当有利于科学技术的进步,加速科学技术成果的转化、应用和推广。"可见,新技术、新成果始终贯穿着技术合同签订、执行的整个过程。因此,在技术合同的签订、执行中,技术合同主要风险是:未能实现新技术、新成果的保密性,造成重要机密技术方法泄密;未能明确知识产权的归属,造成知识产权纠纷;合同签订前,未进行可行性分析,合同执行中,未按合同规定严格执行,造成各种技术指标不能够顺利实现。

由于技术合同特殊性在于合同的标的是无形的技术成果,因此对技术合同风险的防范也需要从主要合同风险点入手,在合同签订前、合同签订中、合同签订后形成闭环风险防范[①]:

第一,合同签订前。在有合作意向或是进行接触洽谈时,应审查对方是否符合基本要求,是否具备相应的主体资格。在合同谈判、签订之前,参与合同谈判、签订的有关人要事先掌握基本的法律知识,并对技术合同中涉及的技术方案、技术指标等进行可行性分析,以避免合同规定的相关技术要求不能实现而造成的风险。同时要注意核心技术保密,或者在进行洽谈前签订保密协议。

第二,合同签订中。要明确双方具体的权利义务、细化和完善合同内容。合同内容的确立是合同签订中的重点工作。合同中的每一项内容,务求清晰明确,切忌模棱两可,产生歧义。常规的技术合同一般包括以下条款:项目名称,标的内容、范围,履行计划、进度、时间、地点、方式,技术保密,风险责任的承担,验收标准、方法,违约金或损坏赔偿的计算方法,争议解决方式,名词术语的解释。具体内容可根据当事人之间的约定,增减相应的条款内容。

第三,合同签订后。建立完善的档案管理制度,详细记载合同实施的进度等情况,对已经签订的合同进行整理归类。在严格按照合同规定履行本方责任和义务的同时,随时掌握对方执行合同的具体情况。一旦发现对方未能按照合同规定履行义务时,应该及时收集对方违反合同的证据,并与对方沟通解决,以避免问题积少成多,造成不必要的纠纷。当发现对方有欺诈行为时,应及时向警方报案,以维护本方的正当权益。

---

① 雷舒雅,舒涛.技术合同风险防范策略研究[J].成都大学学报(社会科学版),2013(4):11-13.

【思考题】

1. 什么是技术服务？技术服务有哪些类别？
2. 技术服务相关理论有哪些？
3. 如何看待技术服务产业化发展？如何促进科技服务业与战略新兴产业融合发展？
4. 技术服务模式创新类型有哪些？请你结合某项特定技术服务，结合服务创新"四维度模型"和服务营销"7P理论"，进一步探讨其服务模式创新。
5. 技术服务合同有哪些特殊性？如何有效预防技术服务合同风险？

【阅读文献】

国务院关于加快科技服务业发展的若干意见（国发〔2014〕49号）.

国家统计局关于印发《国家科技服务业统计分类（2018）》的通知（国统字〔2018〕215号）.

罗斯托.经济成长的阶段[M].北京：商务印书馆，1962.

江小涓.服务经济：理论演进与产业分析[M].北京：人民出版社，2014.

后　　记

本书是 2018 年度安徽省质量工程一流教材建设项目《技术学原理》(编号:2018yljc176)的成果。本书是独立构建的新内容体系,试图构建本学科的基本范畴,形成自己独特叙述内容的逻辑体系。试图从技术研发开始,阐释有关技术学和技术的基本概念、分类和特征,按照技术运动的规律,顺序地围绕着技术发明、技术专利、技术评估、技术标准、技术转化、技术扩散、技术服务等逐一展开研究和编写。

本新编教材成果源自团队合作的力量,课题组成员长期从事技术创新、创新管理等领域的研究。刘志迎教授负责书稿的框架结构设计、各章节学术观点梳理和内容选择,参与初稿撰写的主要成员分工为:第一章(刘志迎),第二、三章(蒋子浩),第四章(吴瑞瑞),第五章(鲁晨),第六章(龚磊),第七章(刘天翔),第八章(刘杨),第九章(丁子豪),第十章(钱腊梅)。全书最后由刘志迎教授内容审核和修改统稿,各章节的内容几易其稿,经过多次讨论和研究,其中参加讨论的有合肥工业大学经济学院陶爱萍教授和付丽华博士、海南大学管理学院何毅教授、西南科技大学经济管理学院庞建刚教授、南开大学商学院王琳琳博士、浙江工业大学管理学院廖素琴博士、南京师范大学商学院龚秀媛博士、上海大学商学院余玲玲博士等,最后形成了现在的内容结构,终于可以出版发行。在该部教材的组织编撰过程中,得到了中国科学技术大学管理学院执行院长余玉刚教授、院党委书记古继宝教授、副院长吴杰教授、张伟平教授的指导和支持,在此表示感谢。

特别感谢中国电子科技集团公司首席科学家、中国工程院陆军院士,中国科学技术大学化学与材料学院教授、中国科学院俞书宏院士,清华大学经管学院陈劲教授,他们给予了高屋建瓴的点评。另外,摩根斯坦利华鑫证券投行部邵清执行董事、晶科电力科技股份有限公司金锐总经理在阅读了本书书稿后,认为是一部对企业技术创新十分有价值的理论教科书。对他们的精彩点评表示衷心感谢。

在本教材编撰过程中,参考了大量的国内外研究资料、论著及众多网站上的资料。在此对这些作者和网站资料收集者与提供者表示衷心感谢。

由于编撰者水平所限,时间仓促,难免有很多不成熟的观点和粗糙之处,敬请批评指正。

编　者

2020 年 12 月